乡村社区环境规划建设技术集成

王宝刚　主编 ◎

中国建筑工业出版社

编委会成员

主编单位：中国建筑设计研究院、山东大学、沈阳建筑大学、城镇规划设计研究院、北京工业大学、黑龙江科技大学、山东生态家园环保工程有限公司

主　　编：王宝刚

副 主 编：张淑萍　李殿生　张　建　岳钦艳　王　帅

编　　委：王仁卿　夏宏嘉　张攀攀　岳　敏　王　蕙

　　　　　王　萌　白　涛　宋　岩　郑培明　张　琨

　　　　　孙学晖　吕　攀　赵晓蕾　甘文浩　束华杰

　　　　　薛　玲　郭建萍　管章楠　任欣桐　汪辰靓

　　　　　朱昕悦　闫茂鲁　管　众　范　玥　唐龙翔

　　　　　苏志国　张思榕

序 | Preface

本书是基于国家科技支撑计划"十二五"课题"乡村社区环境建设关键技术研究"的研究成果汇编而成。本课题的研究成果主要由乡村社区人文环境建设技术、乡村社区景观建设技术、乡村社区生态环境保护与修复技术、乡村社区生活垃圾处理技术以及乡村社区环境建设建设平台与数据库五大部分，共24项研究内容构成。历经4年多的努力，本课题共取得了26项研究成果。其中，规划设计导则3项；指标体系3项；技术规程、指南等4项；相关技术成果16项，并获得专利3项；获得软件著作权3项；建立1个GIS信息应用平台；建立1个数据库。

考虑到研究成果主要面对乡村社区使用，因此《乡村社区人文环境规划建设导则》、《乡村社区环境要素及其空间配置技术指导规程》、《宜居乡村社区景观营建布局技术导则》等系列研究成果，均采用图文并茂的形式，便于乡村规划师、村镇干部及村民理解与应用，具有创新之处。与以往的村镇规划建设标准等不同，上述导则等侧重于乡村社区的地域文化、人文环境、生态环境、景观环境以及公共服务及基础设施建设等方面，对于乡村社区环境的规划建设具有现实的指导意义。

本课题开发的乡村社区环境建设信息（GIS）平台是在全国首次建立的以乡村社区环境为对象的信息数据库，将村域基础地理数据、规划编制状况、灾害状况、乡村社区形态、宅基地面积、建筑状态、基础设施、社会公共服务设施等数据进行统计分析后，进行归纳入库，形成一个乡村社区环境信息综合数据平台，其数据可动态监测并随时进行更新。

本课题研发的高效有机垃圾联合厌氧消化处理装置与处理新工艺，以乡村社区的有机垃圾、人畜粪便、农业秸秆等为原料，通过优化配比和发酵工艺提高发酵效率，并通过太阳能增温等措施保证四季运行，非常有利于保护与提升乡村社区的环境品质。与传统装置和工艺相比，其操作简单，维护方便，运行费用低，可四季恒温运行，解决了北方寒冷地区冬季运行困难的问题，值得广泛推广。

本书凝聚了所有课题参与者的心血，借此之际，向参与课题研究的中国建筑设计研究院、城镇规划设计研究院、山东大学、沈阳建筑大学、北京工业大学、黑龙江科技大学以及中国房地产研究会人居环境委员会等单位及相关研究人员表示衷心的感谢。此书得以付梓出版，离不开中国建筑工业出版社刘文昕编辑的鼎力帮助与指导，在此一并表示感谢。

　　希望本书能为从事乡村社区环境规划与建设的广大人员提供参考。因编者水平有限，本书中难免会出现各种各样的问题，望广大读者给予批评指正。

本书编委会
2017年11月15日

目　录 | Contents

第一部分
乡村社区人文
环境建设技术

第1章

乡村社区环境健康评估指标体系与质量提升技术

1.1 乡村社区环境健康评估指标体系总体设计

1.1.1 原则

1. 科学性和现实性

评价指标的选择必须建立在科学的基础上。指标体系要能较为客观地反映乡村社区的内涵和构成要素，并能较好地度量社区环境健康现状。同时，在科学的基础上要尽量简洁。指标体系的建立以人居环境学理论为基础，能客观地反映乡村社区环境健康的基本特征，指标的概念必须明确，且具有各自独立的内涵，互不重叠；指标名称和含义符合现行的专业技术名词术语和概念。

2. 可操作性与可比性

许多的环境健康指标因子在现阶段能够给予科学性的说明，但在实际的数据采集和操作中都有很大的困难，因此指标的选取尽量地考虑其可采集性，在筛选过程中，体系采纳指标的值能够用直接或间接的方法测量或估测，有关数据有案可查，在较长时期和较大范围内都能适用；同时，应具有相对稳定性和兼有横向、纵向的可比性，同一评价对象的各指标可以相互比较，能确定其相对优劣。

3. 简明性和综合性

所设指标必须简单明了、使用方便，易于计算或论证，每一指标都可以从一个或几个方面来描述评价系统的特性，选取的指标能敏感地响应乡村环境健康的变化程度。

4. 针对性和开放性

评估体系的设计要以乡村社区的宜居性、环境健康为主旨，突出生活质量和居住环境，并注重相关影响因素，针对乡村社区整体的环境健康程度进行考量。任何一个单位指标都应具有高度的概括性，能够准确、敏感地反映乡村社区这一系统最本质、最重要的特征。所谓开放性，主要是从乡村社区景观营造的角度来讲。景观营造取决于人的审美意识，而审美意识与人类生活的实践创造密不可分，是一个不断变化、提高的过程，因此在体系构建时，应适当考虑评价因子的可补充性与扩展性。

5. 全面性与独立性

选取的指标要能全面、客观、真实地反映评价事物的客观状况。同时，各指标在统计上独立、相互之间的关联度要小，同一层次的指标应能从不同方面反映乡村社区环境健康的特点。

1.1.2　依据

乡村社区环境健康评估涉及的因素众多，若这些因素都参与评价，其工作量大且繁杂，将影响对主要评价因素的观察与分析，影响改善乡村社区宜居性及环境健康的决策及措施。评价指标主要应依据以下几方面确定：

（1）根据调查、收集或监测的结果进行分析，选择对乡村社区环境评价有决定性影响的因素作为评价指标，以突出主要矛盾。在确定评价参数时，应选取国家标准或行业标准。

（2）咨询专家意见或根据相关乡村社区环境健康评估中的评价指标，统计分析评价结果，以确定评价指标。

（3）调查村民对社区环境健康的感受，找出他们对指标中反映强烈的因子，作为评价指标。

1.1.3　指标体系的构成

1. 评价指标体系总目标的系统分解

运用层次分析法，通过对乡村社区环境内涵的深入理解，将乡村社区环境系统分解为五个方面的建设目标，然后逐步细分，再对每一个分目标的内涵进行分析，分解成具体的构成要素，这些构成要素可以通过具体指标来描述，建立递阶层次结构。

目标层确立：指标体系的目标层是指标体系对评价总目标的综合描述和整体反映，本研究以乡村社区环境健康作为综合目标。

准则层确立：分析乡村社区环境系统各子系统的构成要素，建立子系统与构成要素间的对应关系，本研究将人居环境分解为居住环境质量、公共服务设施、基础设施三个构成要素；社会发展分解为医疗保障和教育科技两个构成要素；生态资源分解为生态保护和资源利用两个构成要素；环境整治分解为污染治理和景观营造两个构成要素；安全防灾分解为社会管理、防灾减灾和保障机制三个构成要素。

具体指标层的建立：指标层由具体的指标组成。

2. 具体指标的筛选

通过分析明确乡村社区环境系统的结构和构成要素，对乡村社区环境建设的内涵和特征，运用频度统计法和理论分析法，选择在乡村社区环境健康评估体系中使用频度较高、与乡村社区建设的内涵和特征相关的指标，构成预选指标集。根据不同指标出现的频度进一步筛选，结合德尔斐法与理论分析法确定各具体指标。

本研究在确定预选指标集时，借鉴了大量国内学者对全国以及各地区建立的乡村社区环境建设评价指标体系的经验，虽然不同的学者对乡村社区环境健康的内涵有着不同的理解，所建立的评价指标体系的侧重点不同，但大多都是围绕乡村环境建设的五个目标层次，即人居环境、社会发展、生态资源、环境整治和安全防灾来制定。基于以上研究结果，拟采用的三级指标如图1-1所示。

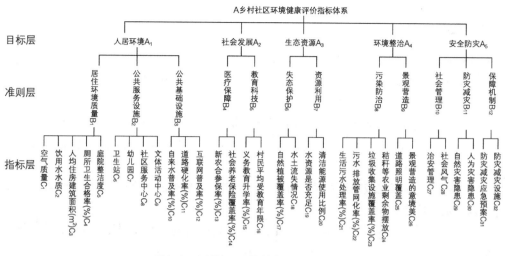

图1-1　乡村社区环境健康评估体系框架

3. 乡村社区环境健康评估指标体系及评价标准（表1-1～表1-3）

乡村社区环境健康评估指标体系　　　　　　　　　表1-1

领域	类别	序号	评价指标	单位
人居环境	居住环境质量	1	空气质量	—
		2	饮用水水质	—
		3	人均住房建筑面积	m²
		4	厕所卫生合格率	%
		5	庭院整洁度	—
	公共服务设施	6	卫生站	—
		7	幼儿园	—
		8	社区服务中心	—
		9	文体活动中心	—
	公用基础设施	10	自来水普及率	%
		11	道路硬化率	%
		12	互联网普及率	%
社会发展	医疗保障	13	新农合参保率	%
		14	社会养老保险覆盖率	%
	教育科技	15	义务教育升学率	%
		16	村民平均受教育年限	年
生态资源	生态保护	17	自然植被覆盖率	%
		18	水土流失情况	—
	资源利用	19	水资源是否充足	—
		20	清洁能源使用比例	%

续表

领域	类别	序号	评价指标	单位
环境整治	污染防治	21	生活污水处理率	%
		22	污水排放管网化率	%
		23	垃圾收集设施覆盖率	%
		24	秸秆等农业剩余物摆放	—
	景观营造	25	道路照明覆盖	—
		26	景观营造的意境美	—
安全防灾	社会管理	27	治安管理	—
		28	社会风气	—
	防灾减灾	29	自然灾害隐患	—
		30	人为灾害隐患	—
	保障机制	31	防灾减灾应急预案	—
		32	防灾减灾设施	—

乡村社区环境健康评估标准 表1-2

领域	类别	序号	评价指标	标准值	依据
人居环境	居住环境质量	1	空气质量	好、一般、不好	参照空气质量指数（AQI）技术规定，可由调查人员通过走访、询问进行评价
		2	饮用水水质	好、一般、不好	参照《生活饮用水卫生标准》，可由调查人员通过走访、询问进行评价
		3	人均住房建筑面积（m²）	>33	（1）建设部《小康社会住房标准》；（2）各地方标准
		4	厕所卫生合格率（%）	100	全国爱卫会《农村卫生厕所建设先进县和普及县标准及考评办法》
		5	庭院整洁度	好、一般、不好	参照各地方农村庭院建设标准，由调查人员现场核查，根据庭院建设情况评价
	公共服务设施	6	卫生站	有/无	（1）《社区卫生服务中心、站建设标准》建标163；（2）各地方设置标准
		7	幼儿园	有/无	《乡村公共服务设施规划标准》CECS 354
		8	社区服务中心	有/无	《乡村公共服务设施规划标准》CECS 354
		9	文体活动中心	有/无	《乡村公共服务设施规划标准》CECS 354
	公用基础设施	10	自来水普及率（%）	100	《全国小城镇可持续发展技术评价指标体系》外推
		11	道路硬化率（%）	100	现状值外推
		12	互联网普及率（%）	>50	城市现代化标准外推

续表

领域	类别	序号	评价指标	标准值	依据
社会发展	医疗保障	13	新农合参保率（%）	≥95	发改委《关于建立新型农村合作医疗制度的意见》
		14	社会养老保险覆盖率（%）	≥40	《关于开展新型农村社会养老保险试点的指导意见》（国发2009 ）
	教育科技	15	义务教育升学率（%）	≥93	《国家中长期教育改革和发展规划纲要（2010—2020年）》
		16	村民平均受教育年限（年）	≥9	《中华人民共和国义务教育法》
生态资源	生态保护	17	自然植被覆盖率（%）	山区≥75%、丘陵区≥40%、平原地区≥18%、高寒区或草原区≥90%	（1）国家环保总局2007年《生态县、生态市、生态省建设指标（修订稿）》；（2）各地方标准
		18	水土流失情况	严重、轻微、无	各地方标准
	资源利用	19	水资源是否充足	充足、一般、不充足	现状值外推
		20	清洁能源使用比例（%）	≥70	各地方标准
环境整治	污染防治	21	生活污水处理率（%）	≥50	《"十二五"全国城镇污水处理及再生利用设施建设规划》外推
		22	污水排放管网化率（%）	>60	各地方标准
		23	垃圾收集设施覆盖率（%）	100	住房和城乡建设部和发改委《生活垃圾收集站建设标准》（建标154-2011）
		24	秸秆等农业剩余物摆放	整齐、一般、不整齐	各地方实际建设情况
	景观营造	25	道路照明覆盖	≥60	各地方实际建设情况及地方标准
		26	景观营造的意境美	好、一般、不好	各地方实际建设情况及地方标准
安全防灾	社会管理	27	治安管理	好、一般、不好	调查人员实地观察社区社会动态，掌握社情民意，根据各地实际情况进行评价
		28	社会风气	好、一般、不好	
	防灾减灾	29	自然灾害隐患	有/无	结合当地的地理位置和实际情况，由调查人员实地考察、搜集资料进行综合评价
		30	人为灾害隐患	有/无	结合当地的地理位置和实际情况，由调查人员实地考察、搜集资料进行综合评价
		31	防灾减灾应急预案	有/无	《中华人民共和国突发事件应对法》（2007年）
	保障机制	32	防灾减灾设施	有/无	（1）住房和城乡建设部《防灾避难场所设计规范》GB 51143；（2）城乡建筑防灾减灾"十二五"规划

乡村社区环境健康评估调查表 表1-3

领域	类别	序号	评价因子	评价标准	现状值	评分	权重	总得分
人居环境	居住环境质量	1	空气质量	好、一般、不好			0.43	
		2	饮用水水质	好、一般、不好				
		3	人均住房建筑面积（m²）	>33				
		4	厕所卫生合格率（%）	100				
		5	庭院整洁度	好、一般、不好				
	公共服务设施	6	卫生站	有/无			0.33	
		7	幼儿园	有/无				
		8	社区服务中心	有/无				
		9	文体活动中心	有/无				
	公用基础设施	10	自来水普及率（%）	100			0.24	
		11	道路硬化率（%）	100				
		12	互联网普及率（%）	>50				
社会发展	医疗保障	13	新农合参保率（%）	≥95			0.58	
		14	社会养老保险覆盖率（%）	≥40				
	教育科技	15	义务教育升学率（%）	≥93			0.42	
		16	村民平均受教育年限（年）	≥9				
生态资源	生态保护	17	自然植被覆盖率（%）	山区≥75%、丘陵区≥40%、平原地区≥18%、高寒区或草原区≥90%			0.7	
		18	水土流失情况	严重、轻微、无				
	资源利用	19	水资源是否充足	充足、一般、不充足			0.3	
		20	清洁能源使用比例（%）	≥70				
环境整治	污染防治	21	生活污水处理率（%）	≥50			0.75	
		22	污水排放管网化率（%）	>60				
		23	垃圾收集设施覆盖率（%）	100				
		24	秸秆等农业剩余物摆放	整齐、一般、不整齐				
	景观营造	25	道路照明覆盖	≥60			0.25	
		26	景观营造的意境美	好、一般、不好				
安全防灾	社会管理	27	治安管理	好、一般、不好			0.30	
		28	社会风气	好、一般、不好				
	防灾减灾	29	自然灾害隐患	有/无			0.40	
		30	人为灾害隐患	有/无				
	保障机制	31	防灾减灾应急预案	有/无			0.30	
		32	防灾减灾设施	有/无				

1.1.4 乡村社区环境健康评估指标说明

1. 空气质量

空气质量（Air Quality Index，AQI）是定量描述空气质量状况的非线性无量纲指数。根据乡村社区环境质量的建设原则及要求，确定空气质量指数AQI为51～100，空气质量状况好；空气质量指数AQI为101～150，空气质量状况一般；空气质量指数AQI为151～200，空气质量状况不好。基于乡村社区的空气质量，很难通过仪器进行测试，只能通过现场询问、走访，由调查人员进行现场评估。

2. 饮用水水质

该指标是指行政村内自来水水质监测标准的各项指标检测的综合合格率。2012年7月正式施行的《生活饮用水卫生标准》GB 5749—2006基本实现了与世卫组织、欧盟、美国、日本等国际组织和先进国家水质标准的接轨，并且统一了城镇和农村饮用水卫生标准。标准规定，生活饮用水中不得含有病原微生物，包括化学物质不得危害人体健康、放射性物质不得危害人体健康、饮用水的感官性状良好、饮用水应经消毒处理等。采用地表水为生活饮用水水源时应符合《地表水环境质量标准》GB 3838的要求；采用地下水为生活饮用水水源时应符合《地下水质量标准》GB/T 14848的要求。根据标准确定标准值为水质综合合格率为100%。

3. 人均住房建筑面积

是指按居住人口计算的平均每人拥有的住宅建筑面积。住房和城乡建设部《小康社会住房标准》中规定"城市与农村的小康住房标准可以不一样，因为农村的住房更为宽裕，而城市人口多，住房也更加紧张一些。还有地域因素……因此，小康标准可以因地域、经济等因素而有所不同。"据住房和城乡建设部《2015年城市建设公报》统计，截至2015年年末，全国村镇人均住宅建筑面积33.37m^2。其中，建制镇建成区人均住宅建筑面积34.55m^2，乡建成区人均住宅建筑面积31.22m^2，镇乡级特殊区域建成区人均住宅建筑面积33.47m^2，村庄人均住宅建筑面积33.21m^2。参照规定数据，并结合我国发展趋势，乡村人均住宅面积标准值宜略高于全国平均值，故本指标体系以40m^{2}作为标准值。

4. 厕所卫生合格率

厕所卫生合格率是评价乡村宜居程度的一个重要指标，体现了当地的卫生状况和该地区的生活文明程度。全国爱卫会1993年5月6日发布的《农村卫生厕所建设先进县和普及县标准及考评办法（试行）》要求，"农民卫生户厕（含各类型）普及率：小康、宽裕、温饱、贫困地区分别达到80%、70%、45%、35%以上；中小学校、公共场所公厕（含水冲、沼气、旱式等类型）卫生合格率：小康、宽裕、温饱、贫困地区分别达到100%、90%、80%、70%以上；全县所有企、事业、机关等单位的厕所卫生状况较好，60%～70%以上符合卫生要求。"至今经过20多年的发展，我国经济社会飞速发展，人们的生活质量进一步提高，我国的环境卫生设施也取得了长足的发展，基本达到小康水平，据住房和城乡建设部《2015年城市建设公报》统计，截至2015年年末，全国建制镇、乡和镇乡级特殊区域建成区有公共厕所15.39万座，因此本评估体系采用100%。

5. 庭院整洁度

庭院整洁度评价主要考察以下几个方面：物品堆放整齐，无露天粪缸（基），农用机具摆放整洁、有序，柴堆放置有序；无"赤膊"墙，房屋外墙无乱张贴、乱涂写现象；庭院地面平整，无坑洼、无杂草、无垃圾、无杂物、无污水、无污渍，不散养牲畜；无乱搭、乱建、乱堆、乱挂之物，庭院外观干净、整洁，无卫生死角。

6．卫生站

卫生站是一种基层卫生机构，其主要任务是开展以除害灭病为中心的爱国卫生运动、医疗救护、卫生宣传等工作。规模小，一般由不脱产的卫生员担任工作，其主要目的是完善农村卫生服务体系，合理配置卫生资源。2013年7月施行的《社区卫生服务中心、站建设标准》建标163确定农村卫生所的设置原则为：按照社区卫生服务中心和站一体化管理的要求，本着方便社区居民的原则，一般以行政村（居委会）为单位或按服务人口3000～5000左右设置一个社区卫生服务站。结合乡村环境健康综合考虑，卫生站的设置标准为每行政村达到"一村一所"。

7．幼儿园

农村幼儿教育是幼儿教育事业的重要组成部分，也是幼儿教育工作的薄弱环节。此项指标的设置是根据《幼儿园建设标准（征求意见稿）》，并参考《城市居住区规划设计规范》GB 50180中关于幼儿园设置的千人指标：12～15人/千居民，每个乡村社区幼儿园服务人口宜为1万人左右/所。

8．社区服务中心

乡村社区服务中心是由村民自治的组织，为村民服务，其主要职能有承接公共服务、组织公益服务、指导社区服务等。社区服务中心的具体工作内容包括协调有关社会服务组织；承担政府委托的社会事务等方面的管理和服务项目，如卫生体育、教育科普、计划生育等工作；负责中小学生以校外活动以及公益活动为主的志愿者服务；负责政府委托的社区服务项目招标投标的相关工作；开展便民利民、文化娱乐等服务；提供政务信息、便民服务信息等咨询服务；开展社区居民的自助互助服务等。乡村社区服务中心建设可推进城乡基本公共服务均等化、整合乡村社区建设资源要素、健全村民自治制度、促进乡村社区融合。

9．文体活动中心

所有新创建的乡村社区文化活动中心原则上应拥有三室一场，即图书阅览室、综合文体活动室、多功能培训室、文体活动广场。建立《文化活动中心工作制度》、《村民参与文化活动公约》、《文化活动组织制度》、《文体器材保管制度》、《管理人员岗位责任制度》等，形成完善的管理体系。具体设置标准可结合各地方文体活动中心建设实施方案。

10．自来水普及率

自来水普及率是评价城乡居民生活水平的最基本指标之一，它反映了城乡居民使用自来水的便利程度，也体现了城乡居民生活水平的先进程度。据环保部中国环境状况公报统计，截至2015年年末，全国建制镇建成区用水普及率达到83.79%，乡建成区用水普及率70.37%，镇乡级特殊区域建成区用水普及率89.86%，全国65.5%的行政村有集中供水。参照全国小城镇可持续发展技术评价指标体系的指标，本评估体系以100为标准值。

11．道路硬化率

道路是经济发展的一个重要驱动力，在一定意义上，道路发展状况显示着一个国家或地区的发展水平。道路建设是推进乡村建设的重要基础，道路硬化率越高，乡村社区系统内的输送效率越高。《2015年城乡建设统计公报》显示，在建制镇、乡和镇乡级特殊区域建成区内，年末铺装道路长度42.52万km，铺装道路面积29.13亿m²，结合乡村建设目标将道路硬化率指标定为100%。

12. 互联网普及率

现代生活中，互联网作为居民获得信息和交流的重要平台，其普及率是反映当地现代化信息交流手段及程度的重要指标之一，通常国际上用来衡量一个国家或地区的信息化发达程度。提高乡村社区的互联网普及率可以有效地促进农村的经济发展，加快农村信息化进程，缩短城乡之间的"数字鸿沟"。中国互联网络信息中心（CNNIC）发布的《中国互联网络发展状况统计报告》中显示，截至2016年6月，农村互联网普及率为31.7%。参照城市现代化标准，结合近年互联网发展趋势，将标准值定为>50%。

13. 新农合参保率

新型农村合作医疗，简称"新农合"，是指由政府组织、引导、支持，农民自愿参加，个人、集体和政府三方筹资，以大病统筹为主的农民医疗互助共济制度。在国务院转发卫生部的《关于建立新型农村合作医疗制度的意见》中，文件明确指出新农合必须坚持农民自愿参保的原则。在制度实施初期，自愿参保的模式对新农合制度在农村的顺利实施起到了非常积极的作用，新农合制度也逐渐成为农民看病的最主要负担者，但随着制度的逐渐深入，自愿参保造成"逆向选择"也违背了"大数法则"，强制参保势在必行。覆盖城乡的基层医疗卫生服务体系不断完善，职工医保、城镇居民医保和新农合三项基本医疗保险参保率稳定在95%以上，故本评价指标体系以≥95%为新农合参保率标准值。

14. 社会养老保险覆盖率

社会保障是一种社会稳定机制，是保证全体社会成员基本生存需要的手段，是促进经济、社会持续协调发展的有效工具。保证农村老人享受社会养老保险（可用农村60岁以上参加养老保险人口所占比重表示），是衡量农村是否基本实现了老有所养的标准。根据"十二五"规划纲要中确定的社会保障覆盖范围发展目标：截至规划期末新农保参保人数达到4.5亿人。结合各地发展情况，本指标体系以≥40%为社会养老保障覆盖率标准值。

15. 义务教育升学率

义务教育是国家统一实施的所有适龄儿童、少年必须接受的教育，是国家必须予以保障的公益性事业。义务教育升学率，即在校生升学率，即一个学校入学人数与毕业人数的百分比。该指标是国家"十二五"规划新增的一项指标，也是当下中国衡量学校教育教学质量最重要甚至唯一的指标。发展义务教育首先要从义务教育升学的成果入手，从数量、质量上巩固，要把重点放在农村，这样才能把我国的义务教育事业真正落到实处。在升学数量上，就是要维持和保持现在小学和初中入学率都超过99%和95%的数据，保证绝大多数都能读到书。质量上也要提高，要通过各种手段提高教师队伍的水平，保证教学的质量。综合我国义务教育发展水平及各地义务教育普及状况，该指标定为≥93%。

16. 村民平均受教育年限

教育是增加人力资本积累、提升人口素质、提高收入的有效举措。舒尔茨的人力资本理论认为，制约农村生产力的主要因素是农村的人口素质。该项指标反映的是农村居民的受教育水平，从而衡量农村人口的精神文化素质状况，因此采用量化指标。依据法律规定义务教育年限为9年，本评价指标体系以9年为标准。

17. 自然植被覆盖率

自然植被覆盖率指某一地域植物垂直投影面积与该地域面积之比，用百分数表示。自然植被覆盖率通常是指森林面积与土地总面积之比，但国家规定在计算森林覆盖率时，森林面积还包括灌木林面积、农田林网树占地面积以及四旁树木的覆盖面积，该指标是反映地区森林资源和绿化水平的重要指标。世界上几个经济比较发达的大国森林覆盖率平均为35.7%，除英国、澳大利亚、意大利低于25%以外，其他国家均在25%以上。一般来讲，森林覆盖率达到30%以上，有利于改善当地的气候和环境。按照国家环保总局2007年的《生态县、生态市、生态省建设指标（修订稿）》及各地方标准，该指标体系确定乡村社区自然植被覆盖率标准为：山区≥75%，丘陵区≥40%，平原地区≥18%，高寒区或草原区≥90%。

18. 水土流失情况

水土流失是不利的自然条件，是与人类不合理的经济活动互相交织作用产生的，其中人类不合理的经济活动诸如：毁林毁草，陡坡开荒，草原上过度放牧，开矿、修路等生产建设破坏地表植被后不及时恢复，随意倾倒废土弃石等。水土流失对当地和河流下游的生态环境、生产、生活和经济发展都会造成极大的危害，影响农业生产，威胁城镇安全，加剧干旱等自然灾害的发生、发展，导致群众生活贫困、生产条件恶化，阻碍经济、社会的可持续发展。该指标可以衡量乡村地区自然保护、环境保护工作的重视程度及开展情况，依据各地现状划分为无、轻微、严重三种不同情况。

19. 水资源是否充足

人均水资源占有量是指中国可以利用的水资源平均到每个人的占有量。据统计，中国人均淡水资源占有量约2100m³，仅为世界平均水平的28%，目前全国城市中有约三分之二缺水，约四分之一严重缺水。按照国际标准，人均水资源量2000m³为严重缺水边缘，人均1000m³为人类生存起码的要求，人均500m³为极度缺水。因此，该指标以大于我国人均淡水资源占有量2100m³为基本标准。

20. 清洁能源使用比例

清洁能源是不排放污染物的能源，它包括核能和"可再生能源"，可再生能源是指原材料可以再生的能源，如水力发电、风力发电、太阳能、生物能（沼气）、海潮能这些能源，目前适合我国乡村发展的清洁能源主要有太阳能、风能、沼气、秸秆气化、水电等。清洁能源使用比例是衡量一个地区能源结构的重要指标，清洁能源的广泛使用能够在一定程度上改善局部环境，对我国低碳经济的发展具有重要意义。结合我国大部分地区农村清洁能源适用比例，该指标定为≥70%。

21. 生活污水处理率

生活污水处理率指生活污水处理量与污水排放总量的比率。计算公式：生活污水处理率＝生活污水处理量/生活污水排放总量×100%。其中：污水处理量是指污水处理厂和处理装置实际处理的污水量，以抽升泵站的抽升量计算，包括物理处理量、生物处理量和化学处理量；污水排放总量指包括从排水管道和排水沟（渠）排放的污水量，按每条管道、沟（渠）排放口实际观测的日平均流量与报告期日历天数的乘积计算。据《2015年城乡建设统计公报》统计，2015年年末，我国11.4%的行政村对生活污水进行了处理。结合《"十二五"全国城镇污水处理及再生利用设施建设规划》中对建制镇污水处理率平均达到30%的要求，该指标定为≥50%。

22. 污水排放管网化率

污水排放管网化是实现乡村社区环境整治的重要手段之一，据《2015年城乡建设统计公报》统计，2015年年末，我国在建制镇、乡和镇乡级特殊区域建成区内排水管道长度18.17万km，排水暗渠长度9.43万km，结合各地方标准及我国乡村社区污水排放管网建设现状，该指标定为＞60%。

23. 垃圾收集设施覆盖率

垃圾收集设施是防治城乡生活垃圾污染、改善环境、维护和促进城乡经济发展的重要基础设施。垃圾的收集与处理对能源的回收利用和环境的保护具有重要意义，但受人员、资金等客观因素的制约，目前我国的垃圾收集与处理仍处于落后阶段。据《2015年中国城市建设公报》统计，我国有62.2%的行政村对生活垃圾进行处理，多地区仍处于滞后局面。根据我国2011年实行的《生活垃圾收集站建设标准》建标154，并结合乡村环境健康建设标准，确定以每户一只垃圾桶，即垃圾收集设施覆盖率应达到100%为标准。

24. 秸秆等农业剩余物摆放

农业剩余物是指农业生产、畜禽饲养、农副产品加工以及农村居民生活活动排出的废物，如植物秸秆、人和畜禽的粪便等，其中作物秸秆、枯枝落叶等，是农业剩余物中最主要的部分。据粗略统计，目前我国仅农作物秸秆每年约产生5.6亿t，生物资源极为丰富。近年来，国内外农业剩余物的资源化利用技术和相关研究有了较大的发展，农业剩余物的资源化利用正在进入科学化的新阶段。同时，随着乡村地区经济的发展，农民生活水平的提高，富裕的农民愿意购买高质量的商品能源，部分地区出现秸秆过剩，收获的秸秆堆放在田头、路边、房前屋后任其腐烂。不仅污染环境，同时浪费了宝贵的生物资源。因此，指标体系选用农业剩余物摆放为评价指标，其摆放程度反映了各地方对生物资源的利用状况。

25. 道路照明覆盖

乡村居民的生活质量和生活环境正逐步改善，乡村文化生活日益丰富，随之带来的活动范围的扩大，使得乡村地区对道路以及道路照明的需求也在不断增加。目前，我国乡村道路照明设施远远不能满足现实增长的需求，因此乡村道路照明系统的建设成为亟待解决的问题。乡村建设应做到道路照明全覆盖，原则上单独设置路灯，也可结合电线杆采用一侧或两侧交叉布置的方式设置道路照明，没有条件架设电线杆的路段，可结合建筑山墙布置照明设施。

26. 景观营造的意境美

现代景观需要服务大众，需要吸引人们参与到景观中来，因此要在服务大众的前提下，提高景观设计的艺术性，不仅要满足人们视觉的审美需求，还要满足人们心理和精神的审美需求。作为审美主体的人与景观发生相互感应和相互转换的关系，通过意境、气氛等的表达，陶冶人们的情操，景观的意境是借助于实际景物与空间构成的，要有景外之景，这样才能够给游者更丰富的美的信息与感受。本指标体系结合各地实际建设情况，确定景观意境美为好、一般、不好三级。

27. 治安管理

治安案件是指违反治安管理法律、法规，依法应当受到治安行政处罚，由公安机关依法立案查处的违反治安管理的行为，万人治安案件发案率是衡量当地治安环境的有效指标。本指标体系结合各地实际建设情况，确定万人治安案件发案率为少于20件，并不设下限。

28．社会风气

社会风气是指社会上在一定时期内人们相互仿效和传播流行的价值观念、传统习俗和行为习惯的总称。它直接反映了人们的思想观念、精神面貌和行为方式，是社会关系最外在的表现。良好的乡村社会风气评估标准，就是看该乡村是否树立起了爱党爱国、遵纪守法、尊师重教、崇尚科学、家庭和睦、邻里团结、尊老爱幼、勤俭节约、爱护环境、讲究卫生、明礼诚信、勤劳致富、健康娱乐、奉献社会的风气等。

29．自然灾害隐患

自然灾害是自然界中所发生的异常现象，这种异常现象给周围的生物造成悲剧性的后果，相对于人类社会而言即构成灾难，分为地质灾害、气象灾害、气候灾害、水文灾害、生态灾害、天文灾害。中国是世界上自然灾害种类多、灾情最为严重的少数几个国家之一，从有人类记录以来，旱涝灾害、山地灾害、海洋灾害每年都在中国发生。2008年以来，四川汶川特大地震、青海玉树地震、甘肃舟曲特大山洪泥石流等相继发生的重特大自然灾害给中国造成了巨大的损失。自然灾害隐患排查有助于防范自然灾害，加强安全生产。

30．人为灾害隐患

人为灾害是指由人类的不合理活动导致的致灾过程和结果，也叫人文灾害。自然灾害（天灾）、人为灾害（人祸）两大事故系统往往互相渗透，有时很难截然分开，大部分自然灾害尚非人力可以抗拒，只能通过预防和抗灾来减轻损失，而人为灾害是人类疏忽或蓄意造成的，通过人为灾害隐患的排查，大部分是可以预防和制止的。

31．防灾减灾应急预案

防灾减灾应急预案的作用是：建立自然灾害紧急救助体系，提高防灾、减灾、避灾、救灾的应急反应能力，健全防灾、减灾、避灾、救灾防范机制、责任机制和保障机制，提升社区应对灾害的能力和防灾、减灾、避灾、救灾的科学化管理水平，进一步明确责任，完善防灾、减灾、避灾、救灾的有效措施，保障人民生命财产安全，维护社会稳定。乡村社区是预防和处置各类突发事件的重要环节，提高农村应急能力是做好应急管理工作的重要基础。乡村社区的防灾减灾应急预案中应明确应急的组织指导体系、职责任务、应急准备、预警预报与信息管理、应急响应、灾后救助与恢复重建等方面的内容，规范紧急状态下救助的工作程序和管理机制。

32．防灾减灾设施

防灾减灾设施涉及灾害监测、预报、评估、防灾、抗灾、救灾、灾后安置与重建、教育与立法、保险与基金、规划与指挥等十个方面。根据《城乡建设防灾减灾"十二五"规划》的规定，乡村社区防灾减灾设施主要包括防灾避难场所、市政公用设施的抗灾能力、房屋建筑的抗灾能力。

1.1.5　评估方法及权重计算

1．评估方法

本研究拟采用层次分析法与专家法，以期评价结果更加客观、准确。

层次分析法是一种多方案评价因素的评估方法，又叫AHP法。是美国运筹学家Thomas L. Satty提出的一种简明有效的多目标决策方法。AHP是一种以递阶层次结构模型求得每一个具体目标的权重，进而解决多目标问题的非数学模型优化方法。它体现了人们决策思维的基本特征：分解、判断、综合。是一种定性与定量评价相结合的方法，特别适用于评价因素难以量化且结构复杂的评价问题。

运用层次分析法，首先要把问题层次化，根据问题的性质和要达到的总体目标，将问题分成不同的组成因素，并按因素间的相互关系及隶属度，组成一个多层次的分析结构模型。最终把系统问题分析归结为最低层相对于最高层的相对重要性权值的确定或相对优劣次序的排序问题。

2．权值的确定

1）用层次分析法确定权值

层次分析法确定权值的原理是借用 AHP（Analytical Hierarchy Process）层次结构模型中的任一层次上各指标两两比较，构建评判矩阵，然后求解而得到权值。

具体AHP模型的建立及求解步骤如下。

步骤1：建立递阶层次结构

首先，把复杂的问题分解为各种指标，把这些指标按不同性质分成若干组，以形成不同的层次。同一层次上的指标作为准则，对下一层次的某些指标起支配作用，同时它又受上一个层次指标的支配。处于最上层的通常只有一个，称为目标层。中间的层次一般是准则层或子准则层。

步骤2：建立判断矩阵

判断矩阵是层次分析法的基本信息。判断矩阵是以上一层某一要素作为评价准则，对本层各要素进行两两重要性比较来确定矩阵元素。除最高层外，每层都要建立判断矩阵，每层中的判断矩阵个数等于上一层的要素数。判断矩阵如表1-4所示。

判断矩阵示意　　　　　　　　表1-4

		A_2	...	A_j	...	A_n
		A_{12}	...	A_{1j}	...	A_{1n}
		A_{22}	...	A_{2j}	...	A_{2n}
...	...	A	A_1			
A_i	A_{i1}	A_1	A_{11}	A_{ij}	...	A_{in}
...	...	A_2	A_{21}			
A_n	A_{n1}	A_{n2}	...	A_{nj}	...	A_{nn}

上述判断矩阵是在总指标（A）要求下，分指标层（A_1，A_2，…，A_n）各要素进行两两比较建立的。矩阵元素a_{ij}表示就总指标A而言的分指标层各要素A_i对A_j的相对重要性。

A_i对A_j的相对重要性的判断尺度通常取值1～9及它们的倒数表示，含义如下：

1——表示A_i与A_j同等重要；

3——表示A_i比A_j稍重要；

第2章

乡村社区环境要素及其空间配置技术指导规程

2.1 总则

2.1.1 概念界定

1. 乡村社区

乡村社区指乡村居民居住、生活及部分生产活动所在的区域,主要包括乡村居民点及周边与村民活动密切相关的扩展区域。从社会与文化地理学上讲乡村社区是指生活在同一乡村地区并具有社会互动的人口集合体,而从地理学上讲是在一定的乡村地域上具有相对稳定和完整的结构、功能、动态演化特征以及一定认同感的社会空间,是乡村社会的基本构成单元和空间缩影(图2-1、图2-2)。

2. 乡村社区空间环境要素

乡村社区空间的因素,是组成乡村社区空间环境的基本单元,是时刻作用与影响乡村居民生产、生活的各种自然要素与社会要素的总和。这种要素分为物质的和非物质的两种,物质要素由自然要素和人工要素构成基本的物质环境,形成空间环境的表象;非物质要素构成文脉,形成地方异同,潜移默化地影响物质环境,形成空间环境的内里。

3. 空间要素的配置

对一定范围内的空间要素进行选择、梳理,综合使用者的路径、行为,进行统筹的安排和考虑,确定要素的种类、在空间的位置及沟通关系,以期达到优化空间使用功能的目的。这里针对"乡村社区"这一特定空间进行思考与设计。

图2-1 贵州锦屏县隆里乡村社区

图2-2 贵州黎平县肇兴侗寨乡村社区

2.1.2　制定目的

（1）总结乡村社区空间建设的理论依据，找到乡村社区空间在我国建设的制约性和可行性，并探讨解决方法。

（2）研究分析乡村社区这一特殊却又普遍存在的社会空间的构成以及空间组织，探求乡村社区的空间特征。

（3）研究乡村社区空间环境要素的配置及规划设计方法，找出空间要素的配置方法及空间规划设计思路。

基于以上思考与诉求，制定《宜居乡村社区环境要素及其空间配置技术指导规程》，以下简称《规程》。

2.1.3　适用范围

本《规程》适用于乡村社区空间规划的编制和管理。

鼓励乡村社区委托有资质的规划编制单位单独编制乡村社区空间规划进行建设，不能单独编制规划的乡村社区按照本《规程》进行规划建设。

2.1.4　制定依据

镇村体系规划、乡镇总体规划（含乡镇域规划）、乡镇土地利用总体规划、乡镇经济社会发展规划、有关法律、法规、政策、技术规范与标准等。

2.1.5　理论支撑

1. 农户空间活动理论

乡村社区的居住空间+农业生产空间+工商业活动空间。在乡村社区的形成及发展的过程中，农户的生活行为逐渐摆脱了传统农耕时代的单一性和稳定性，出现了更多的复杂性和动态性，行为需求逐渐高涨，空间活动的范围日趋广泛（图2-3）。

2. 农区发展理论

内力驱动+外力驱动。内力驱动主要通过农区的自我发展能力，利用本地资源影响农区产业机构优化和升级来体现，即充分利用本地的环境条件、发挥本地的比较优势和自主创新能力等。外力驱动主要通过影响农区工业化和城镇化的方向、进程来体现，即工业化把多数农民变为非农民，城镇化使多数农民离开乡村（图2-4）。

3. 乡村空间规划理论

农工一体复合社会系统。乡村空间规划

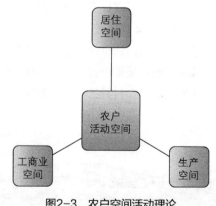

图2-3　农户空间活动理论

图2-4　农区发展理论

既要注重社区本身的部署与策划，又要重视乡村内部的空间整合；既要考虑各级社区的规划，又要兼顾社区之间的现状基础设施；既要关注农业生产、自然环境保护，也要统筹乡村工业、第三产业等的协调发展。

4. 空间界面理论

乡村地理学综合理论和方法。乡村社区首先应开发资源丰富、生产力高的区域，界面处于不同性质资源要素的交互作用处，结构复杂，易产生整合效应。

2.1.6　配置原则

1. 城乡统筹发展

对于乡村社区的要素配置，应该将社会主义新农村的建设和城市化的进程有机地结合起来，使城乡的规划与建设协调、统一地发展，逐渐建立城市带动乡村、工业反哺农业的建设机制。

2. 因地制宜建设

在我国，乡村社区空间环境要素的配置，应该因地制宜，抓住地方特色，少花钱办实事，不能一味地追求大拆大建。

3. 可持续发展

在进行乡村社区空间环境要素配置的过程中，应该注重建立良好的生态系统，重塑乡村的自然之美，促进人与自然的协调发展；有效地利用乡村的自然资源，确保资源的有效利用和再生使用；着重加护历史遗留的古建筑与村落，延续乡村的地方特色和文脉传承；科学合理地进行规划，关注远近的结合，造福当代、放眼长远。

4. 政府引导、村民自愿

乡村社区的建设靠一家一户、一村一乡的力量是不够的，必须需要各级政府的带头，各个部门的广泛参与，整体规划参与才行。

2.1.7　配置要点（图2-5）

1. 完善的空间环境要素体系

乡村社区的空间环境要素是社区居民生活其中的物质和空间保障，种类越齐全，越能够满足乡村社区居民的不同需要。

2. 适当的空间环境要素规模

在进行配置的过程中，要结合实际，考虑到居民实际的需要，探讨不同空间环境要素的使用频率和建设规模，以免造成建设上的浪费；同时，也得注意出现"小马拉大车"的情况，虽然空间环境要素种类满足，但是其使用功能无法满足全社区居民使用的情况。

3. 便利的空间环境要素布局

对于与居民的生产、生活相关设施的建设，方便易达、选择多样、节约成本都是要优先考虑的方面，乡村社区的建设更要本着以人为本、便民惠民的宗旨，一切以人民的利益为出发点。

图2-5　配置要点示意图

2.2　乡村社区空间环境要素的萃取

2.2.1　空间环境要素的特性

1. 经济制度的独特性

早期的乡村社区以农业经济为主，社区家庭围绕农业（尤其是种植业）开展各种社会活动。小农经济成为乡村社区的主流。基本的经济关系是人地关系，人口再生产与土地可能提供的产品成为制约乡村社区发展的决定性因素。小规模地或者零星地从事非农的兼业活动一直是中国乡村社区居民家庭经营其生活的必要的补充。土地制度是乡村社区最基本的经济制度，土地占有的集中造成了乡村以家庭为单位的分化。在现代社会，随着经济体制改革的发展，乡村社区产业结构发生重大变化，非农业化的现象非常突出。兼业的农户成为现代乡村社区的普遍经济现象，也成为中国乡村社区外出务工的主要原动力。

2. 政治结构的特殊性

传统的中国社会是一个农业的社会，乡村地域的广袤和自给自足的小农经济使统治者采取了无为而治的策略，国家权力对乡村的渗透程度较弱。新中国成立后，在我国的乡村实行了社会主义集体所有制，国家的政治影响范围延展进乡村地区，乡村的政治在一定程度上被收纳入国家的政治范畴。通过国家的社会主义集体所有制的政治力量，使得原来分散自业的农民联合起来，共同从事集体劳动和政治活动。乡村社区的基层管理组织是村委会，乡村社区的空间土地归集体所有，并由村委会统一进行管理。村庄无论规模，都有完整的行政和党政的"两套班子"，与较大尺度的行政单元的政治构架相似（图2-6）。

图2-6　村级组织换届选举

3. 血缘关系的重视性

我国乡村社区的家庭往往形成一种聚族而居的格局。在其他条件相同或相近的情况下，血缘关系的亲疏远近成为乡村家庭划分界别的天然准则，血缘在中国乡村社区人际关系构架中发挥着基础性的作用。

4. 人口流动的频繁性

由于乡村劳动的分工和组合的变化，乡村社区和社区外联系的扩大及城市化的影响和人们价值观念的变化，使得乡村社区原有的经济结构、生产结构、社会结构和生活方式都发生了显著的变化，半封闭式的乡村正逐步向现代化开放的乡村社区转化。

5. 城乡融合的差异性

我国在乡村社区发展的过程中没有走城市掠夺乡村的西方发展模式，而是走了具有中国特色的乡村城镇化道路来促进城乡发展的融合。通过城乡统筹、协调发展的方法来实现城乡的时空融合，进而实现农民市民化和城乡一体化的发展目标。

2.2.2　空间环境的自然要素

自然要素是乡村社区空间环境形成的基础，主要包括地形地貌、水文、气候及动植物等。自然要素是先天的，其自身条件对于乡村社区的存在与发展起着至关重要的作用。

1. 地形地貌

地形地貌是乡村社区空间环境构成的基本要素之一，对乡村社区的布局有着显著的影响。相同地域范围内的建筑形式基本相同，但地形地貌却不尽相同，二者结合便可创造出变化灵活、空间多样的乡村社区建筑布局，形成不同的乡村社区空间环境体验。

2. 水文

水对于乡村的生产、生活有着举足轻重的作用，从古时的"靠天吃饭"到如今的人工取水灌溉，是维系农业经济的命脉，能够改善地区小气候，是自然环境中最生动和具有活力的要素。乡村社区内水体也通常以点状形式出现，如水产养殖的鱼塘，住区周边的湖泊以及较大水系形成的湿地等水域形式，都是乡村社区重要的空间环境要素。

3. 气候

气候是不同地区乡村社区空间环境格局差异的重要影响因素。气候差异直接影响到包括太阳辐射、温度、降水、气流等因素，进而决定动植物的繁衍生息及人类的生产、生活方式，对乡村社区空间环境的影响主要体现在建筑的形式和植物的配置上。

4. 动植物

动植物给自然生态系统增加了生命的元素，在维持生态平衡和环境保护等方面有着重要的意义。植物是构成乡村社区空间环境的主要元素，受地域影响，植物也存在千差万别，形成各具特色的乡村社区空间形态；动物是自然系统中最具动感的元素，从目前动物栖居地分析，多处于乡村地域范围内，与乡村生态环境建设有密切联系。

2.2.3　空间环境的人文要素

1. 居住功能要素

1）村落布局形态

村落布局形态是指由街巷、民居建筑等物质要素构成的乡村总体格局，是容纳人们居住、交往和游憩的多功能空间活动场所。每一个乡村社区的发展都有一个自然演化规律，均有各自的自然条件和历史背景，自成体系，形成各具特色的建筑布局、道路骨架和水系网络。传统乡村社区空间布局形态多受风水思想的影响，形成诸如八卦村等具有明显风水内涵的布局形态，反映了古代住区建设的思想（图2-7）。

2）民居建筑

乡村社区的民居建筑主要包括供村民居住的房屋、院落以及仓储设施。房屋是村民起居生活的主体，院落为村民的生活提供更多的私人活动空间，也是村民副食的主要来源地，村民日常吃的蔬菜、禽畜主要来自于自家院落的栽种与养殖。而仓储设施是农户存放农用工具，堆放日常杂物，存贮一年余粮及堆放烧火柴的主要场所（图2-8）。

2. 生活功能要素

1）生活基础设施

生活基础设施主要是指满足村民基本生活的各种公共公用设施，包括电力电信线杆、排水设施、集中供热供气设施、垃圾收处理点等（图2-9）。

2）商业服务场所

商业服务场所是指人们从事商业活动所占有的场所，包括销售者和消费者的商业活动空间。农户商业活动空间既包括农户购物消费空间，又包括农户销售空间，还包括农户进行金融借贷所形成的各种空间。主要指乡村社区内的超市、小卖铺、农产品就地销售点及代售点、集贸市场、售煤点、农业银行及农村信用社等商业服务类的场所（图2-10）。

3）社会公共服务场所

社会公共服务主要指为乡村社区居民日常生活提供服务性活动的场所，主要包括村委村支部、医院、学校、浴池、养老院等为社会大众服务的盈利及非盈利的场所。

3. 耕作种植空间

1）农业种植空间

在乡村区域范围内，农业生产用地是比重最大的用地类别，除乡村建成区及道路等基础设施外，村域内基本为农业生产用地。受气候等条件影响，各地农业种植类型多有差别。乡村社区用地组成大多为农业生产用地，是构成乡村社区的重要组成部分，农业生产用地的类型与分布直接影响到村民的营生选择及乡村社区的空间布局，反映着本地区农业的特点和风貌（图2-11）。

2）畜牧养殖空间

随着生产力的进步和居民生活质量的提高，许多从事大规模畜牧养殖的农户已经并不

图2-7　诸葛八卦村

图2-8　徽派建筑

图2-9　乡村社区垃圾收集

图2-10　乡村集贸市场

在自家庭院中发展养殖业，因为这样不容易形成规模效应，同时也不利于居住环境的改善。他们考虑交通、市场等因素，在居住生活空间的外围进行建设。畜牧养殖空间随着养殖规模、技术、管理等发展发生变化（图2-12）。

4. 游憩功能要素

1）公共娱乐活动场所

公共活动场所是为村民提供集会、休闲、交流、文体活动的空间。乡村社区内公共活动场所包括广场、公共绿地及文体活动室，基于其自身规模有限的特点，公共活动场所基本呈集中布局模式，广场、绿地、文体活动室结合布置，也存在与管理机构（村委会）联合设置，构成社区中心的情形。此外，因同村落居民大多为同室宗亲及以村庄低层为主的建筑布局模式，为村民日常交流提供了主观和客观条件，街头巷尾的空地都是村民农闲时日常休息、交流的场所，是乡村社区公共活动场所的组成部分（图2-13）。

2）文化及宗教要素

文化活动场所是指具有文化传播及历史传承功能的节点及场所等，在乡村社区，节点是观察者和步行者进出经过的焦点，包括交叉口、交通转换处及建筑形态变换点等，这些在乡村的空间中起统领的作用，常常具有集聚和浓缩的功能。在乡村社区，常以道路交叉口、广场（晒场）、祠堂、戏台、大树和亭台等为节点，便于人员的集中，推动乡村社区文化活动和场所的形成和发展（图2-14）。

图2-11　南梯田种植

图2-12　乡村肉牛养殖

图2-13　乡村健身场所

图2-14　乡村宗族祠堂

2.2.4 基于FME的要素提取方法

FME是一个用于空间数据提取、转换、处理的强大工具，提供了多源数据处理和应用的解决方案，可以建立乡村社区环境要素的空间数据处理模型，实现数据之间的转换、处理。

1. 基础地理数据分析

基础地理数据是乡村社区环境要素提取的重要内容。乡村社区环境要素分类一般利用1∶2000的比例尺地形图数据，通过大比例尺地形图与高分辨率航空影像叠加，生成乡村社区环境要素信息采集工作底图。大比例尺地形图数据通常以AutoCAD或MicroStation为数据编辑平台，数据成果格式一般为*.dwg或 *.dgn。

地形图数据通常有固定的分层设色及符号标准，图面注记的字体、大小和颜色也有明确规定，乡村社区环境要素提取必须通过这些规则才能过滤不相关数据。

2. 要素分类数据提取

利用FME进行乡村社区环境要素的数据提取，应根据dgn数据的mslink属性对应表从地形图中提取乡村社区环境要素，再对提取后的数据进行要素构面、属性关联、CC码转换、面融合、微面剔除等处理操作。

建筑数据提取的关键在于低矮或多层房屋建筑区面要素的生成，它不能通过房屋边线直接生成，需要根据房屋建筑的密度和分布情况进行区域多边形综合。

3. 数据处理结果分析

针对不同区域、不同建筑楼层以及不同的建筑密度和排布规律的房屋建筑数据进行处理。图2-15和图2-16分别显示了独立房屋建筑和房屋建筑区进行数据处理前后的结果，图中黑色线划和注记为原始1∶2000地形图的房屋建筑边线和楼层信息，红色线划和注记对应地表覆盖分类处理的面状要素和CC代码值。图2-15中独立房屋建筑要素和CC代码均可以得到正确的提取，独立房屋周边的错层房屋与主体房屋建筑得到了正确融合，图中有2个1层的独立房屋因面积小于200m²被剔除，符合地表覆盖分类处理的要求。图2-16中房屋建筑区的面要素边线也得到了较好的处理，该结果在城郊结合部的房屋建筑聚集的区域优势相当明显，可显著提高房屋建筑区的综合处理效率。但是图2-16也暴露了单一专题数据提取的不足。图中沿道路分布的房屋聚集区域，面边线与道路边线不重合将产生大量

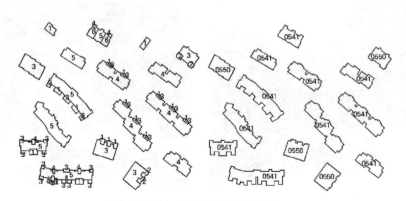

图2-15 独立建筑面要素处理前后结果

不合理碎面，此时应以道路边线为主，通过修改房屋建筑区靠近道路一侧的多边形边线使之分类处理合理，因此多要素相交区域的处理仍需具体情况具体分析。

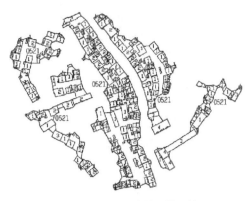

图2-16　建筑面要素处理前后结果

2.2.5　基于DEM的要素提取方法

DEM是通过有限的地形高程数据实现对地形曲面的数字化模拟或是地形表面形态的数字化表示的量化模型。近年来，随着空间数据基础设施的建设和"数字地球"战略的实施，加快DEM与地理信息系统、遥感等的一体化进程，为DEM的应用开辟了更广阔的天地。

1．地形指标的提取

地形指标是描述和评价一个地区地形情况的有效工具，是进行多要素叠加分析中的一个可选条件，也是最短路径分析中获取成本图层的一个可行方法。地形指标一般包括坡度、坡度变率、坡向、坡向变率、起伏度和粗糙度等。

2．等高线的提取

一般来说，在提取等高线时等高距设置为大于原DEM栅格大小减30%的区间为好，这样可有效避免出现孤立的等高线小尖角、等高线小圆圈等情况。例如，在本实验中原DEM的栅格大小约为26.17m，将等高距设置为大于20m的数值，得到的结果比较符合实际情况。这也从另一个角度说明了查看原数据信息的重要性。

3．山脊线、山谷线的提取

先对原DEM进行流向的提取，并利用流向数据进行汇流累积量提取，运用Raster Calculator提取汇流累积量为0的区域，并对其进行邻域平均值平滑。然后，对平滑后的结果进行重分类。经反复实验，0.5554为最佳分界阈值，接近1的部分赋值为1，接近0的部分赋值为0。最后，计算正地形和前面重分类结果的乘积，将所得结果为0的部分重分类为Nodata，1的部分保留为1，从而完成了水文分析法的山脊线提取。山谷线的提取方法与山脊线基本类似，只是用反地形数据当做原数据，重复山脊线提取步骤，则可得到反地形的山脊线，即原地形的山谷线数据。

2.2.6　基于遥感影像的要素提取方法

遥感影像制图要素提取方法主要有三种：目视解译、基于像元的信息提取、面向对象分类。基于像元的分类方法对高分辨率遥感影像提取会出现比较严重的椒盐现象，而面向对象的信息提取不但考虑光谱的统计特性还考虑其形状、大小、纹理、拓扑关系，能得到较高的信息提取精度。

1．图像预处理

采用自适应滤波、统计滤波、降噪处理等技术对图像进行了预处理；同时，采用PCA（主成分分析方法）对试验区进行光谱增强，将具有相关性的多波段数据压缩到完全独立的较少的几个波段上。

2．影像信息提取准备

波段重组是对一些原始波段进行算法改进以便在制图要素提取中获得更好的效果。本研究在前人研究的基础上选择适合的算法，采用植被指数中应用最广泛的归一化植被指数，改进的归一化差异水体指数。

3．分隔分类及规则集开发

多尺度影像分割是从任一个像元开始，采用自下而上的区域合并方法形成影像对象，将小的对象经过若干次合并变成大的均质影像对象，可理解为一个类似像元合并成为影像对象的逐步优化过程。影像分割的结果由分割参数决定，它由尺度参数、形状参数、紧致度参数组成。

2.3　乡村社区空间环境要素的组织

2.3.1　空间活动需求

1．老年人

乡村老年人一天的活动从早上5、6点开始，喜欢在较安静、舒适的、且离家不远的地方如活动室、居住院落中晒太阳、照看孩子、聊天、打牌或下棋等。老人们聚集的公共空间的最突出的特点是要有一定的聚集的空间氛围和简单设施。

乡村社区的老年人一般传统意识根深蒂固、文化程度较低，主要参与的公共活动还是在户外面对面的交流，如在户外欣赏传统地方戏曲，传统手工艺（剪纸、刺绣等）的制作，因此应设置一些能直接接触阳光的、专供老年人娱乐和锻炼的场所和设施。他们对公共空间的设施要求不高，村里大树下、绿化较好的地方、商店旁的台阶上都可能成为他们聚集的地方（图2-17）。

2．中青年

乡村留守中青年以女性居多，农忙时如春耕秋收期间，户外活动较少；农闲时如冬季，有充裕的时间开展各种活动，但内容较为单一——聊天、一起做家务、打麻将或棋牌活动，所需场所较为随意，以宅前、巷道、生产场所为主，需要一些有遮荫措施的可以聚集的空间，及露天椅、凳、桌等休息设施。

年轻人易于接受新鲜事物，具有较强的求知欲，并且喜欢文体活动，因而以他们为主

图2-17　乡村老人活动

图2-18　乡村儿童活动

的公共活动空间通常有篮球场、健身器材等活动设施。村委会所在地及附近的公共空间以他们为主，他们在那里交流农田管理技术经验，交换对新政策的理解。

3．儿童

乡村中学龄儿童的娱乐活动没有专门的户外游戏场所与设施，但活动范围更大，一般是孩子们在村中追逐嬉闹，这种活动形式使他们有更多机会接近大自然，而且会明显地表现出喜欢凑热闹的行为。农村儿童一般由老人照看，孩子们聚集玩耍的地方，常常也是老人们聚在一起唠家常的场所，人们在这样的环境中通过孩子加强联系。所以，在公共环境设计时，适合聚集活动的场所要包括老人和儿童的共同参与、游戏，或是老人的聚集聊天，或是儿童的游戏、聊天等。

2.3.2　活动类型

1．娱乐型活动

随着农民生活水平的提高，农民的精神文化需求也在发生质的变化，农民群众不再满足于唱什么听什么、演什么看什么的被动精神愉悦，更追求那种张扬自我、休闲娱乐、悦心健身大众化的娱乐活动方式。那种最先在城市兴起的、群众自娱自乐、自由组合的广场文化现象，正由集镇向农村延伸。

20世纪90年代初，乡村地区出现了由农民自发形成的文化大院，有关部门因势利导，让农村文化大院成为农民文化娱乐的重要载体。文化馆、图书馆、青少年活动中心、老年人活动中心的建设，引导村民进行健康有益的娱乐活动。此类活动设施适合与开放空间结合设置，同时满足室内外及小型集体活动的需求（图2-19）。

2．健身型活动

在农闲时，可以组织村民在乡村广场、村委会办公室门前空地上进行扇子舞、交谊舞、腰鼓、秧歌儿、健身操等群众文化健身活动，小型体育设施的建设也可以丰富乡村居民的体育锻炼活动，不仅满足了乡村居民的精神文化需求，而且锻炼了良好的身体素质（图2-20）。

3．行政型活动

主要包括村委会等管理机构设立的集集会、公示等功能于一体的村务公开栏，让乡村居民到此自由讨论；设立信息栏，为村民提供生活、生产、销售等方面的信息。此类空间

图2-19　乡村图书馆　　　　　　　　　　　图2-20　乡村大秧歌

若能与服务性空间集中布置，将能提高办事效率，便于乡村居民使用。

2.3.3　组织方式

1. 有序型组织

乡村社区空间环境要素的有序型组织，主要是针对需要整治的落后型乡村社区或迁村并镇过程中辟新区集中规划的乡村社区。这类乡村社区空间环境要素以规划为先导，社区空间环境要素按照决策者、规划者以及民意有序组织，空间结构分明，实施分布有序。居住、生活、耕作、游憩等不同的乡村社区功能空间相对独立，彼此之间渗透较弱，通过道路、景观、绿地等串联不同功能空间，人为主观意识明显。

2. 自由型组织

自由型的空间组织主要针对空间环境要素配置相对完善的乡村社区，这类乡村社区多为自身发展具有一定的先天优越条件，如土壤、气候适宜某种特定的经济作物或禽畜，能够形成区域性资源垄断，具有一定的发展优势。这类乡村社区往往因为其独特的耕作结构，形成特定的乡村社区格局，统一的集中规划反不利于这些乡村社区的发展。多年的自然条件及经济发展促成了这些乡村社区的现有格局，具有一定的客观性。对于这类乡村社区的空间环境要素的组织，应该逐步完善其空间要素种类，满足不同乡村社区居民的各种不同使用需求，而不人为地破坏其空间构成的人文肌理，保持其原有的自由型发展。如营口的东蓝旗村，以葡萄种植为主，许多农户家都有很大的葡萄园。为方便管理，农户的住宅就安置在葡萄园内或葡萄园边，形成了居住型要素和耕作型要素点状或斑状的自由型格局，其他公共的空间环境要素则在交通便利处集中分布，方便使用。

2.4　居住功能要素的配置规程

2.4.1　非建设用地规划布局原理

以非建设用地引导乡村规划，找寻人与自然和谐相处的乡村社区格局，基本思路就是坚持"生态先行"和"有序增长"的观念，通过对非建设用地的规划，人与自然和谐相处的生态格局的建立，从而促进优化土地资源的配置，并以此为基础勾画乡村社区建设与自然生态和谐演进的蓝图，在对自然环境破坏最小的情况下为乡村社区居民提供更为舒适的人居环境。此种空间格局规划方法能从根本上改变从原来重物质环境建设、轻生态环境建设的盲区，转变至以保障乡村的各种区域生态功能为前提，重新提醒并着重强调了自然生态环境才是乡村整体发展的根本，同时"有序增长"也能够强调不要盲目地进行建设用地的集中布局，这也符合未来乡村社区发展对于生态产业的需求。

2.4.2　非建设用地规划技术方法

应用非建设用地规划来寻求人与自然和谐相处的村落格局，就是要运用GIS系统对规划区内的生态资源要素进行选取，在综合生态识别的基础上来确立非建设用地中生态基质和建设用地之间的"图底关系"，并依此为指导进行乡村社区的村落布局。

1. 生态调查

生态调查主要是对影响乡村社区建设的生态因子进行调查和评价，包括对地质地貌、水文气象、环境土壤、动物植物等自然要素和具有特殊社会文化价值的要素的全息调查。地质地貌包括矿产资源情况、不良地质情况以及地基承载情况，了解地质地貌主要是了解影响乡村社区布局的大片地形和比较特殊的综合体，确定适建用地的分布；水文气候主要包括了解水域、水深、流速、水质水量及水位，了解降水、风向风频和温度湿度，构建水文景观和做好环境保护，防止洪涝灾害；环境土壤调查包括了解水文、大气、废物及噪声等的现状，了解土壤的质量和适种作物的区划情况，了解土地利用的现状；动物植物调查包括了解区域的植物系统和动物种群的分布；特殊价值主要指了解当地的文物古迹、传统聚落、风景名胜区及自然保护区等。

2. 生态评价和区划

在生态调查的基础上，从区域的生态和环境安全、生物和文化多样性出发，提出关键的生态要素，制定单项的生态要素图，权衡轻重，利用地理信息系统进行加权和叠加，而后对其结果进行分析评级，得出生态适宜度分区图。针对乡村社区的建设，要着重强调对于土地利用的适宜性分级，突出乡村社区规划区别于城市规划以建设开发为核心的单一土地开发利用模式，强化社区规划的生态功能性，保障重要的区域生态功能。这包括对农田的适宜性分析、林地的适宜性分析以及组团绿地和隔离带的适宜性分析等。

3. 生态基底关系

以进行生态评价和区划为基础，按照"生态先行"的原则进行布局构思，保证生态用地能够拥有一定的数量和合理的布局，充分发挥其在乡村社区的生态调节功能，并且结合路网、设施、产业及其他的建设情况，合理区划可建设用地和生态保留用地。从历史出发，结合周边环境及现状条件，确定区划的建设用地是否可建，若不可建如何进行置换，确定可建设用地和生态用地及"图底关系"。

4. 建设用地布局

主要是确定乡村社区区域内的生态保护用地，适建、可建、限建用地的"图底关系"，划分用途、明确管理，依此为根本对规划内容进行管理和控制，总体协调，探寻适合本地发展的村落格局。

2.4.3 居住建筑的配置

对于居住建筑，基本要求就是舒适安全。对于北方乡村的居住建筑，影响居住建筑舒适度的主要是采光、保暖和通风。由于传统的乡村社区以低层建筑为主，多数家庭屋前都有院落隔离，所以一般采光都不成问题。对于建筑安全，在我国，最大的隐患就是建筑建造过程中存在的抗震能力。

1. 保暖和通风

研究显示，建筑内部的热能包括采暖、家电和人体散热（约占8%~12%），这些热能通过建筑的围护结构（包括屋面、外墙和门窗等）传热和通过门窗缝隙的空气渗透散失。建筑物内热能通过围护结构大概损失70%~80%，通过门窗缝隙的空气渗透大概损失20%~30%。当建筑物的总得热和总失热持平时，才能使得屋内的温度保持平衡。依据建筑热负荷的构成，进行乡村房屋建设过程中，首先应该尽量减少建筑物外表面积和加强围护结构保温，以减少这部分的热损失；其次要加强门窗的气密性，以减少空气渗透的热能损失，尽可能地利用太阳能保持室内温度。

根据屋内不同的热环境分区进行建筑设计，满足不同的使用功能，将对热舒适质量要求较低的房间如厕所、厨房、过道、储藏间等置于冬季温度较低的区域，将卧室、起居室等主要房间布置到好的朝向和温度区域内，并且可以最大限度地利用太阳能。这样做既有利于对不同的区域进行控制，而且也能以次要房间作为屏障而减少主要房间的热损失，使室内热稳定，能源得以合理、充分地利用。由于乡村居民建筑接地性强，而且主要在自己院内布置辅助房间，因此可以利用以上方法在满足建筑功能的前提下进行房屋的布局。采取二进深或者三进深的平面布局，将厨房和储藏间等辅助空间放在北侧，形成防寒过渡空间，将起居室和卧室布置在阳光充裕的南侧，有条件的情况下在南向加一个空间作为缓冲，是为一种比较合理的建筑布局。

建筑通风是指建筑物内外空气的流动，可以采取机械通风或者自然通风两种方法。乡村社区的民居建筑主要采取自然通风，良好的自然通风能够循环净化空气，降低室内温度和改善民居局部小气候。创造自然通风就是要在建筑物布局的时候合理安排建筑进出风口的位置、建筑单体和风向的位置关系。在进行建筑平面布局的过程中，应当考虑常年主导风向。没有确定依据时也可参照附近城市的风玫瑰图，确定主导风向、选择建筑朝向，减少太阳辐射和强化自然通风。合理地安排门窗在建筑平面中的位置和尺寸是获得自然通风的举措之一。房屋建筑的夏季通风主要是运用风、热压差来组织穿堂风。风压原理就是在迎风面和背风面之间形成压力差，使得室内外的空气在这个差值的作用下由高压向低压流动。热压通风原理是利用建筑内部空气的热压差，也就是常说的"烟囱效应"来实现通风。建筑的通风口的位置决定了建筑通风效果的好坏。布置在夏季的迎风面的主要房间，门窗应该使气流通过室内面积最大，气流通畅，并在合理的高度上安排门窗洞口的高度、方向及面积。同时，中庭和楼梯间能够提供很好的"烟囱效应"。此外，还应合理化室内隔断及建筑布局，引导室内通风，以期良好的室内通风效果。近年来，太阳能强化的自然通风也开始在民居建筑通风设计中运用，使建筑能在夏季达到好的冷却效果，这些人工做法配合建筑结构形成良好的自然通风系统。

2. 抗震防灾

长时间以来，由于防震减灾意识的匮乏，政策的不明，在经济不发达地区的乡村民居，特别是位于地震高烈度区的乡村民居和公共设施的设防能力十分薄弱。今年发生在我国乡村地区的一系列中等级以上强度的地震（如汶川地震），造成了大量的民居建筑倒塌和严重的人员伤亡。面对这些事实，总结乡村社区民居建筑的抗震性能措施。

首先是建筑选址的安全，将建筑基址尽可能低选择在基岩或者平坦的有利地段，在社区规划过程中避开地震断层带，易滑坡、坍塌和液化地段，充分考虑建筑间距和道路布局，疏散和救灾等因素，减低地震损失。建议每个乡村社区都能制定抗震减灾规划，并严格执行。

其次是建筑墙体的加固措施，完善墙体整体性，增强墙体抗震能力。对于砖混等砌体接头，墙墙之间相互咬合，使得墙面形成整体，房屋四角设置构造柱，以增强墙体的抗击地震的能力；砖柱和夯土墙构成墙体的房屋，墙柱应该同时砌筑，并加以拉结材料，使墙柱成为统一整体。注重圈梁在民居建筑中的应用，因为圈梁能加强外墙的连接，提高房屋的整体性能，是抗击地震和调节地基不均匀沉陷的一种比较有效且十分经济的方法，高而少横墙的房屋更应加设上下两道圈梁。此外，门窗洞口上不适合再采用木质过梁或者砖砌拱的过梁，最好采用钢筋混凝土的过梁。

第三是屋顶的设计，屋顶应尽可能轻便，因为房屋受震时各部分所经受的地震力是按重量成比例的，地震力作用点越高对房屋的破坏性越大。同时，要加强屋顶和墙体的连接，用加强梁、檩条和椽子连接成整体，有屋架的房屋要加剪刀撑，避免地震时屋顶的坍落。此外，合适的悬挑也能降低房子的破坏率。

最后，进行建筑改造时，不能改变原设计的结构体系，保障房屋的结构安全，完成后应采取相应的措施加固建筑，增加其抗灾性。

2.4.4 院落要素的配置

院落式乡村传统民居的重要组成部分，是住户的各种建筑围合而成的，供居民使用的半私密的空间。院落是居民室外活动空间组织的最小单元，在乡村社区，院落往往是私有空间和公共空间之间的过渡，是同一社区居民交流、直接接触的领域和边界，紧邻家庭可活动的空间。对于乡村社区而言，单层或者低层的建筑形式正好可以良好地使得住宅和外部空间有着更好的交流，利用居民院落紧邻的这种特殊空间构成关系，可以很好地组织一定区域的住宅单元，相比城市，能更好地形成居民睦邻友好的户外公共会客厅，促进邻里之间的友谊，方便社区居民的日常休息和交往。从而，能够创造出更加多变的乡村社区外部空间结构。

结合乡村社区外部空间的结构层次，院落也要从乡村社区空间要素的整体配置出发。心理学研究表明，合群的倾向是人的本能，荀子就曾经说，"人之生也，不能无群"。从人们的日常交往活动范围来看，多数的人们也是更加喜欢热闹、人群聚集的地方，比如乡村社区的中心。但是，邻里之间才是居民日常活动最多的地方，如何处理邻里关系才是增强乡村社区居民关系最有价值的思量。

对于乡村社区居民院落空间的规划研究，主要是院落的围合方式和院落构成要素的设计。

1. 院落的围合方式

1）封闭式

这种围合方式主要是住宅和围墙，或者封闭围廊、构筑物紧密地相连，围绕四周空间形成私人的"高门大院"。这样的围合方式着重界定私人的领域，领域认同感很强。但是这种方式的围合庭院过于封闭，并不适合乡村社区居民之间的传统生活方式。

2）通透式

这种围合是利用门洞、矮墙、篱笆、栅栏等手段围合成院落，这种围合兼具封闭与通透的元素，使得人们不单拥有让人安心的领域感，也让人拥有空间延伸的无限感，围而不闭，轻松畅快。这种围合更适合于独门独院，以耕地农活为主要营生的传统乡村社区。

3）松散式

松散式的围合有两种，一种是私人院落呈现松散或不规则的空间组织形态，这种围合方式给人一种似围非围的感觉，创造出一种开放自由的意境，这种围合方式多出现在别墅型的乡村社区，占地较大。

另一种出现在城市化进程较快的乡村社区，随着城市化的加强，产业结构的转变，乡村社区农民逐渐脱离农耕，转向工厂和第三产业，自家并不需要更多的存仓空间存放农具和余粮，农民住宅逐渐向紧凑型转变，私人庭院空间缩小。但是，多数农户还是喜欢在自家门前象征性地做以种植，以"花坛"形式出现微型的、开敞的院落，既保证了农户的传统心理，也改善了城市化过程中社区民居人情区域冷漠的弊端。

2．院落构成要素的设计

1）功能空间设置

目前，很多的乡村社区住宅虽然采取了院落的组织方式，但是往往只是有院落的名义，却没有满足院落的功能。这其中的主要原因是这些乡村社区的院落借鉴了城市住区常用的将草地放在公共空间的中心，步行道在周边布置的方法。这种做法的弊端是仅仅提供了步行道和绿化，却没有提供可以活动的场地，不方便于老人和孩子的院内活动需求。在院落设计中，应该注重"麻雀虽小，五脏俱全"，各种要素都要整合设计，综合协调安排。

2）地面的铺装要素

地面是院落空间的主要界面，它包含园子、铺地和小径等，不同材质、纹理、样式和色彩的地面元素能够使院落空间更加丰富、精彩。院落长的硬质铺地能够作为人们休息和活动的主要场所，宜人的尺度和亲切的氛围能够更好地促进家庭的和睦和邻里的交往，引导社区居民进行户外活动（图2-21）。

3）界面要素

简单的界面要素设置，能够在院落围合感不强的情况下产生围而不隔的领地效应。

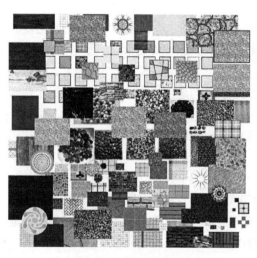

图2-21　庭院铺装样式

在院落的内部，界面要素，如篱笆和灌木等能够划分空间和进行导向，划分动静分区，区划功能性质。这些看似简单的要素必不可少，能够将院落空间疏解成与人的需求相宜的尺度，使空间过渡自然，保持整体而不琐碎，同样不阻隔视线。

4）休闲和活动要素

并不是一定要有器材或者健身设施才能使得人们活动。座椅、花架、栅栏等都能成为老人休闲和健身的设施。儿童喜欢接近自然，草地、水池、泥沙，哪怕是小小一堆土都能让儿童感到惊喜、欢乐，可以玩耍很久（图2-22、图2-23）。因此，应

图2-22　孩子与土

图2-23　孩子与沙

该鼓励乡村儿童的家长在院落布置喜闻乐见的活动要素，为父母增加休闲健身的活动要素，让院落空间更加生动，更加具有凝聚力。

2.5　生活功能要素的配置规程

2.5.1　道路交通设施的配置

道路是乡村和外界沟通的窗口，是带动乡村发展的纽带，因此，道路交通的配置是乡村社区发展最基础的保障。俗话说得好，要想富先修路，过去在乡村建设过程中因为单纯地注重生产设施的建设而把基础设施的建设放在次要的地位，造成了很多的乡村因为交通不畅而发展落后，农民的生活条件始终得不到改善。道路设施作为基础设施建设的基础，其规划意义重大。

1. 乡村道路交通的特点

相比城市交通的发展，乡村道路交通有着其自身的特点。

（1）在乡村的道路上，交通工具更加复杂，而且行人较多。道路上除了小汽车、卡车、摩托车、农机车等机动车辆，还有自行车、三轮车、板车、畜力车等非机动车辆。这些车中尺寸各异，速差明显，行驶混杂，相互之间的干扰非常大，交通安全存在着很大的隐患。而且各种车辆之间混杂着各种行人，人车混杂，加剧了交通的混乱。

（2）道路交通的基础设施差。由于多数乡村缺乏规划，致使很多的道路功能混乱，断面结构不清，人行道路狭窄或者没有，更是缺乏路灯等基本设施。特别是在一些区位复杂的乡村，道路综合质量不尽人意的情况非常明显。

（3）道路交通的管理和交通设施建设非常不完善。很多的乡村少有交通标志和信号灯设施，也没有交通组织和管理人员，使得交通混乱的情况更加严重（图2-24、图2-25）。

（4）缺少停车设施，而且道路上的违章建筑物和构筑物非常多。乡村缺少专用的停车设施，车辆大多在道路上随处任意停放，而且道路上违建很多，摊点多，加剧了交通的阻挠。

（5）车辆数目增长较快，交通发展迅速。随着乡村经济的快速发展，农民生活水平的不断提高，购买车辆的人数逐年递增，加剧了乡村的交通压力，这对乡村交通的发展提出了更高的要求。

因此，在进行乡村社区道路交通的配置过程中，应该结合乡村的现有条件，改造

图2-24　乡村道路（一）　　　　　　　图2-25　乡村道路（二）

乡村的道路（土路、砂石路等），统一规划，分步建设，逐渐改善乡村社区的道路交通情况。

2. 乡村道路路网结构的选择配置

进行乡村道路交通系统规划的时候，应该在乡村社区内进行合理的路网布局，按照实际需求进行合理的路网分级，形成高效、安全的路网体系。乡村的基本路网可以归纳成以下几种类型。

1）方格网式

方格网式的道路又可以称为棋盘式道路，这种路网的优点是地块规整，经济紧凑，道路的线形平顺，非常有利于建筑的布置和防线的识别，这种形式的网络结构多数用于地势平坦的乡村。这种路网的缺点是交通分散，道路主次功能难以确定，交通口数量最多，在没有信号的情况下非常影响交通的通行。

2）放射环式

这种路网的配建多数是以社区的公共中心为基点，在其外部规划一条或几条环路，以基点向外放射道路，形成蛛网式的路网系统。这种规划配置的优点在于能够使中心公共功能和乡村社区的其他功能区联系紧密，功能分区明确，路线多变，适应性强于方格网式。但它的缺点是交通会在中心处形成拥堵，地块划分也不够方整，不容易辨识方向。这种路网更适应于较成规模的乡村社区。

3）自由式

这种路网形式是结合地形的起伏顺势走向，没有固定的几何形式。这种路网的优点在于能够充分地结合地形，有利于节省建设投入，而且造型也非常活泼，曲径通幽。它的缺点在于道路过多的曲线，方向变化多端，不利于建筑的布局和管线的敷设。这种路网形式多适用于山区和丘陵等地形多变的地带。

4）混合式

在乡村社区规划的过程中，应该根据当地的实际条件和道路现状，本着实事求是的观点进行道路交通的综合部署，不应该苛求于某一种特定的路网而使乡村路网的布局陷入死局。路网的布局应该取精去粗，应用各种路网的优点，不能生搬硬套地搞形式主义。特别是在沿海多平原，内陆多丘陵的地形多变地区，路网的布局更是应该多种形式结合，灵活多变。

根据实际情况调查和村镇规划资料，对乡村社区的道路宽度作出表2-1所示建议，以不夸大机动车交通量为前提。

乡村社区的道路宽度建议　　　　　　　　　　　　表2-1

道路级别	道路红线宽度（m）	路面宽度（m）		每侧人行道宽度（m）	道路间距（m）
干路	10~14	6~8		0~2	120~300
支路	3.5~10	3.5~6		0~2	60~150
宅前路	—	考虑步行、摩托车通行	1.5~2	—	—
		允许家用汽车通行	3		

3. 乡村道路基础设施的配置

乡村社区的道路多数是天然形成的，"走得多了也便成了路"。道路的产生没有科学、系统地进行规划，道路性质不明确，道路断面没有功能划分，没有人行路或者人行路过窄，人车的混行给居民出行带来了非常大的交通隐患，特别是在乡村居住的孩子上下学的路途多数都离家较远，有时还要经过国省干路，道路的基础设施情况较差，缺少排水渠，缩短了道路的使用年限；没有路灯等照明设施，给村民的晚间出行带来了非常多的不便。所以，在进行乡村社区空间环境要素规划配置的过程中，重要的一项就是完善道路交通基础设施。在规划建设过程中，不但应该结合乡村社区的特点进行道路线形及断面形式的设置，还应在相应的位置设置路灯和边沟等基础设施，选取合适的形式及样式，力求经济可行，外表美观，保证乡村社区道路交通基础设施的完善。

4. 停车设施的配置

目前，我国乡村社区的停车设施严重缺乏，大部分的乡村社区都没有规划的停车位，车辆随处停放，给交通和乡村社区的交通秩序带来了很不利的影响。随着乡村经济的发展，乡村社区的停车设施配置问题亟待解决。

在集中的收货点附近，应该脱离道路辟出相应的停车场地，配建相应的停车设施，以完善乡村社区的产业链，同时不对乡村内部交通或过境交通产生影响。另外，在村委会或者中心广场等地应设施集中停车点，停车有序，方便管理；或者将停车设施化整为零，融入到乡村社区布局之中，并配属相应的停车设施；村民的私家车也可结合院落设计停放在自己院内。

2.5.2 其他基础设施的配置

乡村基础设施是向乡村生产生活提供公共产品和公共服务并保证农村社会扩大再生产顺利进行的各种物质技术条件的总和，除道路交通设施外，还包括能源设施、给水排水设施、通信设施、环保设施等。其中，能源设施包括电力、沼气和暖气等；给水排水设施包括水厂、供水管网、排水和污水处理；邮电通信设施包括邮政、电报、固定电话、移动电话、互联网、广播电视等。

乡村基础设施配置是乡村基础设施建设的一种动态过程，处于不断发展演化状态中，受资源条件、人口、区位、自然因素和经济社会发展、土地利用等因素影响，是利用乡村规划等技术，按照建设模式、标准和目标，实现乡村基础设施合理优化和可持续发展的手段和途径。

根据优化配置理论，乡村基础设施合理优化配置是使乡村基础设施实现可持续利用和发展的重要方面，将使乡村给水排水、能源、环境卫生等基础设施通过合理布局，发挥各项基础设施的作用，保障乡村基础设施合理运营和有效使用，实现乡村基础设施不断升级的发展过程。通过乡村基础设施的优化配置，可以有效提高乡村基础设施配置的科学性和针对性。

1. 乡村社区基础设施配置的内容

乡村基础设施是基础设施的一种类型，具有基础设施的各类属性和特征。乡村基础设施配置包括乡村基础设施的规划、投资建设以及运营管理等多个环节。

1）乡村基础设施的规划

乡村基础设施规划是政府的重要职能。首先，政府应从宏观上考虑经济发展和乡村居民福利水平，提高对乡村基础设施的需求，使基础设施的发展与乡村经济发展水平及乡村居民需要相适应。其次，应在规划管理上坚持统筹安排，协调发展，要合理安排基础设施的内部结构，还要保持各地区之间的协调；要满足经济需要，还要与环境协调。再次，政府还必须从微观角度，使用科学的方法和程序对具体的乡村基础设施项目进行必要性论证和可行性分析评价，最终选择符合经济目标、财务目标和环境目标的最优方案作为乡村基础设施项目的实施计划。

2）乡村基础设施的投资建设

乡村基础设施配置问题实际上关系到选择什么样的生产者和生产方式来保证基础设施建设的效率和质量。我国传统的基础设施配置方式——政府垄断建设，造成基础设施建设的效率和福利损失，存在低效率、低质量问题，因此要尽快引进竞争机制。对于适合社会投资、建设的基础设施项目，应放松进入管制，通过市场机制选择生产者。而政府投资的基础设施项目，应纳入政府采购的范围采用招标投标方法选择建设者。其次，现实中我国政府投资的基础设施配置存在项目监管不力，造成基础设施建设质量差等问题。因此，在我国基础设施建设环节要加强对设施建设质量的监管。

3）乡村基础设施的运营管理

乡村基础设施的运营管理是基础设施发展流程中的最后一环。花费巨大投资的基础设施项目，如果没有良好的运营、维护和管理机制保证其健康运转，项目的生产能力就不能有效发挥，从而影响预期目标——满足经济发展和人民生活水平提高的需要。尤其是当维护工作落后，管理机制薄弱时，已建成的基础设施很可能快速耗损，造成建设资金的巨大浪费。在国内，政府垄断性经营基础设施的弊端和改革我国现行基础设施运营机制的迫切性和必要性，迫切要求社会提高基础设施的运营管理和维护效率。对于适合社会经营的基础设施项目，政府应尽快退出经营管理，同时做好检查和监管；对于仍需要政府经营的基础设施项目，政府在保留所有权的前提下，不需要全部进行直接经营管理，可以通过特许、委托经营等方式交由民营，政府的职责在于制定科学、合理的合同，严格执行并加以监管。

2. 乡村社区基础设施配置的选择

1）给水排水设施的配置

乡村社区生活用水的供水形式有市政集中供水、乡村社区自备井供水、农户自打井供水三种形式。乡村社区自备井供水是最主要的供水方式。村庄自备井供水多为水泵取水提升至水塔或高位水池，然后重力自流至用户；部分村庄新建供水系统采用变频泵和压力罐直接向用户供水（图2-26）。仅有少数的村庄供水管网比较完善，而且大部分存在跑、冒、滴、漏等供水设施老化情况。

乡村社区的排水体制以雨污混排为主。绝大多数乡村生活污水未经任何处理，随意排入路边明沟或直接泼洒在农户院内，卫生环境较差。大多数村庄的雨水沿道路漫流排除，雨天出行不便；只有少数的乡村修建有雨水排除沟渠，且多数雨水明沟内垃圾淤积、阻塞严重（图2-27）。乡村雨水利用处于起步阶段，个别乡村开展了雨水收集利用工作。

乡村的给水、排水设施应尽可能实现共享，以节省投资、降低运行费用、便于维护管

图2-26　乡村水塔

图2-27　乡村排水沟

理、提高设施处理效率与投资效益。新城规划区内乡村，可纳入新城供排水设施服务范围；乡镇规划区及乡镇政府所在地附近的乡村，尽可能纳入乡镇给水排水设施服务范围；相对密集地区的乡村，尽可能共建共享给水排水设施。乡村给水、排水设施不同规划配置方式的特点比较如表2-2所示，进行乡村社区建设的时候，应根据自身的实际条件，选择性配置。

乡村给水、排水设施不同规划配置方式的特点比较　　　　表2-2

类别	规划建设方式	特点
给水设施	新城扩户给水	依托新城给水设施，水源地保护措施好，水质、水量、水压保证率高，投资及运行费用省
	乡镇集中给水	依托乡镇给水设施，运行维护好，水源地保护措施好，水质、水量、水压保证率较高，投资及运行费用省
	连村给水	两个以上村庄共建给水设施，运行维护、水源地保护措施好，水质、水量保证率较单村给水要高，投资及运行费用较省
	单村给水	单个行政村或自然村独建给水设施，运行维护管理较松散，水质、水量保证率较差，投资及运行费用较高
污水处理设施	新城集中处理	依托新城污水处理设施，运行维护管理好，出水水质好，投资及运行费用省
	乡镇集中处理	依托乡镇污水处理设施，运行维护管理好，出水水质好，投资及运行费用省
	连村处理	两个以上村庄合建污水处理设施，运行维护管理较好，出水水质较好，投资及运行费用较省
	单村处理	单个行政村或自然村独建污水处理设施，运行维护管理较松散，出水水质保证率较差，投资及运行费用较高

2）电力电线设施的配置

根据村庄的性质、类型、规模和经济社会发展水平，并结合当地实际情况，进行选择。对于架空电力线路，应根据村庄地形、地貌特点和道路规划，沿道路、河渠、绿化带架设；有条件的村庄可选择电缆入地。对于不同发展阶段的乡村社区，笔者建议根据实际情况选择输配电路的敷设方式，如表2-3所示。

不同发展阶段乡村社区的输配电路建议敷设方式　　表2-3

乡村类型		输配电线路敷设方式
城镇化发展型	纳入新城范围	埋地式电缆
	近期城镇化乡村	近期：架空绝缘线；远期：埋地式电缆
	远期城镇化乡村	近期：架空绝缘线；远期：埋地式电缆
迁建型	近期已迁建型	架空裸导线
	逐步迁建村庄	架空裸导线
	引导迁建乡村	架空绝缘线
发展保留型	保留、限制发展乡村	近期：架空裸导线；远期：架空绝缘线
	保留、重点发展乡村	近期：架空绝缘线；远期：埋地式电缆
	保留、适度发展乡村	近期：架空裸导线；远期：架空绝缘线

加大移动基站建设力度，力争使移动信号覆盖全域，并改善通话质量。丰富村民文化生活，结合广播电视的村村通工程，加强乡村广电网络建设，确保多数乡村都能高质量地接收到有线电视信号，对于偏远山村采取卫星电视的方式提供广播电视服务。

加速"三电合一"农业综合信息服务平台建设，结合各乡村的电子政务工程，搭建乡村信息化建设核心平台，强化面向乡村广大生产经营者的微观信息服务，实现"村庄建站、村官在线、村民上网"的建设目标。就是要在各行政村建设信息服务站，面向村民开展信息服务；通过整合面向农村农民的培训资源，对村、组干部进行专门培训，使之能经常"在线"获取信息，成为服务新农村建设的信息员和引领村民利用信息致富的带头人；通过已培训的村干部，帮助辅导广大村民通过互联网获取服务信息等。

3）供暖设施的配置

根据乡村社区的实际情况采用不同的采暖方式，以期达到能源利用的最大化以及经济的可行性。对于不同类型乡村社区供暖设施的配置，笔者推荐表2-4所示方式供不同乡村社区选择。

不同类型乡村社区供暖设施的配置方式　　表2-4

乡村类型		供暖设施的配置方式
城镇化发展型	纳入新城范围	规划采用管道天然气和市政集中供暖，应积极考虑太阳能等新型清洁能源的利用
	近期城镇化乡村	近期仍以柴薪、秸秆和煤等传统燃料、瓶装石油液化气为主，供暖方面可考虑以单个村庄或联村的形式供暖；远期逐步改造以管道天然气和市政集中供热为主
	远期城镇化乡村	应积极考虑太阳能等新型清洁能源的利用
迁建型	近期已迁建型	仍以柴薪、秸秆和煤等传统燃料、瓶装石油液化气和分散式取暖为主
	逐步迁建村庄	仍以柴薪、秸秆和煤等传统燃料、瓶装石油液化气和分散式取暖为主
	引导迁建乡村	应积极考虑太阳能等新型清洁能源的利用

	乡村类型	供暖设施的配置方式
发展保留型	保留、限制发展乡村	规划以瓶装石油液化气为主，辅助以太阳能等新型清洁能源以及煤、柴薪、秸秆等传统燃料
	保留、重点发展乡村	供暖方面可考虑以单个村庄或联村的形式供暖
	保留、适度发展乡村	应积极考虑太阳能等新型清洁能源的利用

4）环境卫生设施的配置

村容整洁是建设新农村的重要条件，要求乡村脏乱差的现状要从根本上得到整治，人居环境明显改善。对于乡村社区的垃圾处理，应该采用"村收集、镇运输、县处理"的垃圾收运及处理模式。生活垃圾应力求分类收集，最大限度地实现垃圾减量化和资源化，以减少运输及处理费用。生活垃圾应密闭收集，压缩转运，集中处理，改善乡村社区生活垃圾"自然降解"的现状。远期乡村社区内的生活垃圾无害化处理率达到100%。

同时设置垃圾转运站，服务范围为乡村社区所在镇的整个镇域范围，实现垃圾转运覆盖全县。距离规划垃圾填埋场较近的镇，由普通垃圾车将生活垃圾从转运站直接运至规划垃圾处理场；距离规划垃圾填埋场较远的镇，须将生活垃圾在转运站进行压缩，然后用大型运输车将其运至规划垃圾处理场。

随着乡村排水设施的建设，逐步实施农村旱厕的改造，实现各村全部用上水冲式厕所的目标。为防止粪便的生物污染，应定期对厕所进行清淘，加强对粪便的灭菌和消毒工作，实现粪便的无害化、资源化处理目标。厕所的粪便严禁直接排入雨水管、河道或水沟内。有污水管道且建有污水处理设施的村庄，应排入污水管道；没有污水管道的，应建化粪池等粪便污水前端处理设施。在采用合流制下水道而没有污水处理厂的村庄，水冲式公共厕所的粪便污水，应经化粪池处理后排入下水道。

2.5.3 公共服务设施的配置

1. 乡村社区公共服务设施配置的目标

乡村社区的公共服务设施，应该能够适应相似区域群众差异化的公共服务需求，应该以满足乡村居民的基本需求为前提。为使得乡村居民享受的公共服务全面完善，就应该建立多级的乡村公共服务设施体系，建立乡镇配套的综合设施，在中心村适度形成公共服务的中心，使得乡村公共服务系统覆盖面广，效率高，方便快捷。逐步缩小城乡之间基本公共服务的差距，促进社会的公平发展。

2. 乡村社区公共服务设施配置的原则

乡村社区公共服务设施配置与城镇公共服务设施配置具有很大差别，规划配置上以突出乡村公共服务设施的特点为要点，所以，在规划配置上，应该从以下四个原则出发。

1）政策性

乡村社区公共服务设施建设应充分利用国家和地方的"支农惠农"的政策，充分依靠政策和资金投入来建设。当下国家的支农投入是多条渠道下发的，涉及服务设施这一块，主要包括万村千乡市场工程、一事一议的奖补工程、涉农扶贫工程、新农村建设工程等。

2）公益性

公共服务设施的内容选择上应重点考虑公益性和准公益性的设施，将部分可提供社会化服务的设施推向市场。乡村公共服务设施选择上应注重农业生产和服务设施建设，促进农业现代化发展；应注重乡村更高层次民生工程（金融、消防、信息等）建设，提高农民生活质量；应注重生产就业培训设施建设，鼓励农民就业创业；应注重文化体育设施建设，丰富村庄精神文明。

3）兼容性

为了提高乡村社区公共服务设施的经济合理性和服务效率，规划突出公共服务设施兼容性。乡村社区公共设施的配置要强调一个用地上综合布局，在一个空间上提供多重服务，保证公共服务设施在有限的服务人口条件上更充分、更高效地运作。

4）特色性

乡村规模多样、发展程度不一，应因地制宜地布置公共服务设施的内容与级别，突出公共服务的重点与特色，满足相似地区群众差异化的公共服务需求，充分发挥乡村公共服务设施服务作用。

3. 乡村社区公共服务设施的规划配置

乡村社区公共服务设施的配置，应体现城镇服务向乡村的延伸以及围绕中心村的乡村公共服务设施配置两大思想进行乡村社区公共服务设施分级。

考虑生产生活习惯、地形条件和交通基础，可以将公共服务设施体系划分为3层5级。即中心城区、乡镇、村3个层级；"城区—中心镇——般镇—中心村—基层村"5级公共服务配置内容。

中心村的定义是设有兼为周围村服务的公共设施的行政村，内涵是在一定地域范围内发挥人口集聚和服务作用，以及与规划设施的配套紧密挂钩。中心村的选择应该遵循以下原则：①基础较好：有一定的人口规模、公共服务设施基础和文化基础（有一定的传统吸引力和心理认同性）。②交通便利：位于主要公路和城乡公交通道的沿线，与周边乡村居民点和城镇联系便捷。③区位适中：位于所服务乡村地域的地理中心。④环境友好：用地相对充裕，地质安全性好，资源容量和生态承载能力相对较强。

结合相关国家规范标准和乡镇的规划，对公共服务设施配置进行以下分类和指标建议。

1）乡镇层级公共服务设施

乡镇公共服务设施配置项目选择上，优先考虑公益性和政策性的项目，满足乡村居民生产生活的较高公共服务需求。规划配置8大类24个项目，涉及管理、医疗、教育、文体、商贸服务、交通、市政各个方面（表2-5）。鼓励引入社会化机制建设部分公共服务设施。

乡镇公共服务设施一览表   表2-5

类别	设施名称	中心镇	一般乡镇
管理	派出所	√	√
	法庭	√	○
	乡镇政府	√	○

续表

类别	设施名称	中心镇	一般乡镇
医疗	敬（养）老院	√	√
	卫生（所）院	√	√
	计生所/室	√	√
教育	幼儿园★	√	√
	小学	√	√
	初中	√	○
	劳动就业培训站	√	√
文体	室外健身场	√	√
	文化（活动）站	√	√
	涉农信息服务站	√	√
商贸服务	集贸市场★	√	√
	万村千乡超市★◇	√	√
	家电下乡网点★◇	√	○
	邮政支局	√	○
	农村小型金融机构◇	√	√
	标准乡镇（区域）农技站◇	√	○
	农产品收购站★	√	○
交通	公交（路）站	√	√
市政	环卫站	√	√
	消防支队/志愿者消防站	√	○
其他	旅游服务中心	○	○

注：√必设；○选择可设；★半公益性；◇政策资金支持性。

2）村层级公共服务设施

乡村公共服务设施配置项目应满足乡村居民日常的、基本的生产生活的需求，一些服务频率较低、服务水平需求较高的公共服务设施应在上级公共服务配置中得以完善。规划配置8大类22个项目，覆盖乡村居民生产生活的各个方面（表2-6）。

村级公共服务设施一览表

表2-6

类别	设施名称	中心村	基层村
政务服务中心	新村管理中心（村委会）	√	√
	警务室	√	○
	临时法庭	√	○
	行政审批代办服务点	√	√

类别	设施名称	中心村	基层村
公共服务中心	农业信息服务点	√	○
	劳动就业培训点	√	○
	劳动保障点	√	√
	卫生（含计生室）站/流动性卫生室	√	√
	农技服务站点◇	√	○
	村邮站/邮筒	√	√
	农村小型金融机构/流动性金融服务点◇	√	√
	综合文化活动站	√	√
农资物流中心	集贸市场★	√	○
	万村千乡超市★◇	√	√
	家电下乡网点★◇	√	○
	农产品收购站	√	○
体育	室外健身场	√	√
教育	幼儿园★	○	○
	小学（校点）	√	○
环卫	环卫站/垃圾收集点	√	√
交通	公交（路）站◇	√	○
其他	旅游服务中心	○	○

注：√必设；○选择可设；★半公益性；◇政策资金支持性。

3）配置标准

（1）配置依据

公共服务设施站建设用地比重依据《镇规划标准》GB 50188，公共建筑用地占村镇建设比例，中心镇为12%～20%、一般镇为10%～18%、中心村为6%～12%。依据乡村社区公共服务设施相关课题研究，公共服务设施占村庄建设用地的比重通常为2%～4%。

（2）人均用地标准

将乡镇人均建设用地控制为120m²、150m²两档，则公共服务设施占村镇建设用地比重可按照表2-7、表2-8推算。规模较小的新村居民点，为了满足设施使用方便与效率，引导居民向新村集中，可适当提高公共服务设施用地在乡镇建设中的比例。

村镇公共服务设施的推荐用地标准　　　　　　　　　　表2-7

用地标准		中心镇	一般镇	中心村	基层村
占村镇建设比例		12%～20%	10%～18%	6%～12%	2%～4%
人均村镇建设用地	120m²	14.4～24	12～21.6	7.2～14.4	>2.5
	150m²	18～30	15～27	9～18	>3

各类公共建筑的推荐用地标准　　　　　　　表2-8

村镇层次	规模分级	各类公共建筑人均用地面积指标（m²/人）				
		行政管理	教育机构	文体科技	医疗保健	商业金融
中心镇	大型	0.3~1.5	2.5~10.0	0.8~6.5	0.3~1.3	1.6~4.6
	中型	0.4~2.0	3.1~12.0	0.9~5.3	0.3~1.6	1.8~5.5
	小型	0.5~2.2	4.3~14.0	1.0~4.2	0.8~1.9	2.0~6.4
一般镇	大型	0.2~1.9	3.0~9.0	0.7~4.1	0.3~1.2	0.8~4.4
	中型	0.3~2.2	3.2~10.0	0.9~3.7	0.3~1.5	0.9~4.6
	小型	0.4~2.5	3.4~11.0	1.1~3.3	0.3~1.8	1.0~4.8
中心村	大型	0.1~0.4	1.5~5.0	0.3~1.6	0.1~0.3	0.2~0.6
	中型	0.12~0.5	2.6~6.0	0.3~2.0	0.1~0.3	0.2~0.6

注：集贸设施的用地面积应按赶集人数、经营品类计算。摘自《镇规划标准》GB 50188。

（3）分项设施标准

公共配套设施应以村为单位，在村建设规划中统一编制、统筹安排，满足乡村居民基本生产生活的需求。教育、医疗、交通、市政设施应符合相关专业技术规范的要求，如表2-9所示。

分项设施配套要求　　　　　　　表2-9

类别	设施名称	配置标准（建筑面积）	备注
政务服务中心	新村管理中心（村委会）	>100m²	建议纳入新村管理用房合并设置
	警务室	>20m²	
	临时法庭	>20m²	
	行政审批代办服务点	>20m²	
公共服务中心	农业信息服务点	>20m²	建议此大类分项设施可适当集中合并设置
	劳动就业培训点	>50m²	
	劳动保障点	>50m²	
	卫生（含计生室）站/流动性卫生室	>100m²（其中，计生室>20m²）	
	农技服务站点◇	>20m²	
	村邮站/邮筒	—	
	农村小型金融机构/流动性金融服务点◇	>20m²	
	综合文化活动站	>100m²	
农资物流中心	集贸市场★	>50m²	—
	万村千乡超市★◇	日用品类>20m²、农资类>50m²	
	家电下乡网点★◇	>50m²	
	农产品收购站	>50m²	
体育	室外健身场	>200m²（占地面积）	—

续表

类别	设施名称	配置标准（建筑面积）	备注
教育	幼儿园	原则上每1000人配置1处，生均用地面积15m²；小学（校点）按卜位规划设置	—
	小学（校点）		—
环卫	环卫站/垃圾收集点	—	—
交通	公交（路）站	—	按照站级配置
其他	旅游服务中心	—	根据实际情况配置

2.6　生产功能要素的配置规程

2.6.1　均一结构要素的配置

以与乡村社区居民点密切相关的园地、旅游服务、家庭农场等作为重要的功能组成部分，按空间形态特征，可分为图2-28、图2-29所示类别。

图2-28　家庭农场现代设施　　　　　　　　图2-29　乡村采摘

2.6.2　圈层结构要素的配置

以乡村社区居住空间为中心，随着距离的增加，外围种植结构呈圈层式的变化。在人均耕地面积较多的平原区，劳力不足常会导致农户选择在距离居住区较近的地块种植劳动力需求量大的作物，如蔬菜、瓜果、棉花等，在远处种植传统粮食作物；在山区的乡村地区，也会出现种植作物的圈层式空间形态。

2.6.3　牵引结构要素的配置

社区内耕地受道路、河流（土质、河流改道等）、屏障（山崖、防护林）等的影响，各地块的运输能力、适宜种植的作物等呈现差异，好像一股特殊的牵引力，导致紧邻道路、河流或屏障区一定范围内的种植结构明显区别于社区内其他地域。如交通干道从社区内部、旁边穿过，由于其运输能力增强，其周围耕地种植作物品种发生变化；受河流水利条件、泥沙淤积等影响，近河流耕地种植沙地作物（如花生、红薯等），或水量需求较大的作物；受山崖、防护林等高屏障的影响，不同方位的光照条件不同，出现喜荫、喜阳作物在社区内空间分布的差异。

2.6.4　阶梯结构要素的配置

受海拔、气候、温度等的影响，以及不同海拔高度运输条件的差异，在乡村社区自上而下随地势高低变化出现了作物品种明显的差异现象，一般分布于丘陵山地地区，丘陵区梯田由于水利条件不同而呈现明显的阶梯结构。

2.6.5　斑块结构要素的配置

农业生产作业空间的斑块结构是指在均质的土地上，在种植品种、劳动力投入、技术需求等方面出现明显区别于周围地块的具有明显边界的区域。如位于山区的社区家庭由于分散居住，在其住房周围开垦耕地以满足生存需求；在平原地区或其他地势平坦的农作区，受经济利益的驱使，挖池塘或独辟一块地种植经济作物等形成农业生产区的斑块结构。

2.6.6　放射结构要素的配置

受地质、地形、耕作需求以及市场、道路等影响，使乡村社区逐渐呈现以居住空间为中心，耕作空间向外围发射的形态。地形条件复杂的山区的乡村社区，周围土质、坡向不同，选择各异的作物类型，出现了放射型农业空间；平原地区，受交通、市场等影响，有时也会呈现放射型空间。乡村社区农业种植空间形态因不同地区、不同环境、不同发展阶段呈现较大差异。农户优先考虑地块交通的方便程度；在耕地数量一定、地质条件不同时，交通对农户选择耕种作物的影响度会让位于地质，此时，社区耕种的空间形态与地质分布的空间形态较为一致；此外，地势、地形和人为因素也在塑造乡村社区农业空间形态中起到重要影响，如市场结构的变化、种植技术的进步和乡镇规划等。

2.6.7　畜牧养殖要素的配置

在乡村社区人畜共处是一种普遍的现象。对于养殖空间的规划配置，应该根据乡村社区的实际发展情况选择适合乡村社区的分布方式，使得畜牧养殖不过分影响乡村社区居民的日常生活，不至于对环境造成过分污染，对人体产生不利影响。

1. 空间混合型布局

是指养殖区与居住区连为一体，分布于社区各家庭中。此种情况一般是单个农户的养殖规模较小，不足以带动全社区养殖业发展，未形成整体规模效益；或形成了社区整体规模效益，但迫于场地、技术、资金等压力未形成专业化养殖基地。该类社区将养殖业作为增加经济收入的一种渠道，仍然以农作物生产活动为主。

2. 空间分明型布局

是指养殖规模过大，居住区条件已经不能满足其需求，而要单独开辟空间以建立养殖场。如考虑方便作业，在紧邻居民区外部建设；考虑到交通、市场等因素，在道路旁、城郊区设立。养殖空间一般随养殖规模、技术、管理等发展发生变化。

2.7　游憩功能要素的配置规程

2.7.1　文化娱乐建筑的配置

文化活动建筑是乡村社区公共娱乐活动中心的室内部分，为居民提供物质和精神生活服务，特别是冬季气候相对寒冷的地区，在一定程度上可使村民活动不受季节制约，同时兼顾老年人及儿童。在进行公共建筑规划设计时，充分考虑其本身的性质特点及使用功能，特别是对于具有民族特色的文化娱乐建筑，如朝鲜族的文化宫，它不仅是居民日常活动的场所，也是每逢遇到重大事情居民进行长老会议以及进行婚丧嫁娶等活动的场所，地位突出，在居民的日常生活中有重要影响。

2.7.2　广场绿地的配置

1．铺地

地面是广场的主要构成要素，它的处理非常重要，乡村地区广场规模较小，在规划配置设计时运用不同的质地、色彩和形状的铺地，拼接、搭配、穿插组合，呈有方向性的导向和线型的游动，向心性的居留，离心式的旋转，辐射式的发散，丰富地面效果。同时，也可将水面、绿地、沙地等视为特殊的铺地，运用平面构成的原理来划分，力求整体统一，在完整中求变化，起到象征、装饰、标志等表意作用。

2．理水

水是广场中最为活跃的自然因素，通过对水的处理，能唤起人们对自然环境的联想——溪流、泉水、瀑布，同时水是可流动且具有映射能力的，能够增强广场的动感及虚实变化。通过水面的艺术加工，水边形状的处理，自然脉络的调整，丰富广场空间，使人感受到广场景观的律动和灵性。冬季气候寒冷，广场水系的处理要考虑冬季水体形态的利用，布置相应设施，使之在其两种形态下均可成为广场中的亮点。

3．绿化

广场中绿化是体现其生命活力的元素，具有自然生长的姿态和安静的色彩，又有四季景象变化，不同树种拥有不同的造型和色彩。绿化构成景观，具有人情味和环保功能，乡村广场规模小，绿化宜采用草坪、花坛，不集中种树，其中点缀人工修整的树形或用花卉、灌木来装饰，增加生气和趣味，同时在植物的选择上要根据地区气候的不同因地而异。

4．雕塑

雕塑作为广场的景观点，常作为广场的标志，它体现了不同广场的特性构思。乡村广场雕塑应以乡村历史或民族风俗为背景进行设计，如满族的骑射文化、朝鲜族信仰太极八卦的文化以及具有历史内涵的事件，如反映住区的形成或纪念对本地名人、祖先的敬仰等，体现乡村历史文脉的延续性，在体量设计上要与广场尺度协调，选择富有个性的材质，突出视觉效果，表达作品的创意，形成广场的视觉中心和场所感。

5．花架

花架作为抛弃围护结构的建筑象征，广泛地运用在现代小型广场中，它常作为室外环境和建筑的过渡空间，即"灰空间"，不仅起到了划分、限定空间的作用，还给人们意识上某种隐喻和暗示。构架的运用有很多方式，因此大大丰富了广场空间，尤其是随着光线的变化，构架的投影产生长短及旋转角度的变化，使整个广场生动起来。构架也可与环境和地形相结合运用，并极易在景观上与建筑语言取得统一和呼应。

6. 活动设施

活动设施是广场功能得以体现的一个主要方面，包括儿童游戏设施、老年人健身设施及一般性的休闲设施。活动设施的设置首先可以丰富广场的空间层次，增加广场的景观因素；其次将各类设施按照一定分区进行协调布置，可起到相得益彰的效果，老年人在健身的同时，观看儿童嬉戏玩耍，增加其心情的愉悦度，特别是针对目前乡村年轻人大多出去打工的现象，也方便对孩子的照顾，在广场中形成一种天伦之乐的氛围；第三，目前乡村地区儿童活动场地普遍缺失，儿童游玩设施及场地的完善，也可促进儿童的成长。

2.7.3　文化及宗教要素的配置

注重宗教设施的配置，如合法宗教的活动场所、庙宇、道观、祭祀设施、家族祠堂等（图2-30、图2-31）。

图2-30　家族祠堂　　　　　　　　　　　　　图2-31　乡村教堂

对于乡村住区文化要素的发掘，应结合乡村社区的建设，对其历史进行深入发掘，通过咨询当地长者以及相关历史文献的记载，了解社区的形成及其影响因素，对社区内具有历史和宗教内涵的遗址进行保护，划定范围，同时对其进行适当改造，成为社区内的交往空间，在有条件的地区，也可考虑恢复其原有使用功能，作为乡村旅游的宝贵资源，提升本社区的内涵及特色，为发展乡村旅游等新型产业提供支持。

同时，还要注重非物质文化的发掘，悠久的历史及民族的多样化。对于非物质的文化景观因其往往看不见、摸不着，在具体的规划配置设计中可通过物化的方式加以表达，如民居样式、宗教建筑等；其次进行广泛宣传，让居民了解其内涵，并逐渐参与其中，增大文化传播主体，增强居民对家乡的认知度，延续乡村社区发展的文脉。同时，文化和宗教建筑的构建具有强烈的地方性和民族性，相同区域内的地方文化不尽相同，在条件允许的情况下可通过博物馆、民族风情园等进行展现和教育。非物质文化的延续要渗透到物质环境的设计中，相辅相成，才能构成特色明显的乡村社区。

第3章
集约化乡村社区环境功能空间形态规划技术导则

3.1 总则

3.1.1 编制目的

为贯彻落实科学发展观，促进资源节约型、环境友好型社会的建设，统筹城乡发展，加快乡村社区的经济和社会发展，改善乡村社区人居环境，完善宜居乡村社区环境功能空间形态优化，加强乡村社区人居环境的改善以及人文环境的保护工作，提高集约化利用效率，特制定《集约化宜居乡村社区环境功能空间形态规划技术导则》（以下简称《导则》）。

3.1.2 适用范围

本《导则》适用于集约化宜居乡村社区环境功能空间形态规划的编制和规划管理。

鼓励乡村社区委托有资质的规划编制单位单独编制集约化宜居乡村社区环境功能空间形态规划进行规划建设，不能单独编制规划的乡村社区按照本《导则》进行规划建设。

3.1.3 基本任务

在宜居乡村社区分类因子的选取、划分的基础上，总结归纳出宜居乡村社区环境功能空间形态的所属类型以及典型特征，寻找出不同类型空间形态的关键因素和设计要点，进行宜居乡村社区土地集约化利用评价，制定宜居乡村社区环境功能的空间形态集约化发展模式，进行集约化设计，并总结出宜居乡村社区环境功能空间形态规划建设与管理的内容。

对宜居乡村社区建设进行综合布局与规划协调，统筹安排各类基础设施和公共设施，为乡村社区居民提供切合当地特点、与规划期内当地经济社会发展水平相适应的人居环境。

3.1.4 规划依据

镇村体系规划、乡镇总体规划（含乡镇域规划）、乡镇土地利用总体规划、乡镇经济社会发展规划、有关法律、法规、政策、技术规范与标准等。

3.1.5 规划范围

集约化宜居乡村社区环境功能空间形态规划宜以行政村范围进行规划，若是多村并一村的，宜以规划调整后的行政村范围为规划范围。

3.1.6　规划原则

以现状空间形态为基础。

以保护自然与人文历史环境为前提。

保障环境功能间相互作用的协调性。

保证内部各要素的协调统一性。

增量、存量以及综合优化手法相结合。

集约化利用土地资源。

有利农业生产发展，提高农民生活质量。

公共设施集中布局，基础设施满足农民生产、生活需要。

住宅建筑应尊重地方民俗风情和生产生活习惯。

3.2　空间布局规划

3.2.1　空间形态类型

基于发展类型将宜居乡村社区分为传统农业型、现代农业型、工业型、旅游服务型、综合型五大类。

1. 传统农业型宜居乡村社区（图3-1~图3-4）

图3-1　梨桥村平面影像图

图3-2　梨桥村风貌图

图3-3　庍口村平面影像图

图3-4　庍口村风貌图

2. 现代农业型宜居乡村社区（图3-5、图3-6）

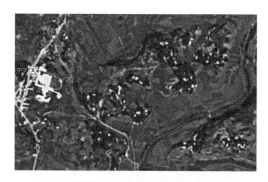

图3-5 解放村平面影像图

图3-6 解放村风貌图

3. 工业型宜居乡村社区（图3-7～图3-10）

图3-7 环溪村平面影像图

图3-8 环溪村风貌图

图3-9 袁家村平面影像图

图3-10 袁家村风貌图

4. 旅游服务型宜居乡村社区（图3-11、图3-12）

图3-11 石塘村平面影像图

图3-12 石塘村风貌图

5. 综合型宜居乡村社区（图3-13～图3-16）

图3-13 农科村平面影像图

图3-14 农科村风貌图

图3-15 濯村平面影像图

图3-16 濯村风貌图

另外，宜居乡村社区根据不同环境功能空间形态也可分为典型类型八种：分区集中型、混合集中型、点状分散型、线状分散型、团状分散型、条带型、组团型、松散型（表3-1）；特殊类型两种：传统保护型、集中新建型。

1. 分区集中型

集约、高效，便于资源的有效利用，分区明晰，避免相互干扰。但过于紧凑会影响环境的品质和功能的灵活性，布局较为单调，为生活和生产以及社区内各功能的相互协调带来不便（图3-17）。

2. 混合集中型

整体集约、高效，内部空间灵活。但内部空间的过于灵活可能会带来功能上的无序和杂乱，进而造成社区整体效率的降低和各功能组成的矛盾（图3-18）。

3. 点状分散型

巧妙地利用了地形、地势，并在一定程度上弥补了交通的不足。但布局过于分散、集约性较差、整体效率较低、资源比较浪费（图3-19）。

4. 线状分散型

比较充分地利用了交通条件，布局灵活、自由。但分散型布局本身就降低了效率，集约性较差（图3-20）。

5. 团状分散型

最大限度地利用耕地。但乡村社区布局在坡地，分散、地势条件很差、集约性差、效率低（图3-21）。

6. 条带型

充分利用对社区发展的有利因素。但条带状乡村社区减弱了社区内部的相互联系，尤其是最大轴的联系，并与所依附要素相互干扰（图3-22）。

7. 组团型

充分利用各种有利的环境要素，与环境相融合，自然而然。但各组团之间功能的有机协调会相对较弱，可能造成一定程度的混乱和冲突（图3-23）。

8. 松散型

乡村社区的功能要素与周边的环境要素有机组合、交融共生，社区富于生机和活力，人居环境较好，环境品质较高。但集约性较差、资源利用率较低、交通成本较高（图3-24）。

9. 传统保护型

历史较为悠久、保存较为完好、受外界干扰与影响较小，空间布局较为自然、

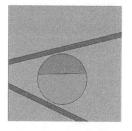 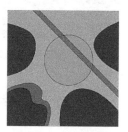

图3-17　分区集中型　　　图3-18　混合集中型

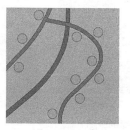 

图3-19　点状分散型　　　图3-20　线状分散型

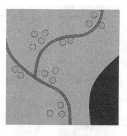 

图3-21　团状分散型　　　图3-22　条带型

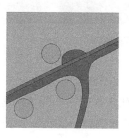 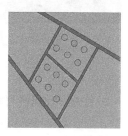

图3-23　组团型　　　　　图3-24　松散型

灵活自由、因地制宜等（图3-25、图3-26）。

10. 集中新建型

具备一些城市居住小区的特点，与原始的乡村社区差别较大，普遍表现为建设布局集中、规划整齐划一、功能分区死板、风貌景观缺乏特色、建筑单调且具有城市住宅特征、设施较为完善、与自然环境融合较差等特征，一般为规整的矩形平面布局加方格网状道路网布局。

目前来说的集中新建型乡村社区主要是指新型农村社区，这种新型农村社区既有别于传统的行政村，又不同于城市社区，它是由若干行政村合并在一起，统一规划，统一建设，或者是由一个行政村建设而成，形成的新型社区。新型农村社区建设，既不能等同于村庄翻新，也不是简单的人口聚居，而是要加快缩小城乡差距，在农村营造一种新的社会生活形态，让农民享受到跟城里人一样的公共服务，过上像城里人那样的生活。它由节约土地，提高土地生产效率，实现集约化经营为主导，农民自愿为原则，提高农民生活水平为目标，让农民主动到社区购房建房，交出原来的旧宅用于复耕。实现社区化之后，农民又不远离土地，又能集中享受城市化的生活环境（图3-27、图3-28）。

城市聚合型社区是指现状位于城市建成区周边，未来进入城市改造的村庄合并建设的新型社区。其建设和选址应服从城市总体规划，在城市居住组团范围内选址。基础设施和公共服务设施应按照城市居住区标准，结合城市现有资源和城市相关规划进行建设（图3-29）。

图3-25　传统村落风貌图（一）

图3-26　传统村落风貌图（二）

图3-27　新型农村社区风貌图（一）

图3-28　新型农村社区风貌图（二）

　　小城镇聚合型社区是指镇驻地村及2km范围内纳入镇驻地改造的村庄合并，集中建设的新型社区，其选址应服从镇总体规划，并建设较为完善的社区服务中心（图3-30）。

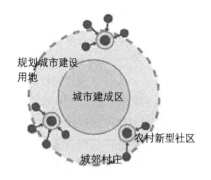

图3-29　城市聚合型社区

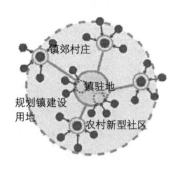

图3-30　小城镇聚合型社区

　　村企联建型社区是指村边有能够带动社区建设的工业小区、农业龙头企业、经济合作组织或者旅游开发企业，村庄与企业联合建成人口3000人以上、非农就业达到70%的新型社区（图3-31）。

　　强村带动型社区是指多个村庄向地理位置较为优越、规模较大、经济实力较强的村庄合并，以强村带动周边村建设的农村新型社区（图3-32）。

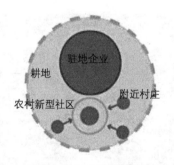

图3-31　村企联建型社区

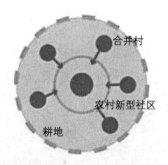

图3-32　强村带动型社区

　　多村合并型社区是指选择交通方便、用地充足、多村交界处新建农村新型社区（图3-33）。
　　搬迁安置型社区是指现状村位于矿产资源压覆区、风景区、水源地保护区、黄河滩区、库区、偏僻山区、地质灾害易发区等不适宜居住的地区，规划将其搬迁至安全地域，并组建的农村新型社区（图3-34）。

图3-33　多村合并型社区

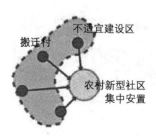

图3-34　搬迁安置型社区

村庄直改型社区是指村庄规模较大，且周边无可以合并的小村，或不宜合并的村庄，自身改造建设的农村新型社区（图3-35）。

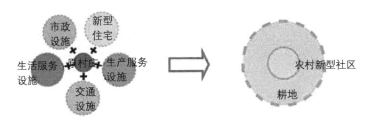

图3-35 村庄直改型社区

宜居乡村社区环境功能空间形态类型概略 表3-1

类型名称	特征描述	影响因素	优点	缺点
分区集中型	多分布在平原，内部功能分区明确、清晰，整体布局集中	产业	集约、高效、资源利用率高、各功能互不干扰	功能布局单调、功能间协调性差、与周边环境融合性差
混合集中型	空间发展受限，内部功能混杂，整体布局集中	发展空间	集约、高效、资源利用率高、功能间协调较好	功能混杂、相互干扰、与周边环境融合性差
点状分散型	受地形限制，呈零散状分布，多与地形结合	地形	布局灵活、与环境融合度高	不集约、低效、功能间联系不便
线状分散型	整体分散，局部呈线状布局，多沿水或沿路	交通/河流	布局灵活、局部相对紧凑	不集约、低效、功能间不紧凑
团状分散型	整体分散，局部小范围集聚成团布局	地形、耕地	节约用地、环境融合度高	交通不便、布局分散、功能联系弱
条带型	空间受限或依附某要素，成明显带状布局	交通	最大限度地利用有利要素	布局不紧凑、功能联系不紧密
组团型	由若干组团构成，组团具备一定规模，且集中，组团间较近	环境条件	整体分散、局部集中、环境融合度高	组团间联系较弱、易被分隔
松散型	整体集中、局部分散，居民点分布均衡、密度低	产业、交通	与环境融合度高、布局灵活	布局松散、不集约、功能不紧凑

3.2.2 优化设计手段

节点：空间节点一般是规模不大的区域，但是无论在空间上还是平面上，都会产生强烈的视觉冲击力，起到丰富空间层次的效果。在实际形态中，空间节点可以以多种形态出现，如反映聚落历史文化、风俗民情、传说故事的精神节点等；因人流、车流汇集而在主要道路的交汇处形成的道路节点；围绕聚落自然景观要素或人工景观要素，形成的相对开放的景观节点等（图3-36）。

轴线：交通轴线是宜居乡村社区环境功能空间生长的骨架，是组织宜居乡村社区内各种功能空间的重要轴线；景观轴线是结合自然景观要素，具有一定的休闲活动、环境保护、景观优化等功能的空间轴线；视觉轴线是人们不可靠近或只存在于心理上的，对人们的视觉起到导向作用的轴线（图3-37）。

图3-36　节点　　　　　　　　　　　　　　　　图3-37　轴线

　　界面：硬质界面是指围合成硬质空间的界面，由砖石、混凝土等实体物质构成，如道路、围墙、建筑立面、广场的硬质铺装等；软质界面是指围合成软质空间的界面，如植物和水体是构成软质界面的主要物质；灰色界面是对硬质界面的软化处理，介于硬质界面和软质界面之间（图3-38）。

　　组织方式：宜居乡村社区环境功能空间组织强调的是层次性、序列性与整体性。当人们由宜居乡村社区外部进入时，通常会发现乡村社区的空间不是作均质化处理的，而是有层次地展示出来，形成一系列具有关联性的空间序列，拥有一定的韵律和节奏，具有动态的趋势（图3-39）。

图3-38　界面　　　　　　　　　　　　　　　　图3-39　组织方式

3.2.3　环境功能营造

　　庭院空间：乡村社区的庭院空间常常作为日常粮食和蔬菜生产、贮藏的场所，在庭院一角还存放着生产工具，布置比较混乱。宜居乡村社区环境功能空间形态优化过程中，虽然这种可贵的庭院空间正在趋于减少，但在不同的优化模式中都会保留一部分具有这种庭院空间的民居形式，满足不同村民的需要。这些庭院空间以为村民营造一种安全而舒适的居住环境为主要任务，人们可以在庭院中种植一两棵果树，如桃树、枣树等，春可观花、夏可纳凉、秋可食果，又可以为庭院增添生气；在庭院一角开辟一小片土地，作为菜圃，种植各种蔬菜瓜果，在这样的环境中可以让村民找到心理上的归属感，充分把家的韵味延伸到外部空间（图3-40、图3-41）。

　　街巷空间：宜居乡村社区的各种休闲活动被组织进街巷空间形态中，形成线+节点的空间形式。街巷空间除提供给村民短时间直接的语言交流外，还通过空间节点提供驻足观望、聆听、闲谈等各方面的交流。村庄空间节点与街巷空间有机结合，形成开合有序、富有韵律的乡村社区内部空间（图3-42、图3-43）。

　　休闲空间：房前屋后空间是创建和谐邻里关系的关键，为村庄增添浓浓的人文生活气息。在宜居乡村社区环境功能空间形态优化中，应当为村民营造大量温馨、友好的房前屋

图3-40　庭院空间（一）

图3-41　庭院空间（二）

图3-42　街巷空间（一）

图3-43　街巷空间（二）

后空间，如在两排房屋中间地带的绿地空间中为夏日午后纳凉、聊天的村民提供能遮阳庇荫的大树、凉亭、花架；在几处建筑围合成的庭院中为打牌、下棋的村民提供简易、古朴的石桌椅等。在房前屋后空间设置时，应当注重人们在此进行各类活动时对空间的心理感受，适宜的空间尺度能够吸引并引导人们进入空间和使用空间。除这种日常交往之外，村民对公共交流、休闲娱乐的需求日益增加，如健身锻炼、文艺演出、节日庆典、民俗活动等，这就需要有相应的集体活动空间。通常这一空间位于宜居乡村社区中较为开阔的地段，结合中心绿地、广场、健身场地进行布置，包括一些公共服务设施和建筑，如村委会、图书馆、文化交流中心、公共活动中心、福利敬老中心等。集体活动空间不仅要体现其功能性，更重要的还要体现现代村庄的生活特征，让村民在这个富于变化的人性空间中，实现多样化和广泛的人际交往（图3-44、图3-45）。

生产空间：在宜居乡村社区环境功能空间形态优化中，不仅要将生产空间作为耕作劳动的场地进行规划，布置合理的田间路网，便于机械化管理和耕作，还应当注重田园特色的保持。大片的农田、起伏的麦浪、潺潺的流水、耕作的农民，本身就构成一幅悠然的生活画面，是重要的旅游资源。另外，在田间还应当布置一些可供村民工作之余休息聊天的场所，如大树下的空地上设置一些石桌、座椅，每隔一定距离建造统一的凉亭、棚架等（图3-46、图3-47）。

图3-44 休闲空间（一）

图3-45 休闲空间（二）

图3-46 生产空间（一）

图3-47 生产空间（二）

3.2.4 传统空间保护

对于传统保护型宜居乡村社区，在进行空间形态优化时，应保持文化遗产的真实性、完整性和可持续性。尊重传统建筑风貌，不改变传统建筑形式，对确定保护的濒危建筑物、构筑物应及时抢救修缮，对于影响整体风貌的建筑应予以整治。尊重传统选址格局及与周边景观环境的依存关系，注重整体保护，禁止各类破坏活动和行为，已构成破坏的，应予以恢复。尊重村民作为文化遗产所有者的主体地位，鼓励村民按照传统习惯开展乡村社区文化活动，并保护与之相关的空间场所、物质载体以及生产生活资料。

集中新建型宜居乡村社区也要对其空间形态的宏观布局与微观组织进行详细的设计，切勿照抄照搬城市的模式与手法，要充分体现当地的乡土特色，继承原有的历史文化脉络，将宝贵的遗产以及特殊设施保留下来并巧妙设计。在空间上，要因地制宜，充分利用地形、地势，创造灵活、自然的空间布局形态与环境功能组织。

3.2.5 乡村社区用地

乡村社区人均建设用地标准按两类控制。Ⅰ类为60～70m²/人，适用于规模较小（800～1500人），人均耕地不足1亩的乡村；Ⅱ类为70～90m²/人，适用于规模较大（1500人以上），人均耕地大于1亩的乡村。

根据当地实际情况对上述标准适当进行调整，但最高不能超过90m²/人。

村庄各类建设用地占总建设用地的比例应按表3-2执行。各类建设用地取值相加不应超过总建设用地上限。

建设用地标准　　　　　　　　　表3-2

用地类别	占总建设用地比例（%）	人均用地指标（m²/人）	
		Ⅰ类	Ⅱ类
1. 居住建筑用地	70~80	42~56	49~72
2. 公共建筑用地	2~4	1.2~2.8	1.4~3.6
3. 道路广场用地	8~15	4.8~10.5	5.6~13.5
4. 绿化用地	2~4	1.2~2.8	1.4~3.6
*5. 其他用地	5~10	3~7	3.5~9
村庄总建设用地	100	60~70	70~90

注：*包括公用工程、生产性服务设施用地。

3.3　公共服务设施

3.3.1　设施分类

公益型公共设施，指文化、教育、行政管理、医疗卫生、体育等公共设施。商业服务型公共设施，指日用百货、集市贸易、食品店、粮店、综合修理店、小吃店、便利店、理发店、娱乐场所、物业管理服务公司、农副产品加工点等公共设施。

3.3.2　布置原则

公共设施的配套水平应与乡村社区人口规模相适应，并与乡村社区住宅同步规划、建设和使用。

公益型公共设施宜集中布置，形成乡村社区的公共活动中心。在方便使用、综合经营、互不干扰的前提下，可采用综合楼或组合体。

应结合乡村社区公共设施中心或村口布置公共活动场地，满足村民交往活动的需求。

小学应按县（市、区）教育部门的有关规划进行布点。

3.3.3　指标体系

公共设施配套指标按每千人1000~2000m²建筑面积计算。

公益型公共建筑项目与建筑规模参照表3-3、表3-4配置。

公益型公共建筑项目配置表　　　　　　　表3-3

	一般应设置	有条件设置
1. 村（居）委会		√
2. 幼儿园、托儿所	√	
3. 文化站（室）	√	

续表

	一般应设置	有条件设置
4. 老年活动室	√	
5. 卫生所、计生站	√	
6. 运动场地	√	
7. 公用礼堂		√
8. 文化宣传栏	√	

公益型公共建筑建设规模　　　　表3-4

公共建筑项目	建筑面积（m²）	服务人口（人）	备注
1. 村（居）委会	200~500	行政村管辖范围内人口	
2. 幼儿园、托儿所	600~1800	所在村庄人口	2~6班
3. 文化站（室）	200~800	所在村庄人口	可与绿地结合建设
4. 老年活动室	100~200	所在村庄人口	可与绿地结合建设
5. 卫生所、计生站	50~100	所在村庄人口	可设在村委会内
6. 运动场地	600~2000m²（用地面积）	所在村庄人口	可与绿地结合建设
7. 公用礼堂	600~1000	所在村庄人口	可与村委会、文化站（室）建在一起
8. 文化宣传栏	长度>10m	所在村庄人口	可与村委会、文化站（室）建在一起或设在村口、绿地

商业服务型公共设施根据市场需要按照规划进行选址、安排用地。商业服务型公共建筑建设规模参照表3-5执行。

商业服务型公共建筑建设规模　　　　表3-5

村庄规模（人）	800~1500	1500~3000	3000以上
建筑面积（m²）	>500	>600	>800

3.3.4　布置方式

公共设施的布点见图3-48~图3-50。

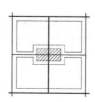

图3-48　布置于主要出入口处　　图3-49　布置于村庄中部　　图3-50　布置于新、旧村庄结合部

公共建筑排列方式见图3-51～图3-55。

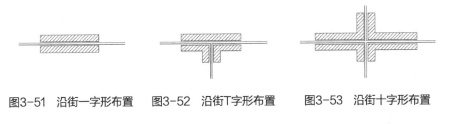

图3-51 沿街一字形布置　图3-52 沿街T字形布置　图3-53 沿街十字形布置

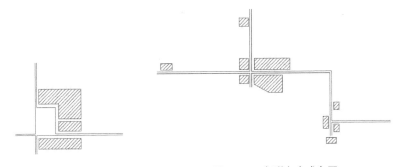

图3-54 环广场周边式布置　　　图3-55 点群自由式布置

3.4 公用基础设施

3.4.1 道路交通体系

乡村社区主要道路：路面宽度10～14m；建筑控制线20m。

乡村社区次要道路：路面宽度6～8m；建筑控制线10～12m。

宅间道路：路面宽度3～5m。

乡村社区主、次道路的间距宜在120～300m。

根据乡村社区不同的规模，选择相应道路等级系统。2000人以上的乡村社区可按照三级道路系统进行布置，2000人以下的乡村社区可酌情选择道路等级与宽度。另外，由于私人机动车停车方式的不同选择（集中布置、分散布置），对道路的组织形式与断面宽度的选择也要因地制宜。

3.4.2 给水工程规划

给水工程规划包括用水量预测、水质标准、供水水源、水压要求、输配水管网布置等。

用水量应包括生活、消防、浇洒道路和绿化、管网漏水量和未预见水量。综合用水指标选取近期为100～200L/（人·日）；远期为150～250L/（人·日）。水质符合现行饮用水卫生标准。供水水源与区域供水、农村改水相衔接。

输配水管网的布置，与道路规划相结合。给水干管最不利点的最小服务水头，单层建筑物可按5～10m计算，建筑物每加一层应增压3m。

在水量保证的情况下可充分利用自然水体作为村庄消防用水，否则应结合乡村社区配水管网安排消防用水或设置消防水池。

3.4.3　排水工程规划

排水工程规划包括确定排水体制、排水量预测、排放标准、排水系统布置、污水处理方式等。

排水量应包括污水量、雨水量，污水量主要指生活污水量。

污水量按生活用水量的75%～90%计算。

雨水量参考邻近城市的暴雨强度公式计算。

乡村社区排水体制一般采用合流制，有条件的地区可采用分流制。污水排放前，应采用化粪池、生活污水净化沼气池等方法进行处理。有条件的地区可设置一体化污水处理设施、污水资源化处理设施、高效生态绿地污水处理设施进行污水处理。

布置排水管渠时，雨水应充分利用地面径流和沟渠排放；污水应通过管道或暗渠排放，雨水、污水管、渠应按重力流设计。

3.4.4　供电工程规划

供电工程规划包括确定用电指标，预测用电负荷水平，确定供电电源点的位置、主变容量、电压等级及供电范围；确定村庄的配电电压等级、层次及配网接线方式，预留10kV变配电站的位置，确定规模容量。

供电电源的确定和变电站站址的选择应以乡镇供电规划为依据，并符合建站条件，线路进出方便和接近负荷中心。

确定中低压主干电力线路敷设方式、线路走向及位置。

配电设施应保障村庄道路照明、公共设施照明和夜间应急照明的需求。

3.4.5　电信工程规划

电信工程规划包括确定固定电话主线需求量及移动电话用户数量；结合周边电信交换中心的位置及主干光缆的走向确定村庄光缆接入模块点的位置及交换设备容量。预留邮政服务网点的位置；依据移动通信基站服务半径的要求预留建设移动基站的位置。

电信设施的布点结合公共服务设施统一规划预留，相对集中建设。

确定镇—村主干通信线路的敷设方式、具体走向、位置；确定村庄内通信管道的走向、管位、管孔数、管材等。

3.5　集约化设计

3.5.1　评价目标

调查宜居乡村社区土地集约化利用状况及其存在的问题；调查土地规模、结构、效益和强度；充分了解耕地保护情况，包括各种生态保护区、景观区的保护情况，为宜居乡村社区土地利用研究掌握充足的现状基础资料。

对不同发展的动力机制、不同类别的宜居乡村社区进行比较，为宜居乡村社区土地利用研究提供参考依据。

分析现状土地集约利用状态及其集约利用潜力，回答宜居乡村社区土地是否处于集约状态还是粗放状态的问题。为充分挖掘城镇存量土地供给潜力提供依据，为土地利用模式的选择提供决策依据，为土地资源科学管理和科学利用提供依据，为宜居乡村社区发展规划提供依据。

加强定量研究，建立量化标准，让宜居乡村社区土地利用规划编制能有依有据，能实现其真正的指导意义，改变"纸上谈兵"的局面。同时，让规划的实施能有效开展。

为政府制定土地集约化利用政策法规、措施、合理的运作程序提供依据。包括近远期的操作建议。同时，最重要的是为土地管理提供依据，为土地利用配置提供决策咨询。

3.5.2 指标体系

经济效益目标：宜居乡村社区是村域中以经济活动为主的产业和人口高度集聚的区域，经济条件对土地利用的经济效果有重大影响，因此宜居乡村社区的土地利用经济效益与宜居乡村社区的经济规模密切相关，经济规模越大，土地利用越集约，土地利用的经济效益越好。在此，借助社会经济统计学的一些指标，直接或间接地反映土地集约化利用的经济效益水平。

社会效益目标：土地集约化利用的社会目标在于追求宜居乡村社区土地利用与社会的协调，其代表着土地集约化利用过程中是否满足社会公平、公正等方面。其主要从人口容量、村民生活质量、社会公平程度等方面进行分析评价。

生态效益目标：宜居乡村社区属于小型的生态系统，宜居乡村社区土地利用对其生态环境的影响是比较复杂的，在综合考虑各种生态因素的基础上，运用定性分析和定量分析相结合的方法，选取三类指标构成宜居乡村社区土地集约化利用。生态环境效益评价指标体系，包括生态条件指标、环境质量指标、环境治理指标。

3.5.3 评估方法

对宜居乡村社区土地集约化利用指标进行评价，主要还是采用社会经济统计学方法：这一方面的基本思路是在现有统计系统基础上，对大量社会、经济和资源环境统计信息进行整理和综合分析，力求客观反映诸因素间相互关系变化趋势的统计规律。通过多指标综合评估方法可得出某些综合指数，用以对不同评价对象进行综合评价和排序。由于社会经济统计学方法具有良好的结构特征、信息丰富、易与现有统计系统相衔接，且计算不太复杂等优点，最有希望直接推向实际应用，目前成为土地利用评价的主要方法（图3-56）。

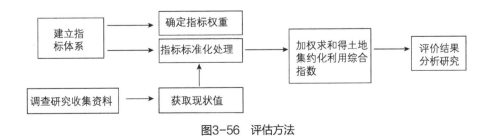

图3-56 评估方法

3.5.4　评价程序

宜居乡村社区土地集约化利用评估方法，不应该仅仅限于多指标综合评估方法，还可以借助其他的数量分析和模式。同时，随着电子科学技术的不断提高，许多新的电了技术还将运用到其中，为土地集约化利用评价提供更多的、有价值的方法与途径。例如，随着 GIS 技术的不断成熟，将其运用到宜居乡村社区土地集约化利用潜力评价中，可以更简便地收集到准确的数值，更有效地保证计算的科学性与准确性，提高工作效率（图3-57）。

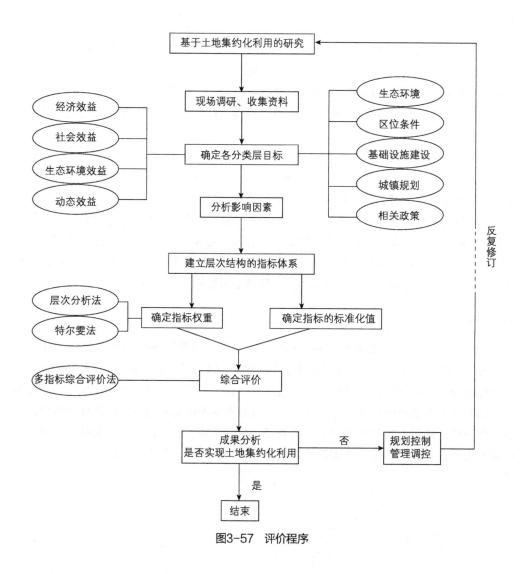

图3-57　评价程序

3.5.5　发展模式

增量优化发展模式主要表现为宜居乡村社区环境功能在用地、设施、建设量上的增加，以及在空间上的拓展，一般应用于宜居乡村社区环境功能空间修补上，如道路设施的增加、公共绿地的增加、广场以及户外休闲空间的增加、公共服务设施的增加等，使宜居乡村社区环境功能按照预定的设计与目标进行优化。

存量优化发展模式与增量优化发展模式不同，主要表现为利用存量用地或不合理的用地进行置换与调整，在不增加或少量拓展用地的情况下，空间总量无大的变化，从而达到优化宜居乡村社区环境功能空间形态的目的。如将空闲地或需调整出的三类工业用地置换为公共绿地或公共服务设施用地等。

综合优化发展模式是将增量优化发展模式与存量优化发展模式相结合并灵活应用的手法，在实践中是较为常见的，它可以应用到任何一种宜居乡村社区环境功能空间形态的优化设计中，同时在传统保护型与集中新建型中也较为适用。

3.6　规划编制流程

3.6.1　现状调查

对宜居乡村社区的基本情况如人口、经济、产业、用地布局、配套设施、历史文化等进行充分的调查了解，调查的内容和深度与宜居乡村社区环境功能空间形态规划的内容相结合，重点对现状的功能组合与空间形态进行调查研究。

采用现场踏勘、抽样或问卷调查、访谈和座谈会调查、文献资料搜集等方式进行现状调查，并对问题进行总结分析。

3.6.2　规划要点

宜居乡村社区环境功能空间形态规划应主要以行政村为单位编制，范围包括整个村域，如果是需要合村并点的多村规划，其规划范围也应包括合并后的全部村域。

宜居乡村社区环境功能空间形态规划应在乡（镇）域规划、土地利用规划等有关规划的指导下，对乡村社区的产业发展、用地布局、道路设施、公共配套服务等进行综合规划，规划编制要因地制宜，有利生产，方便生活，合理安排，改善宜居乡村社区的生产、生活环境，要兼顾长远与近期，考虑当地的经济水平。

统筹用地布局，积极推动用地整合。宜居乡村社区环境功能空间形态规划人口规模的增加应以自然增长为主，机械增长不能作为规划依据。用地布局应以节约和集约发展为指导思想，宜居乡村社区建设用地应尽量利用现状建设用地、弃置地、坑洼地等，规划农村人均综合建设用地要控制在规定的标准以内。

宜居乡村社区环境功能空间形态规划应重点考虑公共服务设施、道路交通、市政基础设施、环境卫生设施规划等内容。

合理保护和利用当地资源，尊重当地文化和传统，充分体现"四节"原则，大力推广新技术。

3.6.3　规划内容

人口规模预测，建设用地规模，适合地方特点的宜农产业发展规划，劳动力安置计划。

　　用地布局规划：村域范围的用地规划，产业发展空间布局和自然生态环境保护；宜居乡村社区范围的建设用地规划，村宅区、产业区、公共服务设施用地布置，合理布局，避免不利因素，宅基地紧凑布置，保证公共设施用地规模和合理位置。

　　绿化景观规划：宜居乡村社区景观、景点规划，满足公共绿地指标，对绿化布置的建议等。

　　道路交通规划：宜居乡村社区道路网，宜居乡村社区道路等级、宽度，道路建设的调整和优化，停车设施考虑，公交车站布置等。

　　市政规划：供电、电信、给水、排水（雨水管沟，小型污水处理设施）、厕所、燃气解决方案、供暖节能方案。

　　公共服务设施规划：行政管理，教育设施，医疗卫生，文化娱乐，商业服务，集贸市场。宜居乡村社区公共服务设施的规划应体现政府公共管理保障和市场自主调节两方面，综合考虑宜居乡村社区经济水平和分布特点，可采取分散与共享相结合的布局方式，体现服务全覆盖的思路。

　　防灾及安全：现状有自然险情（泥石流、坍方等）、市政防护要求（如高压线、垃圾填埋场等）的宜居乡村社区，应着力调查研究，规划提出可行的安全措施；宜居乡村社区消防（如消防通道）规划建设。

　　宜居乡村社区环境功能空间形态规划中其他参考规划内容有：

　　宜居乡村社区住宅设计：应紧密结合当地特点，针对不同地区特点设计有地方特色的宜居乡村社区住宅。结合当地农民的经济状况和生产、生活习惯，综合考虑院落和房屋的有机联系；建筑材料应考虑尽量利用当地材料，建筑风格宜采用当地形式；施工做法应考虑投资成本和工艺上的可行性，在建筑安全、节能保温、配套设施方面适当提高标准。

　　公共活动中心：充分利用当地景观资源、历史文化资源，结合布置文化设施、医疗卫生、行政管理、教育设施、商业服务等，创造富有活力的宜居乡村社区公共活动中心。

　　适合宜居乡村社区的市政设施的设计，例如简易污水处理设施、雨水收集利用设施、污水渗坑过滤层、沼气利用技术、秸秆综合利用方法等。

3.6.4　规划成果形式

　　乡村社区环境功能空间形态规划的成果包括说明书、图纸、基础资料汇编。

　　1. 说明书

　　第一章规划编制的背景

　　第二章规划重点、依据与指导原则

　　第三章规划范围与期限

　　第四章现状概况

　　第五章发展思路、定位与目标

　　第六章产业发展规划

　　第七章村域规划

　　第八章村庄建设规划

第九章村庄综合交通规划

第十章村庄公共服务设施规划

第十一章村庄基础设施规划

第十二章近期建设实施规划

第十三章规划实施保障措施

2．图纸

（1）区位图

（2）村域用地现状图

（3）空间管制规划图

（4）村域布局规划图

（5）产业发展规划图

（6）旅游发展规划图

（7）给水工程规划图

（8）污水工程规划图

（9）雨水工程规划图

（10）电力工程规划图

（11）电信工程规划图

（12）燃气工程规划图

（13）综合防灾规划图

（14）环卫工程规划图

（15）绿色建筑等级划分图

（16）村庄用地综合现状图

（17）乡村社区高程分析图

（18）乡村社区功能结构图

（19）乡村社区建设用地规划图

（20）乡村社区建设规划总平面图

（21）乡村社区建设规划鸟瞰图

（22）乡村社区公共服务设施规划图

（23）乡村社区道路系统规划图

（24）乡村社区道路竖向工程规划图

（25）乡村社区管网综合规划平面图

（26）乡村社区管网综合规划断面图

（27）乡村社区绿地景观规划图

（28）乡村社区近期建设规划图

（29）农宅整治改造示意图

3．基础资料汇编

宜居乡村社区环境功能空间形态规划过程中所采用的基础资料整理与汇总。

3.7 主要技术指标

集约化宜居乡村社区环境功能空间形态规划的主要技术指标及其计量单位应符合表3-6、表3-7的规定。

乡村社区用地汇总表
表3-6

项目	计量单位	数值	比重（%）	人均面积（m²/人）
村庄总建设用地	hm²			
1. 居住建筑用地	hm²			
2. 公共建筑用地	hm²			
3. 道路广场用地	hm²			
4. 绿化用地	hm²			
5. 其他用地	hm²			

主要技术指标一览表
表3-7

项目		计量单位	数值
居住户数		户	
户均占地面积		m²/户	
居住人数		人	
户均人口		人/户	
总建筑面积		万m²	
其中	住宅建筑面积	万m²	
	公共建筑面积	万m²	
户均住宅建筑面积		m²	
人口密度		人/hm²	
停车位		辆	
绿地率		%	
容积率		—	

第4章
乡村社区人文环境规划建设导则

4.1 总则

4.1.1 目标

为促进和规范乡村社区人文环境的规划建设工作，保障乡村社区人文环境规划建设的有序进行，把乡村社区的乡土特质与我国传统文化结合起来，实现乡村社区经济与社会、人与自然的协调发展，特制定本导则。

4.1.2 原则

（1）注重整体保护，防止割裂分散。
（2）注重民生为本，禁止过度开发。
（3）注重保护传统，杜绝千篇一律。
（4）注重村民为本，避免忽视民意。
（5）注重因地制宜，严防大拆大建。
（6）注重统筹发展，促进城乡统筹。

4.1.3 适用范围

本《导则》主要适用于侧重乡村社区人文环境提升的乡村社区规划编制工作。

4.1.4 主要任务

（1）优化乡村社区用地空间，促进乡村社区经济社会发展。
（2）保护生态环境，注重实现乡村社区与自然环境的和谐共存。
（3）统筹布置乡村社区公共服务及基础设施。
（4）构建乡村社区防灾与社会安全规划及组织管理机构。
（5）保护地方传统文化，注重地域文化的传承与发展。
（6）结合乡村社区自身特点，选择适宜产业路径。
（7）关注乡村社区居住环境建设，提升居住环境舒适性。
（8）引导村民参与乡村社区规划全过程，构建公众参与平台，将规划内容纳入村规民约。

4.2 乡村社区基本情况分析及评价

4.2.1 乡村社区区位分析

明确乡村社区所处的地理位置，及与上一级政府所在地，村庄生产、生活相关的区域、主要交通通道等要素的空间联系方式与距离等。

4.2.2 自然条件和自然资源评价

分析评价乡村社区内部及周边自然资源现状，分析乡村社区自然山水环境、交通环境和自然景观环境等现状关系，评价人工建成环境与自然环境间的和谐度。

4.2.3 历史背景与人文环境分析

梳理乡村社区历史沿革，提炼历史文化价值要素，分析乡村社区主要历史背景，对乡村社区历史延续下的山水格局、建筑、院落、街巷、传统建筑等空间格局与历史风貌进行调查与评价。

4.2.4 社会基础分析

对乡村社区人口数量和结构（户籍人口、常住人口、外来人口，农业人口和非农业人口等）、年龄构成、教育背景构成、近五到十年的人口变化情况，劳动力、就业安置情况等进行翔实的统计分析。

4.2.5 经济基础分析

对乡村社区产业结构及主导产业状况进行调研分析，分析近五到十年乡村社区经济收入情况，包括集体经济总收入及构成、村民人均收入、村民福利（养老保险、低保等）等。以旅游产业为主的乡村社区还应重点分析特色农产品生产销售情况、旅游接待能力和服务情况。

4.2.6 公共服务设施及基础设施水平分析

对乡村社区的公共服务设施、基础设施进行调研分析及评估，主要包括对交通、邮电、农田水利、供水供电、商业服务、园林绿化、教育、文化、卫生事业等生产和生活服务设施等进行翔实的调研分析。

4.2.7 生态环境评价

在乡镇空间管制规划的基础上对乡村社区范围内的生态环境现状及限制性因素进行分析。根据乡村社区生态环境现状确定适宜发展区、一般发展区及限制建设区。在规划中必须优先确定水源保护地、湿地保护区、风景名胜区、成规模林地、基本农田和耕地等资源性限建因素影响区以及崩塌、滑坡、泥石流、采空区、地震断裂带等风险性限制因素影响区，并对限制性因素影响区进行区域划定，原则上不能在限制性因素影响划定区内进行建设。

4.2.8　历史文化价值评价

根据乡村社区形成、发展至今的不同历史阶段，从建制沿革、聚落变迁、重大历史事件等方面总结历史沿革，分析乡村社区所处历史环境和历史地位，梳理乡村社区的历史文化价值以及承载价值的历史遗存；调查和评价各类乡村社区传统文化活动、非物质文化遗产的数量、等级、保存状态、延续形式等，分析乡村社区历史文化特色现状及问题。

4.3　预测乡村社区人口及社会、经济发展水平，制定乡村社区发展目标

乡村社区人口预测必须同时考虑自然增长与机械增长，尤其是机械增长的预测要切合地方发展实际状况。总人口预测包括规划期末总人口与分阶段总人口预测。

制定乡村社区社会经济发展目标及发展战略，引导乡村社区社会、经济及环境建设健康、协调、有序地发展。

制定社会发展目标，促进乡村社区各个领域均衡发展。

4.4　用地空间布局规划

乡村社区用地规划原则：全面综合地安排村庄各类用地；集中紧凑建设，避免盲目扩张；有机协调，形成合理、有序的空间结构。

根据乡村社区的发展目标及定位，合理确定规划结构，因地制宜，集约节约安排各类设施用地。在村庄住宅用地和产业用地中划定公共设施和市政交通基础设施用地，设施用地的配置要结合乡村社区实际需求安排，不可教条照搬城市规划的标准和模式。充分利用现状建设用地调整优化，避免盲目新增建设用地和占用非建设用地。

乡村社区用地不同于城市用地，划分不宜过细。一般可划分为村民住宅用地、村庄公共服务设施用地、村庄产业用地、村庄基础设施用地、村庄其他建设用地等。乡村社区规划用地分类代码与国标一致。

4.5　生态环境保护规划

生态环境保护规划原则：坚持生态环境保护与生态环境建设并举；坚持污染防治与生态环境保护并重，坚持统筹兼顾，综合决策，合理开发利用；推广适宜乡村社区的生态环境保护新技术；推广以村规民约的形式保护乡村社区生态环境。

科学划分乡村社区生态环境功能分区。根据乡村社区土地、水域及森林等生态环境的基本状况和利用功能，应按照生态环境保护对不同区域的功能要求，科学划分生态环境功能分区，并制订相应的保护措施。划分生态环境功能分区的目的就是分类控制开发强度，控制土地用途，防止非农用地的无序蔓延，促使各功能区生态环境要素向良性方面发展。

在规划中应首先对乡村社区生态环境影响进行评价。对水资源、农业资源、矿产资源、林草资源、湿地、一定规模的农业用地、旅游资源等重点资源的开发等项目应进行生

态环境影响评价，并加大生态环境监管工作力度，严禁引入可能对乡村社区人居环境和生态环境造成破坏的建设项目、资源开发项目（图4-1）。

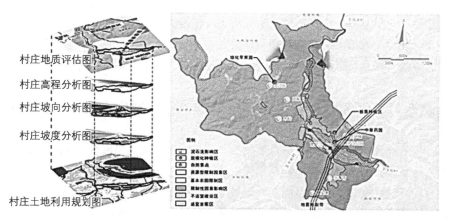

村庄地质评估图
村庄高程分析图
村庄坡向分析图
村庄坡度分析图

村庄土地利用规划图

图4-1 某乡村社区限制性因素综合叠加分析示意

水源保护区内应逐步完善生态环境保护工程的建设。禁止一切破坏水环境生态平衡的活动以及破坏水源林、护岸林、与水源保护相关植被的活动。对于生态环境已经遭到破坏的水源保护区，应强化环境保护规划的地位与作用，并在规划中提出修复生态系统的具体措施。

推广适宜乡村社区的生态环境保护技术。如村民饮用水安全生态处理技术、污水生态处理技术、厨余垃圾生态处理技术、厕所生态整治技术等（图4-2）。

加强乡村社区生态环境保护体制政策建设，推进公众参与。建立乡村社区生态环境监察管理机制，发挥村规民约在生态环境保护中的监督作用，形成自下而上的乡村社区生态环境保护机制。

厨余垃圾降解原理及设备图

部分绿化的垃圾堆体

三级沉降污水处理工艺设备图

人工湿地

粪尿分离厕所构造及实物图

农村三格式厕所改造技术

图4-2 乡村社区生态环境保护技术示例

4.6 产业发展规划

乡村社区产业发展的原则：促进农业产业结构转型，逐步引导产业结构转型，由单一功能向"生产、加工、服务"的全方位综合产业转变；第二产业提倡发展宜农产业，提倡发展与农业相关联的食品深加工、饲料生产等宜农产业。

根据乡村社区的不同类型及现状产业特点，选择适宜的产业发展模式。比如，距离城市较近的城郊型村庄，可以考虑工商产业发展模式，山区型村庄，可以考虑沟域经济发展模式等。

推进产业群落协作，发挥产业结构聚集效应。在一定区域内实现乡村社区产业的特色化、规模化发展，促进竞争力的提升。

构建村民参与的宜居乡村产业发展模式，建立新型乡村经济合作组织。提高村民参与意识。

乡村社区产业发展规划应遵循经济发展与资源和环境保护相协调。既要利于改善生态环境结构，促进生态环境良性循环，又要有利于发展经济，防止因开发建设不当造成新的生态环境破坏。

4.7　公共服务与基础设施规划

公共服务与基础设施的配置原则：统筹配置、优化协调；经济适用、循序渐进；集约利用、技术适宜；注重实施、广泛参与。

乡村社区应充分利用现有公共设施基础，完善各项基本公共服务设施。根据自身人口规模和发展定位，完善教育、文体、医疗、养老、商业等公共服务设施，提升人居环境水平。

从乡村社区居民的日常使用需求出发，重点关注老人及妇女儿童等人群的使用需求。构建以生活圈为主的公共服务设施体系。通过构建乡村社区基本生活圈（半径在500m左右，提供村民生活所需的基本公共服务设施，如日常用品店、室外活动场）、日常生活圈（半径在2km左右，提供村民生活所需的公共服务设施，如小学、卫生室、图书室、小超市等），进行相应的公共服务设施配套，满足乡村居民的公共服务使用需求。

根据乡村社区实际需要，从节约土地的规划原则考虑，可将卫生室、图书室、活动室、村民服务中心等集中布置于一栋建筑内，形成多功能、多用途的乡村社区综合服务中心。针对少数民族地区需求，可考虑地域性特色设施建设，如宗教祭祀的开敞空间，特有文体活动运动项目设施，如射弩场、摔跤场以及聚会议事等场所。

完善各类基础设施及管线，保证必要的市政供给和排放。各项设施与工程建设应遵循经济适用的原则，充分利用现有设施进行更新和配建，降低成本。各类基础设施建设应因地制宜，采用本土化的方式，不照搬城镇建设模式。

切实做好雨污水排放设施和环卫设施的规划，保证乡村社区的环境卫生。当有污染源对乡村社区造成大气、水、土壤等污染时，应进行治理、调整或搬迁。

充分利用村内现有空间综合布局管线，尊重村庄空间肌理，架空线缆尽量沿墙设置，避免出现"蜘蛛网"，破坏乡村社区整体结构与风貌，有条件的乡村社区应将管线统一布置于地下。

提倡能源集约利用，选择合适的能源供应方式，积极采用适用技术。鼓励利用再生能源、太阳能、沼气及秸秆、风能、生物质气等清洁能源，多能互补，优化乡村社区能源结构。

加强公共服务与基础设施规划的实施与监督。完善公共服务设施与基础设施专项规划，突出配置指导，兼顾服务均等化与配置差异化。

4.8　防灾与社会安全规划

防灾与社会安全规划原则：考虑灾害连锁性和相互影响，对各类灾害进行综合防治；构建乡村社区避难空间系统；建立乡村社区防灾体系及应急预案体系与组织管理机构；在新建乡村社区选址时，综合考虑灾害影响，选择适宜地段建设乡村社区。

考虑不同灾种灾害影响，分析乡村社区现状环境，对潜在危险性或其他限制使用条件尚未查明或难以查明的建设用地，应作为建设的限制性用地（图4-3）。

乡村社区应根据所处的地理环境规划提出建立相应的综合防灾体系和建设方

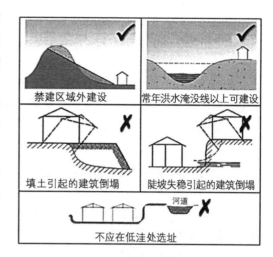

图4-3　乡村社区新建项目选址示意图

针。包括按规范设置消防通道、消防设施、安排各类防洪工程设施等。建设项目应符合现行标准《建筑抗震设计规范》GB 50011、《建筑设计防火规范》GB 50016、《建筑结构荷载规范》GB 50009、《建筑地基基础设计规范》GB 50007等。合理提高防灾能力，采取工程措施和非工程措施相结合的防灾工程改善措施，保障乡村社区安全。

按各项灾害整治和避灾疏散的防灾要求，对各类次生灾害源点、防灾安全的重要区域进行综合整治。应考虑突发事件灾后流行性传染病和疫情，建立临时隔离、救治设施。

乡村社区避灾疏散应综合考虑各种灾害的防御要求，统筹进行避灾疏散场所与避灾疏散通道的设置并建立避难空间系统。利用宅前空地、道路交叉口、小型广场等形成紧急避难场所；利用大型露天空地、地势平坦农田形成短时避难场所；利用村委会所在地空地、村小学操场形成固定避难场所（图4-4、图4-5）。

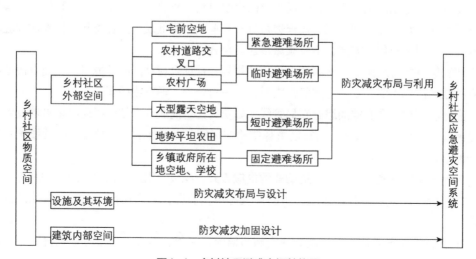

图4-4　乡村社区避难空间结构图

　　乡村社区规划中要有完善的村级灾害救助应急预案及组织管理机构。健全灾害预案响应机制，构建农村特色防灾管理组织。以村委会领导班子为核心，村民小组长为协助，村民兵连、村妇联等组织为实施单元，形成防灾减灾组织体系。积极开展防灾与社会安全主题活动，加强防灾演练。建立村广播电台系统，加强灾害预警宣传与教育（图4-7）。

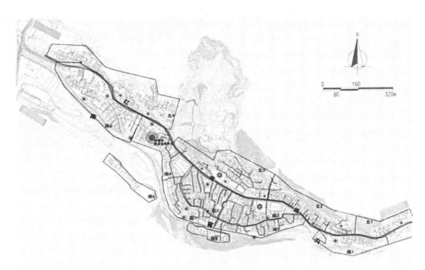

图4-5　某乡村社区防灾减灾避难空间系统规划图

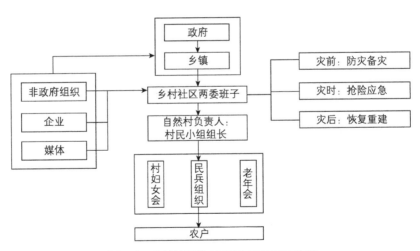

图4-6　乡村社区防灾减灾组织管理机构图

4.9　地域文化保护规划

　　地域文化保护规划原则:继承和发扬当地文化的个性和特色，传承古代乡贤的精神遗产，传承有地域特色的物质文化遗产和非物质文化遗产。传统村落、少数民族地区，独特的生产、生活方式，风俗习惯和宗教信仰，对其乡村社区聚落形态的形成产生不同程度的影响，在此类乡村社区环境建设中，应注重宗族活动场所、宗教设施的保护（图4-7）。

花腰舞妇女欢度"德培好"节

羌族"羊皮鼓舞"表演

蒙古族牧民在进行祭火仪式

贵州省肇平县顺化乡高泽村新建用以聚会议事的鼓楼

图4-7　少数民族地区特色地域文化传承

发掘乡村社区独特的历史文化价值。总结乡村社区发展的历史沿革，梳理独特的价值以及承载价值的历史遗存，调查和评价各类传统文化活动、非物质文化遗产的数量、等级、保存状态、延续形式，分析特色及问题。

继承和发扬当地建筑文化传统，体现地方的个性和特色。根据乡村社区整体风格特色、村民的生活习惯、地形与外部环境条件、传统文化等因素，延续和发展原有乡村社区的形态格局和肌理结构。有历史和文物价值的民居、乡村社区公共建筑，应按照传统村落保护的要求进行专项设计，并在相关部门的指导下实施保护性建设。

对始建年代久远、保存较好、具有一定建筑文化价值的传统民居、祠堂、庙宇、亭榭、牌坊、碑塔和堡桥等公共建筑物和构筑物，要加强保护，破损的应按原貌加以整修。

发掘传统文化内涵，传承非物质文化遗产。对需继承发扬的传统文化项目、非物质文化遗产的保护和传承提出规划要求，对承载非物质文化遗产的文化空间提出保护和利用的要求和措施。

继承发扬传统建筑建造工艺。加强原住民参与乡村社区地域特色营造与人居环境改善的力度，充分考虑村民的生产及生活方式变迁。乡村社区环境设施小品的特色营造，主要包括场地铺装、围栏、花坛、路灯、座椅、雕塑、宣传栏、垃圾箱等，场地、道路铺装应形势简洁，尽量运用地方乡土材料。

4.10　乡村社区居住环境规划

乡村社区居住环境设计原则：农房规划建设应保证结构安全，功能健全，色彩、体量体现乡村风貌。农房设计与乡村现代生活相适应，重视基础设施配套，提升居住舒适度。

新建农房应与传统民居建筑相协调，可建立当地农宅样式模型库。农房设计关注乡村社区住宅独特的厅堂文化、庭院文化和乡土文化等建筑精神和建筑文化（图4-8）。此外，乡村社区建筑应尊重当地传统建筑文化，适当采用当地材料和乡土建筑技术。

对既有农房的整治应完善农房内部功能，适应新时期农民需求。有条件的乡村社区，尽量将卫生间布置于室内，并采用水冲式厕所；不具备设置冲水卫生间的乡村社区可将其布置在室外，但应达到清洁无味的卫生标准。

居住庭院内应实施人畜分离，可设置天然式或人工屏障，将住宅与禽畜分开，保持适当距离。有条件的乡村社区建议采用集中圈养。

新建农房规划应控制建筑层数、屋顶形式、建筑色彩和建筑风格，有需要的可以规定地块位置、用地范围、建筑安全等。

针对欠发达地区的乡村社区规划应提出便于农民理解的农房建设规划要求。

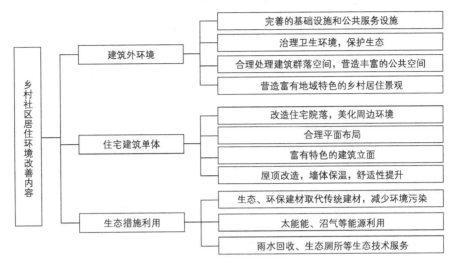

图4-8　乡村社区居住环境改善内容

4.11　近期建设规划

近期建设规划原则:不同的乡村社区,应根据自身存在的主要问题,确定建设时期,明确该乡村社区急需建设的内容,近远期相结合,分期进行规划实施。根据近期发展目标与近期建设的需要,制定乡村社区《项目需求表》,提出远期实施的保护项目、整治改造项目以及各项目的分年度实施计划。

深化落实规划要求,推动规划分期实施。近期重点实施改善基础设施,对已经或可能对乡村社区存在隐患和造成威胁的各种自然、人为因素提出专项治理措施,改造村民居住生活环境;远期实施的保护项目、整治改造项目可在近期项目实施后确定。

明确近期重点发展的设施、项目。根据乡村社区人文环境规划中的近期发展目标与近期建设的需要,近期建设规划应明确近期重点发展的设施、重点建设项目、建设时序及空间用地安排,明确乡村社区近期发展方向、规模和空间布局及资金估算。

4.12　乡村社区人文环境规划建设中的村民参与

构建完善村民意愿导向下的乡村社区规划编制流程。突出强调村民为意见主体、参与主体、实施主体。在规划调研、编制、审查、审批等各个环节,通过简明易懂的方式向全体村民征询意见、公示规划成果,动员全体村民积极参与乡村社区规划编制的全过程。充分调动村民保护发展的积极性,让村民能够更好地反映诉求。规划报送审批前特别要征求公众的意见或听证。

全过程开展公众参与,搭建规划公众参与的平台。加强规划宣传力度。在规划的各个环节如问卷调查、入户访谈、村民代表大会、规划宣讲会、互联网意见反馈（微信、邮件）、申请材料报送等过程中，构建起多角度、多层次的沟通平台。

　　开展多方位的乡村社区规划建设参与机制。引入非政府组织、搭建乡村社区工作站，培育驻地乡村社区规划师。建立健全的由各区领导挂帅、乡镇领导主管、驻村专家指导、带班工匠主持、村级干部联络的机制，共同推进项目的实施。通过乡村规划师对乡村社区实施过程进行长期跟踪、动态维护、规划咨询、监督落实（图4-9）。

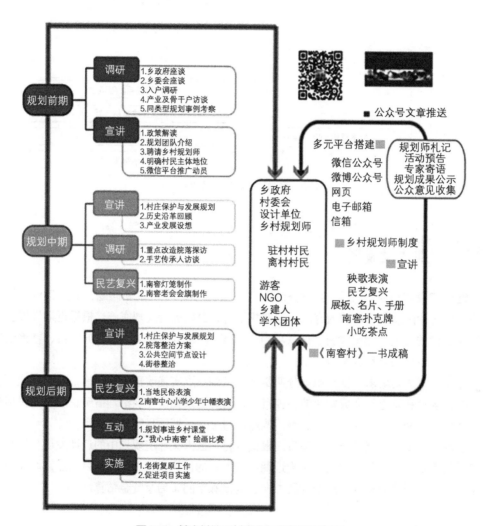

图4-9　某乡村社区村民参与规划流程示意

4.13　规划实施建议

实施建议：

1. 严格工程质量管理
切实规范建设程序，加强工程质量监管，严格工程竣工验收。

2. 推进环境综合整治

把环境综合整治与各类产业发展、乡村社区重大项目建设等工作结合起来。

3. 提升产业支撑能力

根据资源禀赋条件，着力培育农村内生动力，加快农工商联合，全面提高组织水平，推动农村产业的专业化与合作化发展。

4. 构建有多元主体共同参与的乡村治理体系

构建由村党支部、村民委员会、广大乡贤以乡村民间组织等治理主体共同构成的乡村治理体系，加强村规民约建设，提倡将乡村社区人文环境建设内容纳入村规民约。

乡村社区人文环境建设规划编制应坚持政府组织、专家领衔、部门合作、公众参与、科学决策的原则，与经济社会发展、土地利用、城镇体系等规划相衔接。

建立健全工程质量管理和保证体系，严格实行工程质量监理制度和竣工验收制度，确保各项措施落实到位。

第5章

村民参与的可持续乡村社区环境建设管理机制

5.1　村民在参与乡村社区环境建设与管理中的角色定位

村民是乡村社区的主人，乡村社区的一切活动都是围绕村民展开，离开村民，乡村就失去了存在意义。因而，乡村社区环境建设和规划的编制和实施的最终目的是为村民服务。在此前提下，村民对乡村社区环境的建设和管理就负有参与和监督的权利。政府应鼓励公众参与，调动村民积极性，为村民创造参与机会、提供制度保障。但在现实生活中，各方往往对各自职责认识不清，甚至相互颠倒。因此，在新时期为确保公众参与，对乡村各方角色定位必须明确，以保各司其职。其主要职责和角色定位见图5-1。

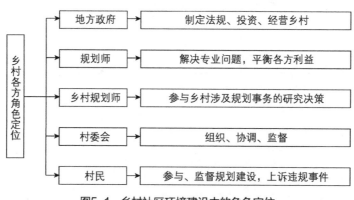

图5-1　乡村社区环境建设中的角色定位

5.2　村民参与乡村社区环境建设的组织框架

通过寻求创新规划思路，探索自下而上的规划编制方法。规划要坚持以村民为主体，切实从乡村居民利益的角度出发，编制接地气的规划。在乡村社区环境建设中，应区别于以往的"形式性参与"，探索"实质性参与"。

因此，我们提出了"协作式"的规划组织框架，即在乡村社区规划和建设中，由编制单位牵头负责，由村民、村集体、专家、专项团队、高等院校、相关管理部门、企业等群体共同参与。乡镇政府组织编制，各方协调；区县分局整体协调和把控，提交规划试点经验总结；区县政府及相关委办局配合，并在政策、资金等方面给予支持；牵头单位负责搭建技术平台，根据村庄实际情况引入各类社会力量，并有效整合规划方案。最终通过协同组织和参与单位的共同协作式的组织机构，对试点村庄的产业、景观、旅游、民宿、房屋、文化、金融、规划和活动进行组织和安排。

5.3　村民参与阶段与模式

村民参与应渗透到乡村社区环境建设的三个阶段：规划设计阶段、建设阶段、管理阶段。针对这种全阶段参与和深层次参与的参与模式，我们通过多个不同的视角，研究了在乡村社区环境建设不同的工作阶段中，村民参与应涉及的工作内容及其所发挥的作用，研究村民参与和规划编制机制的关系，讨论在落实村民主体地位的同时，应如何与政府部门协调关系（图5-2）。

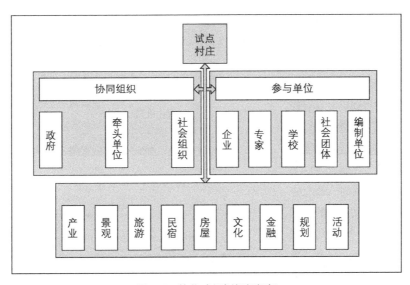

图5-2　协作式规划组织框架

5.3.1　"日常"视角，即通常的工作场景

通常的工作场景下，村民参与在规划编制到实施管理中都应发挥其作用。乡镇政府组织规划编制，除了设计单位的具体编制和村委会开展工作外，村民作为规划和建设的主体也应当在区县政府审批前对规划编制的具体内容进行讨论并同意。在实施管理阶段，村民作为真正的使用者，可以通过村委会对具体实施管理进行监督和评价，对一些违法建设可以申请乡镇政府责令停建和拆除（图5-3）。

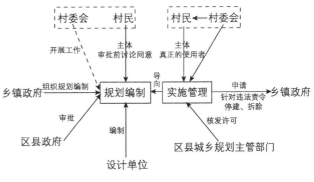

图5-3　日常视角

5.3.2 "研究"视角，持续探索的方向

村民作为提出规划建设意见的主体，设计单位在编制规划的过程中应当听取村民意见，在乡村社区规划过程中，应当"因地制宜"，形成"设计单位—村委会—村代表—农民—设计单位"的分层参与模式。这一线性的思路可以促进农民自发参与规划，使农民更好地表达自身发展意愿和诉求，并且通过农民自治来调动村委会，统筹农村地区经济社会发展和促进农民参与，使其发挥更大的主体作用（图5-4）。

5.3.3 "机制"视角，规划从编制到实施背后的机制

乡村社区规划从编制到实施过程，乡镇政府委托规划设计单位后，规划在一定程度上也受到区县政府的不作为对待或过度干预，在我国乡村规划仍然具有较强的"自上而下"的意识，村民参与尚停留在无参与或者象征性参与层面，因此，在制定乡村规划建设的目标和政策时，政府应该改变常规"自上而下"的工作方式，即从"命令式规划"向"参与式规划"转变，建立"当地政府—村民"的双向互动决策模式。在认知阶段，规划师对于政府、村民及其他协作方的认知有助于下一阶段他们对乡村建设的意愿表达，意愿表达阶段中，通过多种村民参与形式和方法，对规划进行合理的决策，并最终使农民真正成为乡村建设的主要受益方（图5-5）。

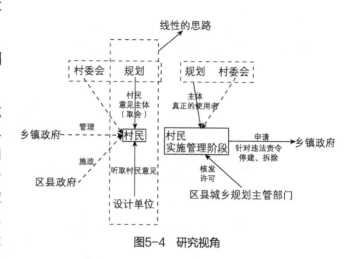

图5-4　研究视角

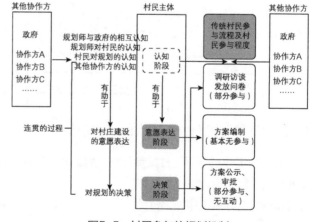

图5-5　村民参与的规划机制

5.4　村民参与形式与方法

村民在乡村社区规划中的利益主体地位的保证，要求村民参与应纳入到规划的各个阶段中，但当前乡村规划层面的各环节中，农民参与主要停留在"被动接受式"阶段，让公众参与流于形式。因此，必须从乡村社区环境建设的决策层、规划层和实施层确立以农民为主体的乡村规划编制体系，构建适合现阶段发展背景的乡村社区环境建设和规划的公

众参与模式，通过采取更多创新性的村民参与形式和方法，如通过建立微信公众号，培养乡村规划师，面向村民的规划宣讲会，规划师协同村民进行民艺复兴，与乡镇领导专家开展座谈会，选取试点规划实施，多种方式拓展参与形式，在新时期确保农民在乡村社区规划过程中的利益主体地位。

在规划层面要避免以传统的规划技术路线来指导乡村规划，将以"教化"和"说服"农民的方式向"参与协作"的合作型乡村规划转变。

5.4.1　决策层面的村民参与

在制定乡村社区规划建设的目标和政策时，政府由"命令式"（图5-6）向"参与式"规划转变，建立"当地政府—村民"双向互动决策模式，在规划管理过程中加强公众参与，将公众监督引入到决策过程中，实现由乡村管理模式向乡村治理模式的转变。另一方面，分层参与模式中的"村委会—村代表—村民"模式可以促进农民参与规划，更好地表达自身发展的意愿和诉求，并且可以通过村民自治来调动村委会。

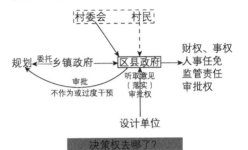

图5-6　原有的规划机制

决策层面的村民参与方式有以下两种。

1. 乡镇领导专家座谈会

组织乡镇领导及专家参与座谈会，有针对性地座谈，就村民集中反映的问题与乡镇领导沟通，如产业发展、给水水源扩容、修路等问题。兼顾村民生活产业共同发展，鼓励村民参与到规划中来。

2. 规划编制联络小组

针对分层决策机制，一方面，规划技术部门通过平行的"横向沟通"即针对村干部、村代表和村民分别进行访谈和随机走访，来收集和了解村庄发展现状、农民生活生产状况和农民意愿；另一方面，由村政府充分发挥农民基层自治的优势，形成"纵向沟通"的机制，通过村干部收集农村各层面群体意愿，充分反映村民的利益诉求。

5.4.2　规划层面的村民参与

规划层面的村民参与重点在于构建一套方便实施和便于操作的村民参与体系，来更好地反映村民意愿。首先，乡村社区规划中公众参与应区别于城市规划的技术手段，采取更加贴近农村当地实际的形式，通过"有奖调查"的手段提高村民的积极性和配合度；其次，在公众参与调查过程中应当充分考虑当地社会发展情况和当地风俗习惯，确保调查的数据及信息的客观性和有效性。

规划层面的村民参与方式除了传统的公众参与问卷调查、座谈会和访谈调查之外，还有更多新形式的创新方法。

1. 规划宣讲会

规划宣讲会可以让村民更加了解规划团队编制规划的初衷和规划的着力点。同时，让村民清楚自己在这次规划编制和随后的实施过程中的地位、作用，清楚自己该做什么、怎么做。

宣讲会可以迅速、直观地传达信息，现场就能得到交互与反馈，根据不同的目标，可以有小规模的宣讲，也可以有大规模的正式的宣讲；宣讲的内容要重点突出，可以结合当地特色组织宣讲会。

宣讲的主要内容包括向村民简要介绍乡村社区建设在政策上、规划编制思路与方法上的特殊性，介绍村庄规划中的村民主体地位，强化村民对自身、对规划的认知。以及村民意愿表达的方式、途径以及为什么要这样做。围绕"有针对性地深入调研"这一主线，调研阶段工作的内容及成果可以展示给村民代表。通过之前三个阶段的深入调研，突出强调村民该怎么做。过去是等待、被动接受；从今以后是应主动参与，至少要表达清楚诉求。

2. 微信公众平台的建立

为了避免乡村规划对农民意见反馈的忽视、使农民公众参与流于形式，必须在规划设计单位、乡村规划实施管理部门与农民之间构建起长效的互动反馈机制，例如建立微信乡村社区规划村民参与平台。微信公众号可以推送规划师札记，展现规划师眼中的村民、村庄，让村民从另一个角度了解乡村。加深规划师对村民、村庄处境的体会。推送规划通讯，对即将进行的调研或宣讲活动发布预告，对宣讲活动的内容进行总结发布，供村民在线阅览，发布相关政策、法规。收集村民意见反馈，收取村民意见和建议，集中反馈村民最关心的问题，解答村民提出的具体问题。

这种新的网络村民参与形式和方式的创建更加有利于在意愿表达阶段，规划师和村民无障碍的交流。它可以及时发布权威的消息，兼顾未能参加宣讲会的村民。并且，由于是匿名和零成本的沟通方式，可以获得更多、更直接的意见。

3. 乡村规划师的培养

基于"社区规划师制度"以及"在地规划师"的培养，逐渐建立起社区规划师群体，为参与式规划的成形提供了根本保障。乡村规划师在协助深入调研、策划旅游产业发展等方面，更善于与村民沟通，在规划实施层面会提供较多有针对性、可实施的建议，能够为调研组和村民之间搭建起一座沟通的桥梁，为解决规划中遇到的各种问题作出突出的贡献。

除了以上参与形式，在方案公示和审批阶段，即方案公示后，可以通过农民民主投票、村代表会议和规划专家咨询讲解的方式对方案进行选择和修改，形成村民认可的、经济合理及可操作性强的最终方案。

5.4.3 实施层面的村民参与

乡村社区规划建设的长期性、阶段性和动态性对实施层面的村民参与提出了客观要求和挑战。实施层面村民参与的深入关系到从决策到规划过程中村民参与的最终落地情况，关系到作为规划主体的村民的切身利益。因此，应当构建在实施层面"监督—反馈"双层模式的村民参与体系。

1. 村民监督体系

在规划实施的全过程中，一是要强化村民自治监督意识和规划实施管理主管部门信息公开和透明化，通过村民监督来制衡乡村社区规划的各环节中各利益主体的博弈，确保村民自身利益不受侵害；二是要将村民监督制度系统化和规范化。另外，可以在规划实施过程中，适当引入非政府组织的参与。

2. 村民反馈体系

村民反馈体系的建立有助于避免乡村社区规划实施环节对农民意见反馈的忽视、使村民公众参与流于形式。这种长效的互动反馈机制通过审核和复议对意见进行处理，并给予采纳或未采纳的理由。这种反馈体系作为监督体系的延伸，保障了村民在规划实施层面的知情权和参与权，使村民利益主体得以保护及公众参与的作用得以发挥。村民反馈体系的具体实施方法有很多，包括"村长热线"、"规划绿色窗口"、乡村社区规划展示厅和网络意见反馈平台等。

5.5　村民参与保障机制

要使村民参与的积极性得到提高，使具有一定决策和管理权限的村民参与委员会有效发挥其作用，必须从经济基础、理论基础和法律基础上予以保障，这样村民参与新农村规划建设才能取得良好效果，真正实现"利为民所谋"。

5.5.1　建立法律法规保障

在城市规划管理的相关法律文件中涉及公众参与的条款较少，因此，对于村民参与乡村规划建设需要从法律上明确行政机关承担的义务，保证村民的知情权、参与权和监督权，并对村民参与乡村社区规划编制、审批、实施的形式和范围作出制度化保障，明确诉讼主体及其权利。需要从三个方面加强村民参与乡村社区环境建设和规划的制度化和程序化。一是建立规划的信息公开制度，落实公众对规划信息的知情权；二是建立规划的协商谈判制度；三是建立规划的听证制度。信息公开制度和规划听证制度是村民参与的途径保障，协商谈判制度在规划组织保障基础上实现。

5.5.2　加大资金扶持力度

首先，将村民参与引入新农村规划建设，势必会延长规划周期，同时也就增加了规划的费用。其次，村民参与委员会作为村民参与的代言人，广泛代表村民的利益，是非营利性机构，为保证其简洁、高效地运行，政府要在财政、税收上给予强力支持。最后，委员会可以制定出相应的经济政策，把民间力量（私人机构、社会团体等）作为经济的主要来源，使委员会在经济独立性不断提高的情况下，政治上也更加独立。

5.5.3　确立规划组织保障

应确立"村民为规划主体"的概念，以村民的价值取向和村民意愿为指导原则，进行规划咨询、调查、制定和监督。在规划组织保障的基础上，建立协商谈判制度。制度要求以村民为规划主体，村民、政府、规划师形成协商谈判平台，村民就关注的村庄发展问题发表自己的看法，争取村民的利益；村民和政府对利益纠纷和矛盾协商解决；规划师将村民的意愿和政府的发展要求进行综合考虑形成规划方案。

5.5.4　培养村民的参与能力

培养村民参与能力需要村民有良好的规划基础知识，一方面，有良好的规划基础知识，可以保证村民很好地理解规划方案，同时也减少与村民参与委员会里的专家的交流障碍。另一方面，村民参与委员会中有一部分成员是热心于新农村建设的村民代表，要发挥他们在委员会中的作用，对他们应该进行全面、系统的专业培训。村民参与要上升到更高的阶段，没有相当的规划理论知识是不行的。因此，普及规划基础知识要从现在做起，并长期坚持下去，逐渐深入。

培养村民参与能力的途径有：①组建"社区规划委员会"，规划人员定期进入乡村社区宣传规划的知识和提供相关的技术支撑。②开展"村民参与技术提升培训"，让村民认识和协调解决不同利益的矛盾，从而更好地进行规划的选择，提出更合理的建议。③非政府组织参与到规划前期和规划中，对村民参与规划进行有针对性的技术指导。

5.5.5　强化村民公众的参与方式

近年来，虽然规划学界在村庄规划建设中不断进行村民公众参与的实践活动，然而由于公众参与普及时间较短，村民文化程度较低以及对长效性目标缺乏关注等原因，使得公众参与效果较差。因此，在今后的村庄规划建设中，除了目前通用的问卷调查、入户座谈、方案公示等方式外，还可以补充进行大型的村民座谈会、村民代表大会以及通过通俗易懂的培训等方式，提高村民对村庄规划建设方案参与的兴趣与积极性。

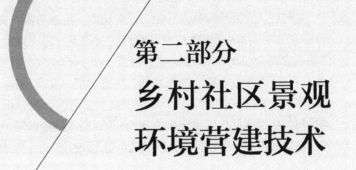

第二部分
乡村社区景观
环境营建技术

第6章

乡村社区景观营建评价指标体系

6.1 评价指标确立

乡村社区景观具有社会功能、经济功能、生态功能、文化功能和美学功能。在考虑研究区域的乡村社区景观的构成及特点的前提下,建立评价指标体系,乡村社区景观评估体系包含四个层次。第1层次是目标层(Object),乡村社区景观评价;第2层次是项目层(Item),分为社会功能、经济功能、生态功能、文化功能、美学功能五个方面;第3层次是因素层(Factor),即每一个评价项目所具有的性质,根据最后筛选的指标,和项目层的性质,将因素层内容确定为九方面;第4层次是指标层(Indicator),即具体表达每一个评价因素的指标。经过筛选,得到表6-1所示的指标因子明细表。

乡村社区景观评价指标因子明细表 表6-1

目标层	项目层	因素层	指标层
乡村社区景观评价A	社会功能B1	居住条件C1	建筑质量D1
			公共服务设施质量D2
			清洁能源普及程度D3
			公共空间建设合理性D4
		道路交通C2	主要道路硬化率D5
			交通畅达程度D6
			道路绿化程度D7
	经济功能B2	经济活力C3	农民人均纯收入D8
			农产品商品率D9
			庭院经济发展比率D10
			农产品类型丰富程度D11
	生态功能B3	自然生态环境C4	农田景观面积比D12
			自然灾害发生频率D13
			生态环境修复状况D14
		社会生态环境C5	垃圾回收处理率D15
			水体质量D16
			噪声情况D17
			建设活动破坏状况D18

续表

目标层	项目层	因素层	指标层
乡村社区景观评价A	文化功能B4	物质文化C6	名胜古迹丰富度D19
			居民建筑特色度D20
		精神文化C7	传统文化传承度D21
			节庆形式丰富度D22
	美学功能B5	多样性C8	季节变化多样性D23
			植物种类多样性D24
			地貌类型多样性D25
		有序性C9	农村居民点平面布局D26
			农村居民点建筑密度D27
			道路空间构成D28

6.2　评价指标释义

6.2.1　社会功能——生活保障

乡村社区景观所具有的社会功能即为居民的日常生活提供保障，上文关于与居民生活相关的居住景观包括建筑、庭院、公共空间等。指标划分时，分为居住条件和道路交通两类。

（1）居住条件，人性化的基础是居住，居住条件的优劣对于评价是否适合居住有重要影响，经过筛选，选取的指标有：

建筑质量：居民所居住房屋的质量情况。对建筑质量的评价一般分为一、二、三类，其中，一类建筑指的是建筑质量较好的，乡村社区中新建的住宅；二类建筑指有保留价值，但是建筑质量一般，需要翻新改造的建筑；三类建筑指质量差，建议拆除的建筑。在具体评价时，按照建筑质量较好（0.8~1）、好（0.6~0.8）、一般（0.4~0.6）、较差（0.2~0.4）、很差（0~0.2）五类打分。

公共服务设施质量：主要指为保障居民生活生产的各类管线及服务设施的建设情况，如给水排水管线情况、供电线路情况等，这些管线的质量优劣直接影响居民的使用情况。

清洁能源普及程度：指乡村社区中太阳能、沼气能清洁能源的普及率，清洁能源的普及率高，对于传统能源，如柴草、煤炭等能源的使用就会减少，相应地也会减少污染。以沼气为例，乡村中一般是通过收集秸秆、粪便等进行发酵产生沼气，如果沼气普及率高，使用率高，相应地对于秸秆、粪便的利用率就高，还可以起到清洁环境的作用。

公共空间建设合理性：该指标中的公共空间主要指能够为乡村居民提供休闲、娱乐、聚会的开敞空间，在乡村中的体现一般为乡村广场。但是因为乡村人口、地形等的限制，广场的数量、规模和建造地点都与城市有很大差异，对于公共建设合理性的判断，主要从广场规模和建造地点是否合理来进行评判。

（2）道路交通，对于山地型乡村来说，道路对于乡村发展的影响很大，交通是否便捷、道路质量状况等都是评价指标选择应该注意的方面。

主要道路硬化率：指乡村道路硬化里程占道路总里程的比例。

交通畅达程度：综合考虑道路路面情况，道路与道路的节点（路口）的连接情况等。

道路绿化程度：指乡村社区道路两侧栽种护路林、树木、花草的程度。良好的道路绿化不仅有美观的视觉景观效果，提升乡村社区形象，也保证了路面的清洁状况。

6.2.2   经济功能——经济生产

乡村社区景观具有最基本的农业生产功能，可以给居民带来一定的经济收入。能够体现乡村景观这一功能的指标有：

农民人均纯收入：反映区域内农民的年平均收入水平，该指标经调查统计资料获得。就我国目前的发展来看，山地型乡村中，居民的主要经济来源依然是农业生产，乡村社区景观的生产能力对农民的经济收入有直接影响。

农产品商品率：指的是该区域内的农户在一年内，所得的农产品除去自身生活需要所消耗的部分，剩余可以作为商品进行出售的农产品所占农产品总量的比例，也可以说是农产品商品化程度。乡村社区中，能够产出农产品的基本为农田及果园等，即上文所说的经济景观，一般来说，乡村居民生活状况比较稳定，每年消耗的农产品变化不大，所以其经济景观的生产水平直接影响其每年所得的农产品总量，生产水平越高，剩余能够进行出售的农产品量越多，农产品商品率就越高，给乡村居民带来的经济收入就越多。

庭院经济发展比率：农户对自家庭院空间、周边非承包空地等可利用的土地资源进行充分利用，进行高度集约的商品生产，即为庭院经济。辽南山地乡村中，一般以从事种植和养殖业为主。庭院经济发展比率是反映农业生产结构调整、充分利用有限空间、改善农村生活环境的重要指标。

农产品类型丰富程度：即乡村居民种植的农产品类型的多少，不同种类的植物形成的景观也不相同，其从事农产品种植的类型越丰富，其形成的景观丰富程度越高。

6.2.3   生态功能——生态环境质量

生态功能是乡村社区景观极其重要的功能，对于乡村社区内的生态环境平衡具有重要的作用，生态功能是否良好与生态环境质量有直接关系，指标体系中的生态环境分为自然生态环境和社会生态环境。

（1）自然生态环境，主要与乡村社区的自然景观有关系。

农田景观面积比：指乡村社区内菜地、果园、稻田等生产性田地景观所占比例。乡村社区中，主要景观类型就是农田景观，而且在山地型乡村社区中，由于地形影响没有大面积农田，所以其农田的面积较小，而且不像平原地区那样规整，多与分散分布的居民点相邻。这些景观所占比例越大，说明生产性农田较多，既有良好的景观，也能够带来经济收入。

自然灾害发生频率：反映区域内干旱、洪涝、冰雹、低温等极端气候天气危害农业生产的自然发生频率。自然灾害发生频率越小，对自然生态环境的影响越小，其环境质量就会较好。

生态环境修复状况：乡村社区的建设发展或自然灾害的发生或多或少都会对自然生态环境产生破坏。随着人们认识水平的不断提高，对于破坏的生态环境也开始了保护和修复工作，例如退耕还林、封山育林等。

（2）社会生态环境，主要指乡村社区中与居民生活有直接关系的环境因素。

垃圾回收处理率：主要指乡村社区中对于生活垃圾的统一回收处理情况，环境卫生给人最直观的印象。

水体质量：综合反映水体的清澈度、透明度等。山地型乡村常见的是采用统一供水，水源比较常用的是山泉引流，所以水体质量的好坏不仅影响水体景观的观赏效果，也会影响居民的生活使用情况。

噪声情况：指乡村社区中由农业生产、周边活动和交通等活动产生的声音强度，判断其是否会对居民日常生活休息产生影响，这项指标可由区域内噪声干扰频率表示。

建设活动破坏状况：主要指在乡村社区中进行建设活动时，例如修路、建房等，对于环境的破坏程度。

6.2.4　文化功能——文化内涵

乡村社区景观的文化功能与这一地区的地方文化传统有关，而文化的体现包含物质文化和精神文化两方面。

（1）物质文化，在文化风俗发展过程中，会有实质的体现，例如文物古迹、建筑特色等，经过筛选选取以下两个指标。

名胜古迹丰富度：是指区域内名胜古迹的丰富程度。名胜古迹主要包括碑石、雕刻、寺庙、壁画、古墓、遗址、故居等。

民居建筑特色度：指乡村社区区域内，民居建筑的建造特色与文化特征。

（2）精神文化，即非物质文化，相对于实质的物质文化，精神文化相对抽象，但是也有具体体现，例如日常节庆、地方特色文化等生活特点。

传统文化传承度：是指区域内传统文化的传承程度。传统文化主要包括独具地方特色的民风民俗、节庆活动等。

节庆形式丰富度：节庆礼仪是乡村文化中民俗思想的体现，其丰富程度反映了当地传统文化的浓厚程度。

6.2.5　美学功能——视觉美感

乡村社区景观具有美学功能，不但为居住者提供优美的生活环境，同时也是开发乡村旅游的重要前提。乡村社区景观的美学功能最直观的体现就是视觉效果上的美感，主要体现在多样性和有序性两方面。

（1）多样性，主要从乡村社区景观中的自然景观所表现出的多样变化方面考虑，植物的种类不同，植物在不同季节所呈现出的不同生长状态等都会创造出丰富多变的景观效果。

季节变化多样性：区域内植被景观的外部特征随季节变化，而产生的色相的多样变化，能够带来丰富的观赏景观效果。

植物种类多样性：是指区域内现有的植物种类的数量，植物种类丰富，能够形成相对稳定的生态环境。而且，植物种类多样，不同季节所形成的景观也更加丰富。

地貌类型多样性：指区域内地形的丰富程度，不同地形地貌的组合产生的视觉效果不同，在丰富多变的地形上不论是开展农业生产还是乡村建设，所产生的景观也是多样的，所以说地形的丰富程度对乡村景观的美感效果的影响也比较明显。

（2）有序性，乡村社区景观适度有序化但不要过于规整，能使人们感知到乡村社区景观更具有观赏性。由于丘陵地区乡村居民点景观分布零散，因此，选取农村居民点的平面布局、建筑密度以及道路空间构成三项，来衡量区域乡村景观的有序性。

农村居民点平面布局：反映区域内农村居民点平面布局的集中与分散程度。

农村居民点建筑密度：表示的是，乡村社区内居住建筑面积与居民点总面积的比例，可以从现场调查中获得。

道路空间构成：指建筑立面与道路宽度的对比，主要考虑居民点内部街道和相邻建筑的对比。街道宽度/建筑高度=1/1、1/2、1/5。

6.3　乡村社区景观评价表

见表6-2。

乡村社区景观评价各指标因子权重值　　　　　　　　　　表6-2

目标层	项目层	权重值	因素层	权重值	指标层	权重值
乡村社区景观评价A	生活保障B1	0.2315	居住条件C1	0.5763	建筑质量D1	0.3420
					公共服务设施质量D2	0.2828
					清洁能源普及程度D3	0.2113
					公共空间建设合理性D4	0.1639
			道路交通C2	0.4237	主要道路硬化率D5	0.4241
					交通畅达程度D6	0.3567
					道路绿化程度D7	0.2192
	经济生产B2	0.3320	经济活力C3	1.0000	农民人均纯收入D8	0.3376
					农产品商品率D9	0.2206
					庭院经济发展比率D10	0.2523
					农产品类型丰富程度D11	0.1895
	生态环境B3	0.1930	自然生态环境C4	0.5122	农田景观面积比D12	0.6162
					自然灾害发生频率D13	0.1506
					生态环境修复状况D14	0.2332
			社会生态环境C5	0.4878	垃圾回收处理率D15	0.2522
					水体质量D16	0.1779
					噪声情况D17	0.1976
					建设活动破坏状况D18	0.3723
	文化内涵B4	0.1051	物质文化C6	0.6350	名胜古迹丰富度D19	0.6923
					居民建筑特色度D20	0.3077
			精神文化C7	0.3650	传统文化传承度D21	0.4536
					节庆形式丰富度D22	0.5464

续表

目标层	项目层	权重值	因素层	权重值	指标层	权重值
乡村社区景观评价A	视觉美感B5	0.1384	多样性C8	0.3103	季节变化多样性D23	0.2732
					植物种类多样性D24	0.3854
					地貌类型多样性D25	0.3414
			有序性C9	0.6897	农村居民点平面布局D26	0.3295
					农村居民点建筑密度D27	0.4191
					道路空间构成D28	0.2515

6.4　庄河市来宝沟村乡村社区景观评价

6.4.1　区域概况

1. 地理位置

来宝沟村位于塔岭镇东南部，北与朝阳寺村为邻，南与青堆镇接壤，塔岭镇地处庄河市最北部，与岫岩县新甸乡接壤，亦称庄河的北大门，东西走向的北三市大通道路经塔岭镇，直入丹普路，南北走向的张庄公路横穿境内的英纳河水库直抵庄河，交通便利。来宝沟村位于塔岭镇东南部，西北距镇政府驻地13.9km，距离西南方向的庄河市城区中心距离约为39.2km，距离大连市城区中心约为146km，塔岭镇地处庄河市最北部，属于远郊村庄，受大连市影响相对较弱。以养殖、种植业为主，全村总面积20.7km²，土地面积3300亩，山林面积24000亩，其中成材林4000亩，柞蚕场10000亩。

2. 自然条件

庄河市为低山丘陵区，属千山山脉南延部分，地势由南向北逐次升高。来宝沟境内绝大部分为丘陵区，呈南北高中间低的地貌特征。最高海拔274.9m，最低海拔61.8m。村域内大部为低山丘陵地带，适合林、果业发展。无大面积平原，不适宜大田耕种。村域总面积20.7km²。属暖温带湿润大陆性季风气候，具有一定的海洋性气候特征。气候温和，四季分明。由于处于东亚季风区，盛行风向随季节转换而有明显变化，冬季受亚洲大陆蒙古冷高压影响，盛行偏北风；夏季由于印度洋热低压和北太平洋热高压强大，盛行偏南风。

3. 经济与社会发展

1）产业与收入

2005年，来宝沟村农民人均纯收入5570元，其中外出务工收入占较大比重（2005年上、下营，上、下木场4屯全年外出务工人员共154人，总收入766万元），村中主要产业为桑蚕饲养、林业、种植业、畜牧业等。经过多年的发展，充分利用来宝沟村的资源优势，合理调整农业产业结构，发展庭院经济，引导和支持全村群众种植食用菌、养牛、养猪、养禽。

2013年来宝沟村人均收入12000元，目前全村滑子蘑种植量在40万帘左右，柞蚕放养20000多亩，家庭项目占有率达95%以上。同时，大力发展集体经济，为社会事业的发展奠定坚实的基础，现已建成来宝现代农业科技园区一处，占地2100亩，建温室大棚500座。多年来，经历了土地承包、林权改革，来宝沟村灵活掌握政策，目前仍有集体山林5000亩，柞蚕场10000亩，果园150亩，板栗园300亩，苗圃20亩，2011年村集体经济收入达160万元。

2）人口与劳动力

截至2010年，来宝沟村9个村民组，13个自然屯共有住户505户，人口1789人，其中户籍人口1682人，暂住人口7人。上、下营，上、下木场4屯共202户，658人（表6-3）。来宝农业科技园的建设，为村民提供了大量的就业机会，大部分村民选择就近工作。目前外出务工人员比例明显降低。

来宝沟村人口数　　　　　　　　　　　　表6-3

	户数	人口
上木场	68	226
下木场	44	140
上营	39	122
下营	51	170
王家沟	48	172
郭家屯	45	150
郭沟屯	46	160
宋家沟	46	161
来宝沟	96	320

4. 建设情况

来宝沟村位于庄河市北部山区，以山地丘陵为主，村内有"九沟十八岔，岔岔有人家"一说，由于地形限制，来宝沟村居民点受当地自然条件影响分布较为零散，布局不规整，相对东西狭长，就村委会所在的上、下营，上、下木场地段东西在4km以上，而南北最窄处仅能建一所民宅。早期一些孤屯散户分布在沟岔地带，道路的不畅通以及公共设施建设的困难，导致居住条件较差。2005年，生态扶贫移民工作启动，分布零散偏远的孤屯散户迁出，集中建设农村能源利用移民新村，实行"四统一"，即统一规划、统一设计、统一施工和统一补贴。每户统一修建了节能卫生的一池三改工程，统一安装上了太阳能热水器，节能回洞式炕灶和猪圈、厕所、沼气池"三位"一体的卫生无害化沼气池。到目前为止，一共实现了三批共计105户居民的迁移工作。并在统一修建的移民小区附近修建超市、修理部等便民设施。

近年来，国家的惠农政策给农村建设、发展注入了新的活力。经过不断努力，全村的山、水、林、田、路得到全面改造，村容村貌发生根本变化。现在，村里的主干道路全部修建成柏油路，大小河流都修上了桥涵，9个自然屯全部实现硬化、亮化、净化和美化。

村内有小学和幼儿园各一所，总占地800m²，为了丰富群众的文化生活，注重加强文化设施建设，修建了文化休闲广场，配置健身器材等；修建了图书馆和200多平方米的文化活动中心，方便群众阅读和文化活动开展；村中有一处占地45m²的卫生所和一处警务站，均位于村委会院内；组建了三支秧歌队和健身队，常年活跃在各个村屯。

工程设施方面，目前来宝沟村居民500多户全部实现山泉引流的方式进行自来水供水，用水率达到100%。2014年，降雨量少，山泉引流水源不足，村中自发打井以解决用水问题。其中，在上营有一眼深井，主要供给生态移民小区。雨水排放为道路边沟与地面自然排放结合的方式。新建设乡道的两侧均设有边沟，而其余泥土路面则采用地面自然排放方式。农户生活污水均无集中排水及处理设施，农户将污水直接排放于宅基地内的渗井，对地下水的水质造成了一定程度的污染。来宝沟村村内沿现状主要道路铺设有11kV电力线，在村域内有66kV电力线，经变压为11kV后供给村民使用，主要变电设施有9处。电信方面主要是电话线沿村路铺设，电话普及率较高，达到90%。其他方面（有线电视、宽带网络等）还不够完善。供热设施方面，全村没有集中的供暖设施，冬季居民都采用土炕取暖，主要燃烧原料为秸秆或柴草，村中360多户已经修建了沼气池，主要采用粪便作为制气原料。村内现有河道一条，雨水多发季节时出现过雨水淹没道路的状况，近年来新修道路（沿河）使河流对村民生活的影响大大减少，但防洪措施不够健全，对于河岸要进一步进行整治。环保环卫方面，目前村中各屯设置垃圾备放点，村中垃圾统一焚烧处理，无法焚烧的进行填埋处理。村内现有公厕一处，位于村委会院内。农户各家厕所多为旱厕，仅新建设的生态移民小区为水厕。

6.4.2　来宝沟村社区景观现状

1.自然景观

来宝沟村自然资源丰富，山林面积24000多亩，而且保护较好，村内有河流穿过，走向与村庄走向一致，经过生态移民的发展，将原来分散在沟岔内的部分居民迁出，对该地进行生态保护。来宝沟村地处山区，地形南北高中间低，周边山地上林木覆盖率较高，有比较好的自然环境。

村内现有多条河道，经过多年的治理，河水水质情况良好，但是水岸景观比较单一，基本都是自然生长的树木和花草（图6-1）。

图6-1　来宝沟村自然景观

2.居住景观

1）住宅庭院

一般来说，乡村中由于居民生活经济形势的不同，就促成了不同类型的建筑形式和庭院景观。来宝沟村农房基本都为一层建筑。新建的生态移民小区建筑质量良好。原有的质量一般的农房建筑，经过近年内的整修，外观状况与室内环境均得到改善。村内仍存在少数质量较差的农房，但属于闲置建筑，已经无人居住。

村庄中的传统庭院多以生产生活为主，院内设有畜棚、菜园以及存放生产工具的仓库。院墙大多为石头堆砌，就地取材，有一定的地域特色（图6-2）。部分民居宅基地较大，除前院外，还有后院，现在多为果蔬的种植之用。院墙较矮，尺度宜人，方便居民交流。在新建的生态移民小区内，庭院面积相对村内原有民居来说较小，没有菜园，以家禽养殖和农具存放为主，院内环境比较整洁。因为是统一建造，所使用的建筑材料和建筑形式都是一致的，建筑布局秩序性很好，但是难免缺少了地方特色。而且新建院墙较高，封闭性较强（图6-3）。

图6-2　传统住宅院落景观　　　　　　　图6-3　新建住房及庭院景观

2）道路铺装

村内道路现在基本完全实现了硬化，因为村庄布局狭长，村庄内主要道路为东西走向的来福线，主路平直（图6-4）。村内实现了到屯路全部为柏油路面，路旁配合绿化种植，到户路实现水泥铺面。其中，新建房屋区域也实现柏油铺装。

图6-4　村内道路状况

3）小品设施

村中修建一处篮球场，也为村民提供休闲场所，在村中河边小型地块修建凉亭，配建部分健身器材。村内河道上有一座1974年修建的来宝河桥，后期桥上修建房屋，目前闲置（图6-5）。

图6-5　村内休闲广场

　　4）工程设施

　　村中全部安装太阳能路灯，部分住户安装太阳能热水器，排水统一修建路边边沟。村庄内电力电信设施完善（图6-6）。

图6-6　工程设施

6.4.3　存在问题

　　（1）村庄建设基本上呈现沿乡道的线型布置。无其他分级道路，缺少南北向交通线。此问题直接导致村庄内部交通与过境交通混杂，并致使村民活动聚集点的缺少。

　　（2）集贸设施匮乏。村民外出不便，附近又无集市等，无法引导村民消费。

　　（3）河道治理。村庄内水系相对发达，但河道治理工作尚未开展，现状河道防洪设施等级不够，存在隐患。

　　（4）人畜分离。畜牧养殖为本村主要产业之一。以猪为例，高峰期平均每户饲养数在10～15头左右，现今其数目虽有大幅下降，但仍有相当大的隐患存在。来宝沟村多数农户在自己宅基地院墙内圈养猪、牛、羊、鸡等各类禽畜，居住用地与禽畜养殖用地混杂在一起，污染了村庄环境，影响村民健康。

　　（5）沼气利用率不高。来宝沟村中有360多户已经修建了三位一体的沼气池，但是由于地域原因，冬季由于气温较低，产生的沼气不稳定，许多农户依旧使用柴草、秸秆作为主要燃料，导致沼气池有闲置现象。

　　（6）宅基地与道路之间不紧凑。有土地浪费的现象，来宝沟村经过多年的治理修整，宅基地布局较为规整，但是依旧有少数宅基地之间以及宅基地与道路之间有闲置的土地，这些用地有的被用作堆放垃圾，有的被用来放养禽畜，还有的被村民用来堆放柴草或石砾，造成了土地资源的浪费。

6.4.4　庄河市来宝沟村评价结果与分析

　　1. 单项指标打分情况

　　对庄河市来宝沟村的单项指标进行打分，各项指标的评分分值如表6-4所示。

具体得分情况　　　　　　　　　　　　表6-4

指标	现状值	标准值（建议值）	指标值
建筑质量	0.86	1	0.86
公共服务设施质量	0.64	1	0.64
清洁能源普及程度	98%	100%	0.98
公共空间建设合理性	0.72	1	0.72
主要道路硬化率	95%	100%	0.95
交通畅达度	0.93	1	0.93
道路绿化程度	0.86	1	0.86
农民人均纯收入	12000元	11000元	1.09
农产品商品率	0.64	1	0.64

续表

指标	现状值	标准值（建议值）	指标值
庭院经济发展比率	73%	＞85%	0.86
农产品类型丰富程度	0.76	1	0.73
农田景观面积比	47.33%	40%	0.85
自然灾害发生频率	0.68	1	0.68
生态环境修复状况	0.85	1	0.85
垃圾回收处理率	90%	100%	0.9
水体质量	0.012	＜0.02	1.67
噪声情况	30dB	＜45dB	1.5
建设活动破坏状况	0.83	1	0.83
名胜古迹丰富度	0.2	1	0.2
居民建筑特色度	0.51	1	0.51
传统文化传承度	0.23	1	0.23
节庆形式丰富度	0.47	1	0.47
季节变化多样性	0.66	1	0.66
植物种类多样性	0.56	1	0.56
地貌类型多样性	0.79	1	0.79
居民建筑平面布局	0.37	1	0.37
居民点建筑密度	9.30%	＜20%	2.15
道路空间构成	0.4	1	0.4

2. 综合评价结果及分析

根据上文确定的评估体系各因子权重，以及综合评价模型公式，可以计算出来宝沟村宜居乡村社区景观评价结果（表6-5）。

来宝沟村综合评价结果 表6-5

目标层	评价结果	项目层	评价结果	因素层	评价结果
乡村社区景观评价	0.8898	社会功能 B1	0.2059	居住条件 C1	0.1187
				道路交通 C2	0.0871
		经济功能 B2	0.2954	经济活力 C3	0.2954
		生态功能B3	0.1717	自然生态环境 C4	0.0879
				社会生态环境 C5	0.0838
		文化功能B4	0.0935	物质文化C6	0.0593
				精神文化C7	0.0342
		美学功能B5	0.1231	多样性C8	0.0383
				有序性C9	0.0848

对得分情况进行分析，从表6-5的综合评价结果可以看出，因素层评价结果值为0.8898，按照综合模型评价标准，这个结果为优秀，也就是来宝沟村乡村社区景观很适宜人居。其中，可以看出项目层得分由高到低排序为：经济功能＞社会功能＞生态功能＞美学功能＞文化功能，而且经济功能的评分远高于其他几项，社会功能和生态功能的评分相近，但社会功能的得分稍高。而美学功能和文化功能两项的得分相对较低。与现实情况比较相符。

1）经济功能——经济生产

乡村社区景观所具有的经济功能是指，生产性景观能够产出一部分基本的农产品，为居民带来一定的经济收入。其经济性主要体现在农民人均纯收入、庭院经济发展比率、农产品商品率以及农产品类型丰富程度。根据2013年的数据统计，来宝沟村人均纯收入12000元，个别家庭的收入能够达到5万～6万元，完全满足居民生活开销的需要，而居民收入的主要来源基本为农业生产。来宝沟村由于受到地形的影响，没有成片较大面积的农田，不是十分适宜开展大田农业生产，在近些年的发展中，除了传统农业，来宝沟村积极发展种植业、养殖业等现代农业，利用山地林木资源丰富的优势，发展柞蚕饲养、林业、种植业、畜牧业等。村中还积极发展庭院经济，引导和支持全村群众种植食用菌、种植果树等，家庭项目占有率比较高。来宝沟村设施农业的发展，为居民提供就业机会的同时，也为居民提供技术支持。而农业生产出的产品除保证自己消耗以外，都能够找到销售渠道，为居民带来经济收益，农产品商品率较高。

2）社会功能——社会保障

乡村社区景观具有的社会功能，即重要的社会保障功能，能够保障居民生活的舒适和安全。在评估体系中，将这一部分相关指标划分为居住条件和道路交通两个方面。来宝沟村自2006年开展生态移民工程，将原本居住在偏僻山中的居民迁出，统一集中建房居住，生态移民小区的房屋院落建筑质量很好，布局规整、合理，节省了用地，但是对于新建的居民建筑，依然保留了乡村居民生活所熟悉的庭院，各项公共服务设施和工程设施的配置比较完善，道路全部柏油硬化，建立三位一体的沼气池保证日常生活所需的燃气和供热。借助这项工程的开展，村内陆续对原有房屋以及缺失的工程设施进行完善和建设。对于村内原有居民的住宅进行翻新修葺，保证了建筑质量。为了丰富群众的文化生活，注重加强文化设施建设，修建了休闲广场，配置了健身器材等；修建了图书馆和200多平方米的文化活动中心，方便群众阅读和文化活动的开展，为居民创造了舒适的生活环境。

3）生态功能——生态环境

乡村社区景观，尤其是山地乡村社区景观，因其有丰富的山林资源，在生态功能方面，具有调节局部小气候和维持生态环境平衡的功能。乡村社区生态环境的评价分为两个部分展开——自然生态环境和社会生态环境。自然生态环境能否保持稳定，对乡村社区景观建设是否能够顺利地开展有重要影响。来宝沟村中进行传统农业生产的大田较少，但是其他如果园、林地等能够为村民带来经济收入的生产性农地比较多，即生产性景观所占的面积较大，农田景观所占面积较大。来宝沟村有得天独厚的山林资源，绿化覆盖面积大，虽然地处山区，地势起伏明显，但是大多为缓坡，而且水土涵养较好，不会发生泥石流等自然灾害。根据能够查阅到的资料记载，来宝沟村发生严重自然灾害的状况非常少，几乎没有发生过严重破坏、影响生产生活程度的自然灾害。而且在生态移民工程开展之后，偏远位置的分散住户迁出后，实行封山育林，目前恢复林地一千多亩，很好地改善和保护了自然生态环境。在近些年的建设发展中，来宝沟村通过土地流转以促进经济发展的同时，也十分注重对生态环境的保护，景观整体质量很好。

社会生态环境方面主要考虑能够影响居民健康生活，以及在居民进行乡村建设时对环境的破坏状况。来宝沟村在村中垃圾处理上采取了定点放置、统一收集、集中处理的方法。设置基础固定的垃圾点，由村中统一进行处理，主要处理方式为焚烧，不能够焚烧的，进行填埋处理，保证村中没有垃圾乱堆乱放现象。来宝沟村村中河流水质清澈，景观效果良好，村中山泉水质能够达到满足生活使用的标准，现在全村已全部实现了以山泉引流的方式进行自来水入户。由于地处山区且没有大型工业及大型设施，没有能够产生较大噪声的因素，村中目前的环境较为安静。

4）文化功能——文化内涵

乡村在发展过程中，由于所处地域、风俗习惯，以及为适应生存环境，会产生不同的、有地方特色的文化风俗传统。通常我们将其理解为该地区的民风民俗，乡村社区景观是长久以来民风民俗发展的沉淀，人们的生活、文化习俗深刻地影响着乡村社区景观的形成与演变；进而对建筑形式、平面布局等很多方面都有影响，发展出地方特色。

乡村社区景观文化性的主要表现形式有传统文化传承、名胜古迹丰富度、居民建筑特色度以及节庆形式丰富度。来宝沟村缺少名胜古迹资源，经过生态移民工程建设的小区，建筑形式基本一致，建筑质量较好，能够给居民提供舒适、安全的生活空间，但是不论是建筑形式还是建筑材料，由于统一规划建设，建筑形式基本一致，建筑材料统一，特色不是特别突出。来宝沟村所处的塔岭镇位于庄河市北部，北部山区在文化发展和经济发展上都相对滞后，来宝沟村日常的节庆同一般北方城市基本相似，除了我国传统节庆以外，没有特殊的节庆形式。

5）美学功能——视觉美感

山地地区乡村社区景观中，能够给人较直观印象的就是由人通过观察得到的视觉感官，与平原地区相比，在整体上布局形式相对自由，呈现出的布局形式比较多样，其多样性主要体现在地形、植物种类以及植物在季节变化时呈现出的不同状态。来宝沟村植物资源丰富，但是由于受到北方气候条件的影响，在适宜树木生长的春夏秋三个季节所呈现出的景观效果变化多样，但是冬季所呈现出的状态不是特别丰富。地貌类型主要有缓坡山地，类型相对单一。虽然地处山地地区，整体布局分散，但是在各个分散的点当中，其建筑排布、道路建设依然有一定的有序性。来宝沟村居民点相对分散，全村有9个村民组，经过多年的建设，已经将原来的一部分及其零散的住户进行集中安置，各个村民组内的居民建筑布局相对还是比较集中的，而且北方地区一般考虑通风、采光等因素，在建造房屋时一般选择坐北朝南的方位，集中建造的房屋有一定的序列性，各家各户的院落在能够满足生产生活需要的前提下，占地面积比较适宜，土地利用效率比较高。

6.4.5 基于景观评价的乡村社区景观的优化和提升建议

由于来宝沟村地处庄河市北部，属于北部山区，该地区属于经济发展较为滞后的区域，导致文化建设的发展也相对缓慢，乡村社区景观形象作为一个地域性的概念，不同地域由于其自然地理、历史条件及功能结构的不同，其景观形象优化的目标、方法也不同。来宝沟村在建设中对地方特色的保留有所忽视，建议在建筑形式、建筑材料的选择上重视乡村原有的风貌，例如对石材的利用等，用居民熟悉的事物创造更具有心理归属感的环境，在现有的景观基础上，注重景观细节的营造，从植物种类配置、景观小品等方面展现当地的特色文化。

人是乡村社区景观的主体，创造优美的人居环境是优化乡村社区空间景观的本质。乡村社区景观形象的建设要坚持取悦人、方便人、服务人的宗旨，遵循以人的感知为设计依据的指导思想。来宝沟村乡村社区景观应从人的情感和理性的立场出发，研究人的反应、视点、视角以及人工景观的实际尺度的依存关系。在景观营造中，要设置一些供人们休闲、游憩的公共设施，并且注意空间围合的人性尺度，并不需要以为的求大求洋，要根据乡村社区的人口规模，以及当地的条件，建设规模能够满足居民使用需要即可。可以通过植物多层次的配置增加景观趣味性和引导性，为人们呈现出多样的景观效果。

总之，来宝沟村在以后的乡村社区景观建设中要首先注重的是保护，在不破坏整体生态大环境的前提下，注重景观的自然性、有序性和多样性。

通过对来宝沟村社区景观的评价得到的评分来看，来宝沟村乡村社区景观是适合居住的，但是在各项景观的建设方面，同样也有提升的空间。针对前文对乡村社区景观所划分的类型，针对具体建设提出几点建议。

1. 自然景观建设建议

来宝沟村自然资源丰富，对自然资源的保护意识也比较强，建议在以后的乡村发展中继续注重对自然资源和生态环境的保护，在保护的基础上，利用好目前已有一定规模的成材林场，获得经济收入。例如，采用山林转让的方式，转让使用权，但林木所有权仍归村集体，既能保护自然环境，又能带来经济收入。

对于村庄内的水系景观，建议注重水岸的建设，在保证生态性和安全性的情况下，创造亲水空间。建议加强来宝沟村现状河道周边的绿化建设，现状绿化基本为自然生长的植物，比较杂乱，建议种植适宜当地气候的植物，丰富绿化层次。

2. 居民点景观建设建议

在村中建筑景观的建设方面，来宝沟村在生态移民工作开展的同时，既建造新的房屋，也对村中原有的民居进行修整。总体建筑质量较好，但是仍有闲置的房屋建筑，其中既有由于原住居民搬离村庄，房屋闲置的情况，也有公共建筑闲置的现象。对此，针对不同情况的建筑，建议采用保护、保持、整修的不同建设引导方式。

对于有历史价值的古建筑、古民居，以保护为主，可以考虑适当赋予新的功能。对于保存较好和新建的建筑，建议保持现有的风貌，注意及时维护，在材料选择上可以选择当地比较常用的建筑材料。在对来宝沟村走访的时候发现，村中较早建造的院落围墙多为直接选用当地的石材砌筑围墙，形成比较有特色的景观效果。而新建房屋的院落则统一使用材料，总体形式规整，但是缺少特色。建议在以后的建设中考虑对当地原有建筑材料的使用。对于乡村闲置建筑、私搭乱建的建筑，建议通过改变其使用功能，继续为居民服务，赋予其新的活力。例如，村中有一座1970年代修建的来宝桥，后在桥上直接修建了房屋，但目前处于闲置状态，堆放物品，而且建筑色彩与村中整体色调不一致。可以考虑将其进行修整并开放，作为村民活动的空间。

在庭园建设方面，考虑到乡村居民更加注重其经济实用性，即村民一般会选择在自家庭院中种植蔬菜、果树等，既可以满足自家消耗，又能够带来经济效益。结合来宝沟村的现状发展，对于传统居住庭院，尤其是房屋前后都有较大面积的庭院的类型，建议继续建设经济生产型庭院，在庭院中种植果树等，带来经济效益的同时，还能够作为绿化景观。果木类植物建议种植苹果树、梨树、桃树、蓝莓等。对于生态移民新建的庭院，由于面积与传统院落相比稍小，可以在居民自愿的情况下，引导其种植小型观赏类植物，如花卉等。

3. 经济景观建设建议

来宝沟村的经济景观主要有两种，即农田和林果园。农田景观的表现形式主要为色彩和序列，不同的农作物在不同的季节、气候的作用下，有不同的色彩变化，自身种类的差异产生的表面特征也有差异。由于地形变化，农田排列形式也有变化，如缓坡地形易形成类似梯田的景观。色彩和序列作用下产生的景观效果也变化多样，来宝沟村可以利用地形的优势，在不影响居民正常进行经济生产的前提下，合理地规划农作物种植的种类和农田排列的方式，形成灵活多样的农田景观。例如，坡上为经济林地，坡中依山势种植果树或开垦种植农作物的梯田，坡地较平坦地区种植农作物，打造立体的农田景观。

4. 乡村发展模式建议

来宝沟村地处庄河市北部山区，这一地区由于交通相对不便利，加之是水源地的所在，产业发展受到制约，经济发展与其他地区相比比较缓慢。来宝沟村位于水源保护地上游，不能开展对经济发展有明显提升的工业产业。但是，来宝沟村具有丰富的自然景观资源，而且，通过移民小区的建设，节约了耕地，将原来在沟岔中的住户迁出后，封住和绿化了搬迁以后的用地，加上原有的成材林场和柞蚕，村庄山清水秀的特色凸现出来，应该抓住北部山区绿色经济带发展和新农村建设的契机，转变农业发展模式。目前，对于这些自然资源的保护多于利用，在未来的发展中，建议利用得天独厚的自然优势，发展乡村生态旅游，既能够给居民提供更多的就业机会，也能够提高经济收入，加快村庄发展。

第7章
乡村社区景观营建布局技术导则

7.1 乡村庭院布局技术

7.1.1 庭院布局形式

庭院是民宅与街道之间的过渡空间,具有一定的私密性,庭院的布局形式与村民生活息息相关,影响着村民在庭院中的舒适度。根据第7章的调研分析,我们总结乡村社区街坊、庭院民居现有的庭院布局形式分为前院式、前后院式和侧院式三类。根据乡村社区街坊、庭院居民的生活习惯,综合考虑庭院用地的集约性等因素,在新建庭院与整治过程中,我们将庭院布局形式营造为前后院式,平面布局如图7-1所示。

首先,遵循多重分区的原则,对庭院布局的使用功能进行区分,主要为生活空间与生产空间。财神庙地区村民性格热情,民风淳朴,多喜欢开放性空间,邻里交往多在庭院门前或前院进行,结合交通的便捷性以及村民的生活习惯,将生活空间设置在前院,生产空间设置在后院。如图7-1所示,将生活与生产空间前后分置,一方面精简了人、车、物之间交往的庭院流线,另一方面形成了相互独立的动静空间,避免了生活与生产空间的互相干扰与空间杂糅的现象。

其次,根据乡村社区街坊、庭院当地夏季主导风向为东南向,将厕所、牲畜养殖区设置于庭院西侧或北侧位置,这样可以避免夏季自然通风时对庭院居住环境的空气品质的影响,在庭院中引入沼气池的农户,厕所与牲畜养殖区要临近沼气池布置,便于沼气池物料

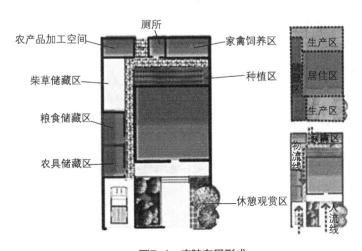

图7-1 庭院布局形式

的收集，也是庭院土地节约利用的一种方式。养殖区与居住空间可以通过植物种植或景观墙的设置，形成隔离区，从而保证养殖区与居住区之间的互不干扰。

再次，为了庭院内各分区间的流线简洁性，根据庭院内功能的不同进行分级，从而形成主要流线与次要流线。根据乡村道路的方向，确定出入口的位置及设置流线走向，对庭院景观布局进行优化时，将设置南北多个出入口，形成不同流线的出入方向，营造主次关系，从而形成人机分离的庭院布局，同时分离人与牲畜之间的交互。车库与主入口并列设置，不会干扰生活空间，同时也避免了农用机械对生活空间的尘土等污染。储藏空间布置于庭院西侧，是连接生活与生产空间的过渡区，同时具有一定的功能灵活性，也可在住宅面积不够时，用于住宅的更新增建。生活空间内西侧设置种植区，可种植蔬果，也可种植观赏植物，在增加景观效果的同时，调节庭院的微气候环境。

7.1.2 丰富庭院空间层次

庭院的空间主要由平面空间与立体空间共同组成。在庭院景观空间中，平面起着支撑物的作用，所有景观元素都在平面空间中布局营造，而立体空间在庭院景观中起着引导与顶面空间的作用。乡村社区街坊、庭院位于山区，在对现有地形的利用方面进行了破坏，对庭院底面的营造多以设置铺地为主，庭院内竖向要素多以围墙、蔬菜种植为主，缺少顶面空间。因此，在丰富庭院空间层次时，主要从以下几方面入手。

1. 明确各面域空间

庭院内的各功能组成通过面域空间的营造来进行功能界定，同时平面空间是支撑其他空间元素的基础，因此，在营造庭院面域空间时，要结合地形条件综合考虑。乡村社区街坊、庭院地形存在一定的高差，面域间的高差会带来不同的空间感受，如图7-2所示，人们在凹陷的地形中，由于其向心性会形成内向型空间，给人安全感；而在凸起的地形中会由于视线的外向型，给人一种中心领域地形的变化。

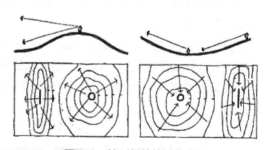

图7-2 地形起伏的视线分析

在营造庭院景观时，我们可以通过平面空间的高差来分割面域空间，根据功能需求的不同形成不同的空间感受。如图7-3所示，对于私密性空间我们可以通过设置下沉空间形成围合感较强的空间形态，而对于具有一定的展示或领域性的空间，我们可以采取高平台的形式来营造。

我们还可以通过材质来划分不同的面域空间。不同使用功能的空间，面域营造时所选用的铺装材质也各不相同。如图7-4所示，在乡村社区街坊、庭院景观中，铺装除了美化作用外，还承担着晾晒农作物、停放农用器具、车辆的功能，晒场空间需要庭院地面平整并易于打扫，停放车

图7-3 下沉式庭院

辆处则对庭院铺装的承重、耐磨性提出了要求。

对于晒场空间的铺装选择，从经济方面考虑，水泥地面的造价相对较低，可以起到庭院内防泥泞、整洁的作用，是较经济的选择，但容易形成单调、过于外向的空间氛围，因此选择此类材质的地面，要多搭配盆景植物或垂直空间的绿化效果。砖块的选择也适用于我国大部分乡村庭院中。砖块由于相互之间会有缝隙，便于雨水渗入地面，利于庭院生态环境。

2. 注重竖向空间的营造

乡村社区街坊、庭院的空间多注重水平空间的营造，竖向空间在庭院中的受重视度不够，随着经济技术的发展，村民庭院景观可以更多地转向竖向空间的营造，可以分为技术与空间形态两方面的营造。

技术层面是指在庭院中进行竖向空间的开发，采用地面立体种植、屋顶绿化与地下设置沼气池的方式来完成。地面的立体种植可采用低层食用菌、中层果蔬、上层经济树种的种植形式。屋顶绿化可以结合牲畜房种植水稻等经济作物，在夏季还可以起到畜棚降温的作用，地下沼气设备在收集牲畜粪便后的沼渣也可以浇灌农作物，可将废弃资源循环利用，在调节庭院微气候的同时，增加庭院的生态功能（图7-5）。

空间形态层面的竖向空间营造主要为线性空间的引导及顶层面域空间的界定两方面。线性空间多以景墙、带状绿植等形式出现，这类线性空间以其不可通行的高差形式，起着阻隔与转折人们视线的作用，限定了庭院空间的转折点。如图7-6所示，线性空间设置的位置、距离、角度不同，形成不同的空间导向。

顶面空间的营造多用于人们的休憩，是一个停留空间，常以花架、廊道、亭、树冠的形式出现于庭院景观中。乡村社区街坊、庭院中缺少遮阳等顶面空间的营造，因此在庭院内的休憩区域可采用种植树木、花架搭配攀爬类植物进行营造，形成有机的软质顶面，营造自然、休闲的空间。

图7-4　地面材质应用

根据以上分析，对乡村社区街坊、庭院景观的竖向空间进行营造时，在原有墙体、木栅栏的围合形式上，增加植物围合营造的形式；根据景观区域功能的不同选取围合形式及高度，对于一些私密空间或景观效果差的空间多采取植物丛植遮挡美化的形式，对于开敞空间多选取低矮、视线通透的

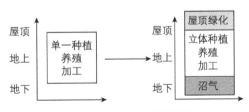

图7-5　竖向空间发展模式

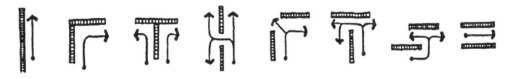

图7-6　线性空间的引导

围合形式；根据空间指向的不同变换竖向空间围合时的虚实、疏密和开合，来引导与阻挡人们的视线。

7.1.3   完善庭院空间功能

庭院空间功能主要分为生活与生产两大功能，其中生活功能又包括休憩、交往、储藏等功能，生产功能包括晾晒、种植、加工等功能。通过对乡村社区街坊、庭院居民生活情况及庭院需求的调查，结果如图7-7所示。随着村民经济条件的提高，对庭院的功能需求也更加多样。对于庭院空间的现有功能缺失的情况，我们主要从完善及优化方面着手。

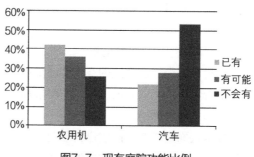

图7-7   现有庭院功能比例

生活空间要合理布置厕所位置，在我们的调研过程中，有多个村民庭院的厕所布置于季风风向的上风向，影响庭院的空气质量。乡村社区街坊、庭院的村民庭院多设置室外旱厕，在经济条件允许的情况下，我们建议将厕所移入住宅内部，既方便了人们的使用，也增加了私密功能。而对于一些习惯室外旱厕或经济条件有限的村民，我们建议将厕所临近住宅布置，缩短使用距离，并设置在夏季主导风向的下风口处，且保留一定的私密性，同时要临近牲畜家禽养殖区，便于统一收集和利用粪便，可在生产庭院与居住空间之间选取较为偏僻、私密的空间进行布置。

增加停放空间，主要是针对村民现有的私家车及农用机械的持有率在逐步增长，对机械及汽车的停放空间具有一定的需求，如图7-8所示。现在乡村社区街坊、庭院的村民多将车辆停放。在道路上，有的村民为了便于停放车辆将庭院全部硬化，有的则是将车辆直接停放于院落中，对人们在庭院中休憩、观赏等功能造成了影响，因此，停放空间应保持人车分流设置，且不干扰庭院的景观空间。乡村社区街坊、庭院的南侧多以围墙围合，设置主入口，南侧多不设置房屋，我们可以根据停放空间的设置要求，在庭院南侧增设停放空间，为了避免干扰主入口的人流活动，停放空间要与主入口有一定距离，并增设次入口，从而在增加停放空间的同时保障生活空间不被打扰。

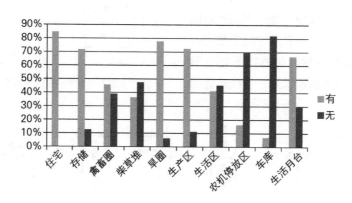

图7-8   现有庭院停放需求

灵活设置储藏空间，储藏空间可以根据其内的储藏物来进行布置。根据储藏的物质不同与生产空间和生活空间各自分开布置。也可进行集中布置，将其设置于生产与生活空间之间，形成过渡功能空间，同时要注意其与生活生产功能的流线连接，避免较大路径，以便利为原则进行布置。也可结合停放空间进行集中布置，同时为了装卸物资的方便性，储藏空间要距离出入口近一些。

完善庭院自身微气候，根据对乡村社区街坊、庭院景观的调研分析，我们在第3章了解到庭院内的遮荫休憩空间缺少，庭院内夏季遮阳效果与冬季保温效果的营造工作薄弱，并没有得到村民的重视。基于以上情况，我们在营造庭院微气候时，要考虑乡村社区街坊、庭院位于辽中地区，也属于我国的寒地区域，冬季较长，夏季较短，我们可以通过合理设定植物的种植位置来达到遮阳、防风的功效，如图7-9所示。

在住宅的南侧通过种植低矮植物，可以减少夏季阳光照射地面后反射进入室内造成室内温度升高，还可以起到气流引导作用，从而起到室内通风降温的作用，并通过植物的蒸腾作用，来保持住宅周边的湿度，降低夏季热量。在住宅的东西两侧可以种植树木，用以防止阳光直射住宅空间，防止西晒等现象，冬季随着树叶掉落，也不会影响住宅的保温、采光，但在种植时要与住宅保持一定的间距，用以防止树叶掉落屋顶堵塞排水口等情况的发生。由于所处地区冬季较长，应采取冬季防风措施，可在住宅北侧种植枝叶茂密的小乔木，在北侧庭院种植高大乔木，也为道路景观增加景致。

对于生产空间的功能要求，主要为牲畜区的养殖与菜园的种植。多数庭院都具备生产功能，但在营造过程中出现了一些不合理的地方，需要进一步地进行调整。养殖区的位置选择要远离住宅主体，并要位于常年主导风向的下风口，从而保证村民居住生活空间的卫生、安全，可与厕所临近布置。

此外，对于一些村民想要发展庭院经济的情况，如开展餐饮、住宿、小商铺等，需要在庭院中增设经营空间，可在原有庭院中增建功能空间，同时要保护生活空间的私密性。对于一些搞庭院采摘的农户，可以将游客人流与生活区的人流活动分隔开，从而形成互不打扰的功能空间，并设置一定的开敞空间，供游客驻足。

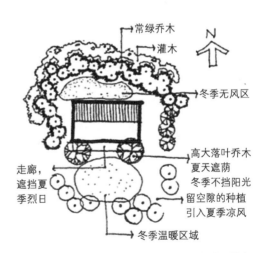

调节阳光或风，营造舒适微气候的理想种植模式

图7-9 调节微气候种植模式

7.2 乡村街道景观布局技术

乡村社区街巷、道路景观空间的区域层面规划主要是对整体空间格局的把握，形成内部和谐并与生态环境保持良好关系的路网系统，既能满足现代发展需求，又可维护传统的乡村肌理。

7.2.1 内部——形成宜人环境的路网体系

乡村社区的路网在形成宜人的内部环境时，需要从路网的结构形式和尺度控制两方面进行考虑。

1. 路网的结构形式

路网景观空间是乡村景观结构的骨架，通过人在街道上的移动可以看到乡村社区的轮廓，并感知整个乡村的景观情态。树枝状的道路网有较强的系统性，形成明确的等级秩序，但会形成许多尽端路，连通性不好。梳子状的道路网也是主支结构，一般只有两个等级，也会形成尽端路。格网状的道路互相连通，布局较均匀，要形成中心需要其他条件参与，秩序性一般。放射形路网能形成明确的中心，但当乡村规模扩大时，一般不会按照原有路网直线延伸，这种形式就变得模糊了，中心的控制力也相应减弱。除上述类型外，其他特殊类型需要结合特定地域条件考虑。前面叙述过乡村社区适宜的道路网模式主要需要有好的连通性、秩序性和一定程度的均质性。乡村社区的道路网应是有组织的而非支离破碎的，凌乱的形态会影响人在景观空间中的判断力，削弱了人从街道景观空间中获得的对全局的认知，在心理上产生景观混乱之感，因而不能形成良好的景观系统。

根据乡村社区的现状特点，乡村西部的居住集中区已经有一定的规模，路网形成了半网络化的趋势，但街道发展缺少控制，较随意，在用地不紧张、建设不完全的情况下很容易变得破碎和混乱。为了保持独特的乡村肌理，同时适应乡村的现代化发展需求，"叶脉状"井然有序的路网形式是上石桥可以考虑的选择。一方面，叶脉状的路网是结合了树枝状和格网状路网优点的道路网，也可简单地概括为"枝状结构，网状形式"，兼有枝状路网的秩序性和网状路网良好的连通性和均好性；另一方面，叶脉状的网络结构是有机的形式，符合上石桥乡村道路现状有机生长的特点（图7-10）。乡村社区东部片区的道路沿山谷延伸，可以在不破坏生态环境的前提下保持现状的枝状发展。

2. 路网的尺度控制

在漫长的农耕经济时期，乡村中的街道空间同农业生产与农耕文化等因素结合在一起，成为乡村地区农民生活外化的空间载体。独院式的小体量建筑庭院形式与狭窄、密集的道路结合构成适宜人们居住生活的良好尺度。进入工业化时代以后，机械化的生产、交通工具的改进和交通效率的提高使得原本宜人的乡村小尺度居住环境受到挑战。如何在经济发展与原有宜人环境之间保持平衡是一个难题。

由于人体尺度的感知范围古今变化不大，所以要创造宜人的景观空间环境还是应该尽量保持原有的小尺度。具体做法可以将村庄整体结构与居民聚落区内结构适当分开考虑。"叶脉状"的路网形式恰恰符合这种要求。从道路网密度看，整体上形成大尺度的街道景观空间格局，而居民居住区内的宅前路和宅间路间距可以控制在较小的尺度范围内，保持宜人的景观感。从道路宽度看，村内的主路和次路要有足够的宽度以配合尺度较大的路网，而与住户密切相关的支路在保证通行等

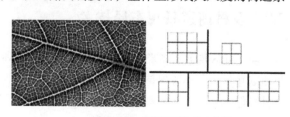

图7-10 道路网模式示意图

功能的前提下可以适当保持狭窄。这样，乡村的街道景观空间的尺度就有了明显的级差。并且每一个居民点的边界被主要道路控制住，也有利于形成内向型的居住景观。

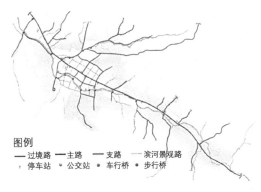

图例
—— 过境路　—— 主路　—— 支路　　滨河景观路
，停车站　公交站　车行桥　步行桥

图7-11　乡村社区道路规划图

乡村社区的路网的具体做法是西部居民集中区先完善道路的枝状结构和网状形态，打通一些尽端路形成环通的道路，根据现状建设情况和地形重新梳理路网系统，形成主次分明、层次清晰的街道景观空间。主路与支路组成的道路网在一定程度上均衡布置，其间距和宽度符合现代乡村的使用要求，而每个居民组团内部道路保持目前的小尺度、较密集的组团型模式。东部沿地形延伸的路网注意保持现有道路走向，不随意扩张道路（图7-11）。

7.2.2　外部——融于自然生态的道路廊道

要形成融于自然生态的道路结构，道路作为廊道在整个乡村生态环境中所起到的连接自然环境与人居环境的作用是至关重要的。在规划时，道路廊道的构建主要体现在廊道的位置、连接方式和宽度三方面。

1. 道路廊道的位置

依照道路和街巷在村庄与自然环境中所处的不同位置，可以将道路廊道分为连接廊道和内部廊道。连接廊道是联系乡村社区与自然环境或不同乡村社区的纽带，生态地位非常重要，所以在规划时要注重增加景观的厚重感与连接度，使聚落景观与自然景观很好地融合，这同时也是对生物多样性的保护。内部廊道主要是社区内部居民生活的活动路径，是人们生产和生活中经常接触到的地方。因此，内部廊道比较注重植物、动物与人的互动关系，能让人近距离接触的生态景观是最具吸引力的（表7-1）。

道路廊道的位置与规划侧重　　　　　　　　　　表7-1

位置	功能	规划侧重点
连接廊道	连接乡村与外部环境	增加植被的厚重感与连接度
内部廊道	联系村内各空间	植物、动物与人的互动关系

另外，道路在没有建设之前，地块都具有相对完整的生态环境，道路的入侵会使得原本稳定的动植物群落有隔离与破碎化的风险。所以，在新建道路位置选择时，需要研究生物迁徙路径、活动范围和地形地势等因素，尽量寻找生态交接地带设置穿越通道。

2. 道路廊道的连接方式

乡村社区道路两侧拥有良好的自然植被基础，为使道路廊道能够充分发挥廊道功能，在现状有经济条件和空间宽度允许的情况下，需要尽量保证街道生态景观的连接度。在修建道路初期，除了要注意选择合适的位置之外，还要尽量避免破坏环境中连续的植被；已经建成的道路需要在植被带不连续的位置适当补充同类型植物或与其生态特征相配合的物种。

乡村道路廊道的连接不只是线性的，还应该在乡村社区内组成网络，不但连接村外的自然田园环境，也使内部的生态小斑块联结成一个生态网，将农业景观引入社区，同时因道路两侧乔木的关系，也可以形成村内的林荫道系统（图7-12）。

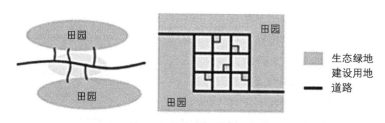

图7-12 村内生态网络示意图

3. 道路廊道的宽度

道路廊道的适宜宽度取决于生态廊道的类型、功能和环境背景等因素。从生态学的角度考虑，廊道的宽度越大越有利，能达到最基本生态要求的廊道宽度在2.5～3.6m。很大一部分道路廊道会修建在生态条件优厚的地方或者与自然生态廊道结合，如河流两侧或一侧的道路及山间道路等。这些道路本身就有一定的植被基础，而且它们还是许多生物迁徙的路径，因此在规划时要保证廊道有足够的空间。不过在现实情况下，对用地的节约利用也是必须考虑的因素，所以需要平衡生态功能与节约用地的关系，以获得最大的综合效益。

对于乡村社区来说，连通到山林中的道路应注意两侧植被的厚度和连续程度，以发挥廊道功能。村内道路与绿地保持协调关系，道路两侧除所需各类场地外，尽量给予充分的种植。并以道路联结村内的小片绿地，形成青山绿水与田园风光交相辉映的整体街道景观空间格局。

7.2.3 街道线路的分级优化设计

在路线的分级优化时，对外的街道主要采用流畅的线形，关注路线的通畅与便捷，一般依靠视域的连续和完整以及良好的衔接与过渡来实现。内部街道的线形比较自由，往往采用非线性的街道线形设计，以形成景观丰富的生活氛围。另外，当单一线路空间有限制时，可以通过设置平行道优化街道线路。

1. 连续和完整

保持沿线景观的流畅与和谐不仅是观赏者的心理需要，也是安全的需要。流畅视域的主要对象是车上的人，机动车速度比行人快很多，对周围景观的流畅感要求也较高。由竖向和水平方向适当结合所形成的顺畅的长而连绵的线性三度空间使人赏心悦目，并完全满足车辆行驶时的动态要求。在进行沿线景观空间规划时尽量避免产生景观的断裂，另外合宜的视觉引导也是形成连续景观的有效手段。例如，有规律的种植有利于加强街道景观空间的线性特征和连续性，而位置合理、清晰易识别的标识系统设置也能使街道整体景观产生连续感。

要保证街道景观空间的流畅感还需要保持视域的完整。直线形街道的视线会汇集在透视线的尽头，所以在景观上经常需要为其设置底景或对景，以产生视觉焦点完成对视线的封闭，否则会因未能满足景观期待而引起视觉混乱。曲线形街道在曲线变化处要对曲线外侧的景观视线进行封闭，防止视线外散。

2. 衔接与过渡

良好的景观空间过渡与衔接处理是形成流畅视域的重要条件。首先，要注意景观的暗示。当街道线路发生转折或对不同区段的街道景观进行衔接时需要给予一定的暗示，这样可以避免由于景观的突然变化造成的心理上的落差。在乡村社区中经常用高大的树木来充当提示物，尤其是街道空间中的梨树。其次，要处理好景观空间的边角。生硬的边角会产生疏离感，不但影响交通的安全性，也给人的心理带来不舒服的感觉，无法形成流畅的视域。边角部分可以用植物等软质景观进行修饰和缓和，这是乡村中最常用的方法。最后，可以选用一种流畅的景观因素来串联不同的景观空间形成过渡。例如，在乡村中常常出现街道两旁的建筑不在一条直线上，从而形成一个个凹凸形和不规则形空间时，可以利用街道路面形成的等宽度的带形或连续的围墙将各个路边空间统一起来，形成自然、连续的过渡。

3. 非线性的街道线形设计

这种手法在城市街道设计中已屡见不鲜，特别是居住区中的步行道设计。但城市中非线性街道景观空间是有意识地设计而成，是主动产生的。而在像上石桥这类乡村中，这样的空间形态往往是由于墙体围合而留下的剩余空间，是被动产生的，这种情况多发生在宅间路中。由于乡村社区整体景观风格是自然田园式的，所以宅间路的线形不建议取直，在用地允许的情况下保留原有路线走向。因其特殊的平面形式，这类空间有两种处理方式：一是剥离出交通通行空间，在剩余空间做景观；当宅前路与住户院墙不平行时，从行进方向上看，街道景观空间就变成了由一个一个的三角形小空间串联而成的，这时设计自由度提高，可以形成步移景异的街道景观空间（图7-13）。二是完全利用其景观形态结合周边景观形成连续的开放空间（图7-14）。

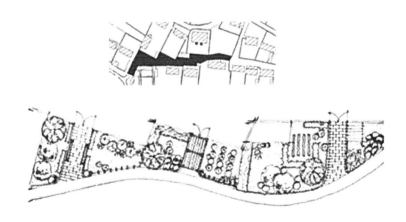

图7-13 宅间路路侧小空间规划示意

图7-14　滨河道

4. 平行道的运用

当单一的街道或街道形式不能满足使用需求时，可以采用平行道的设置。在上石桥中，这样的道路分为三种情况：第一种是鞍下线，在短期内无法实现街道拓宽，可以在用地相对较宽松的路边延伸出2～3m的带状空间，除保留原有树木和公共设施外，只做铺装，以缓解人流和车流景观的混乱。这个带状空间类似人行道，也可以做临时停车带，须做到净化、纯化、功能模糊化（图7-15）。

第二种是在狭窄的山谷区中的街道，可以在主街附近平行设置多条道路，形成并行的街道，不同的景观（图7-16）。

第三种是坡度较大的街道，这类街道在使用坡道满足机动车通行的前提下，最好再设置台阶，可以在同一路径内，也可以与坡道分开设置，以方便行人使用，并丰富街道景观。

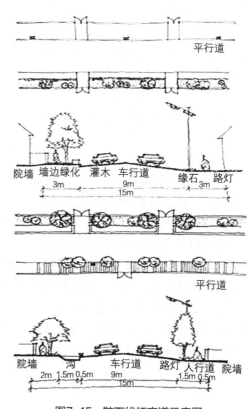

图7-15　鞍下线拓宽道示意图

山林步道景观　　次要街道景观　　主要街道景观

图7-16　并行街道横向剖面图

7.3　乡村社区广场、绿地布局技术

7.3.1　营造风环境

风环境是由于日照辐射的不均匀导致了气压差和温度差的出现，从而形成了空气流动的风。广场景观各类植物的布置、空间形式的营造等方面，都会对风的引入和阻挡产生影响，从而影响到广场内部风环境的形成。

乡村社区的广场景观都位于社区主干路的两侧，由于缺乏绿化，广场景观没有植物对风进行引入和遮挡。在夏季，广场景观缺乏绿化空间的营造，使其他空间的温度和湿度普遍一致，无法形成风环境来改善闷热干燥的空间体验。在冬季，由于没有植物种植来对风进行一定程度的阻挡，增加了寒冷的感受，影响了居民在广场中的活动和停留时间。

乡村社区广场景观的风环境营造，可根据周围环境和以东侧为主的风向来设计。植物的搭配布局对广场风环境形成有着重要的影响。在夏季，高大乔木的遮荫空间由于空气温度降低，形成气压差，这里就成为风环境的主要场所。同时，高大的乔木排列种植，可以有效地引导风进入广场。而在冬季，这些植物以及围合广场的建筑物还可以成为阻碍风的屏障，减少广场风吹带来的寒冷感（表7-2）。

植物布局对广场风环境的影响　　　　　　　　　　表7-2

风作用	图示	营造意向
引导风进入	植物排列种植对风的影响	植物营造意向（一）
形成弱风环境	广场绿荫空间的弱风环境	植物营造意向（二）
减弱风强度	植物营造来阻挡风的强度	植物营造意向（三）

乡村社区广场景观的绿化空间可以形成广场内的弱风环境。文化娱乐广场和村委会广场景观主要通过建筑的围合、植物在广场内部的纵向排列种植以及在广场边缘的横向排列种植，实现风的引入和阻挡，从而适应不同季节变化对广场微气候的影响（图7-17、

图7-18）。小型休闲广场景观在休闲观景区中，通过乔木在广场入口和核心区域的排列种植，以及与农田景观区、排列种植区的呼应，营造出绿化空间，从而形成广场的风环境（图7-19）。生态休闲广场景观主要通过在入口处和步行空间两侧的乔木的种植，以及周边自然生态景观的融入，将风引入广场内部，形成新的弱风环境，从而在夏季，让在广场中活动的人们体验到凉爽、舒适的感觉。在广场的边界和主要空间进行植物栽种，从而在冬季阻挡寒风进入广场，使广场内部的风力减弱，降低严寒程度。

图7-17　文化娱乐广场的风环境营造

图7-18　村委会广场的风环境营造

图7-19　小型休闲广场的风环境营造

7.3.2　选择适宜的植物种类

植物作为乡村社区广场景观重要的组成部分，其功能作用往往体现在烘托主体空间、美化环境空间、增强视觉效果等方面。在植物种类选择时，应该优先选用当地的植物种类，这样既经济实用，又可以体现地域的归属感。同时，当地植物的适应环境能力较强，更容易与其他环境相互适应，从而能使广场的自然生态环境保持相对平衡。而且，在选择植物种类的时候，应以色彩多样性为原则，通过植物色相的变化，使广场达到丰富的视觉效果，来营造适应不同季节的广场景观效果（表7-3）。

乡村社区主要植物　　　　　　　　　　　　　　　表7-3

主要树种	刺槐、黑松、侧柏、赤松、麻栎等	主要树种
主要灌木植物	荆条、酸枣、达乌里胡枝子、细叶胡枝子、多花胡枝子、扁担杆子、连翘、卫矛等	主要灌木植物
主要草本植物	结缕草、羊胡子草、黄背草、石竹、狗尾草、蕨、黄花蒿、瓦松等	主要草本植物

7.3.3　优化植物的搭配效果

植物的搭配形式要结合广场不同功能分区的空间特点，进行整体布置和营造。当自然景观作为广场中的主体景观时，应该以乔木的孤植或丛植进行布置，突出中心效果。乡村社区广场景观应选择黑松等乔木来作为主体景观。当自然景观作为配景时，选择乔木与灌木、花卉相搭配，结合主体景观的空间进行围合或点缀的列植或丛植，起到烘托和划分区域的作用。乡村社区广场景观营造应选择色彩艳丽的连翘、荆条等灌木。当植物结合广场内的步行道时，可以将乔木、灌木和花卉通过列植或丛植的方式营造良好的线性景观空间。乡村社区广场景观应以刺槐、侧柏配以连翘等灌木来进行营造（图7-20）。

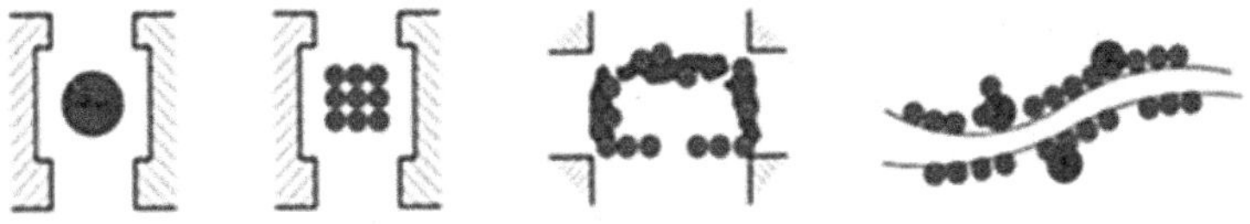

主体景观孤植　　　主体景观群植　　围合空间列植或丛植　　线性空间列植或丛植

图7-20　植物搭配形式

同时，通过不同高度的植物之间的搭配，可在广场景观中形成层次变化的自然生态景观空间。不同的空间效果给人带来的感受也不相同。可以根据广场的功能分区来控制不同高度的植物进行搭配。乡村社区广场景观营造应选择高大的乔木布置在广场入口处、边缘处或道路两侧，强化导视作用，突出空间形式；选择低矮的灌木布置在广场的边缘和小品景观的周围，有时与乔木相搭配，一般以空间引导作用为主（表7-4）。

植物高度和空间效果　　　　　　　　　　　表7-4

植物类型	植物高度（cm）	植物与人体尺度的关系	空间效果
草坪、花卉	13～15	踝高	覆盖地表、美化空间，在平面上暗示空间
地被植物	<30	踝膝之间	丰富界面，暗示空间
灌木、花卉	40～45	膝高	引导效果，界定空间
灌木、藤本类	90～100	腰高	屏障效果，暗示空间边缘，限定交通流向
乔灌木、藤本类	135～150	视线高	分隔空间，形成连续的围合空间
乔木、藤本	160～180	人高	较强的引导视线作用，形成较私密的空间
乔木	500～2000	可在树冠下活动	顶面封闭空间，遮荫，改变天际线轮廓

7.3.4　借助地形条件营造空间

地形条件是决定广场景观空间营造的基础，地形的变化有利于创造出不同层次的复合景观空间形式。从广场使用者的角度来看，地形高低起伏，所营造出的凹凸空间，带来了不同的心理感受。在凹陷的地形中，由于其向心性会形成内向型空间，给人安全感；而在凸起的地形中会由于视线的外向型，给人一种中心领域地形的变化感受（图7-21）。

乡村社区位于海拔较低的山岭之中，整体的地势呈现出西高东低、北低南高的特征。这种地势上的变化，为社区广场景观的多层次空间营造提供了有利条件。通过实地调研，根据地形的变化，发现社区内广场受非自然环境影响，所呈现的不同的营造方式。现状广场景观的空间变化受周边环境影响，广场内部空间地势基本平坦。文化娱乐广场的空间与周边住宅的高地势形成对比，有一种空间下沉的感觉；休闲活动广场空间受地势变化和周边环境影响较小；体育活动广场的空间受社区总体地势的影响，形成路边明显的凸起空间（表7-5）。

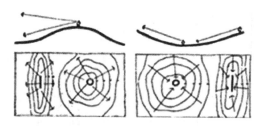

图7-21　地形起伏的视线分析

乡村社区广场现状地形剖面　　　　　　　　　　　　　　表7-5

类别	剖面示意图	现状照片
文化娱乐广场	1.5m　0.15m　0.0m 住宅　文化娱乐广场　道路 文化娱乐广场剖面	文化娱乐广场地形现状
休闲活动广场	0.15m　0.0m 住宅　休闲活动广场　道路 休闲活动广场剖面	休闲活动广场地形现状
体育活动广场	1.0m　0.0m 自然山坡　体育活动广场　道路 体育活动广场剖面	体育活动广场地形现状

因此，乡村社区广场景观应该与社区内的自然生态环境相结合，将凸起和下凹的自然环境肌理作为广场的核心空间进行营造，丰富广场空间层次的同时，也增添了广场景观的观赏性，体现出乡村社区山地起伏的生态特色。生态休闲广场景观就是利用局部地形的变化，形成凸起的梯田景观空间，增添了广场景观的观赏性和趣味性，形成了人们活动的核心景观空间。

7.3.5　引入农田生态景观

乡村社区自然资源丰富，环境的生态属性较强，内部的农田往往成为社区内标志性的生态景观，为社区广场景观的营造创造了良好的基础。广场景观的营造应适当引入农业生态景观，突出浓厚的乡村特色风貌，描绘出具有农耕氛围的生活场景。同时，广场景观的营造应与农业劳作活动相结合，可以将这里作为粮食晾晒、打谷场等场所。这样既丰富了广场的使用功能，又节约了社区的空间用地，满足居民劳作的需求。围合在广场周围的住区，也要与广场的功能相呼应，可以设置贮存粮食以及堆放杂物的房间，为农业劳作提供方便。

小型休闲广场景观和生态休闲广场景观都以原有的现状环境为基础，对用地空间进行重新整合与划分，尽量保留原有用地上的农田和林地等自然生态景观。通过农田和林地自然生态景观，衬托出广场景观的主体地位和生态性，也使广场景观与自然环境相互协调，相互渗透。同时，也满足居民日常劳作的需求，让游客在观光时，体验乡村社区的田园风光和农耕文化。

7.4　乡村水系景观布局技术

7.4.1　改善流域水体环境质量

水体污染严重、质量较差，其表象在水质，问题在岸上，根源与陆地上的生产方式和产业结构密切相关。鉴于水系的流动性和连通性，对乡村水系污染的整治需要以城乡联动全面推进为导向，统筹兼顾，通过宏观调控布局改善区域范围内的产业结构现状，促进工业和农业转型。

改善水体环境质量要从源头上解决问题，针对乡村社区产业结构与水体资源之间的矛盾，可采取倒逼企业发展转型和引导企业强化生产管理的措施，实现减污增效、减能增效。对于乡村社区印染、制革等重污染企业的整治建设，可以采取关停淘汰、搬迁入园与整治提升相互结合的方法。积极向企业推广工业污染整治领域的先进实用技术和清洁生产工艺，以科技创新、工艺改进为手段改善企业的排污状况。对于已经遭受严重破坏的水系环境，需要结合多方面的专家学者，讨论制订流域水系修复策略，督促政府制订具体的实施计划，逐步实现流域水体环境的改善。

7.4.2　保障平原水网河道畅通

针对乡村社区地区处于河流的中下游，多上承山洪，下受潮汐影响，地势平坦，排水不畅，遭遇暴雨洪水时容易造成严重灾害。长期以来受人类建设活动影响，平原地区下游湖泊水体被大量围垦、部分末端排水通道被堵使得湖泊、河网调蓄和排水能力降低。

保障平原水网河道畅通，降低洪涝灾害影响，必须站在时间和空间尺度上进行问题研究，评估、监测水文特征，突破行政边界了解水系流域范围内的水利概况。在乡村范围内可以加快推进平原河网排涝骨干通道建设，疏浚被堵的河口水岸、淤塞的溇港，拓宽部分河道，结合圩田堤岸、排涝闸的建设增强快速排水能力，减少洪涝灾害影响，为乡村水系景观建设提供一个安全、可控的水利环境。

7.4.3　维系良好的乡村水系生态环境

乡村水系景观设计需要建立在良好的水系生态环境基础上，尊重长期演变形成的水系生态环境。通过综合整治改善乡村水体环境，保护乡村水系的完整性和真实性，协调好乡村建设发展图底关系的生态性，发挥水体生态基础设施的作用，为乡村社区水系景观建设提供骨架支撑。

水文系统方面，需要保证乡村水系网络的连通和完整，依据流域范围内河流、湖泊、湿地、池塘等不同类型乡村水体的水文特征，在顺应水系易变性、流动性和随机性的基础上，进行动态建设与保护；生物多样性方面，从生态系统的结构和功能出发，掌握生态系统各个要素间的交互作用，创造良好的水陆生物栖息环境，对已遭受破坏的生境进行修复，采取生态补偿等方法增加生物群落多样性；建设活动干扰方面，合理地利用现有水系资源，尊重水系生态特征，降低弱化不利干扰，适当增加有利于提高水体自我修复能力的内容。

7.4.4　构建区域水系景观网络

水系的自然属性和社会属性决定着乡村水系景观建设在流域范围内与其他地区、类型的水系景观建设存在着联系。乡村社区水系河网脉络发达，从宏观角度提出构建区域水系景观网络，能够有效地减少流域层面水系景观建设和水系环境治理问题的冲突。

站在宏观角度看待乡村水系景观建设，对区域内水系脉络进行调查和整理，包括水系周边自然景观、人文景观、农业景观等景观资源调查和水系分布、流向、流量以及水资源总量等区域水系的水文信息调查，能够走出营造小范围水系景观的视野限制。结合区域环境水体资源概况、建设规划发展目标的共同考虑，改变乡村水系景观各自建设、互不相关的局面，使得村庄与村庄、村庄与城市在水系流域范围内建立深度联系，促进城乡之间的交流。区域水系景观网络的构建也为"五水共治"工作的全面开展，提供了可行的操控平台，促进水系景观在中观和微观层面的建设顺利进行。

7.4.5　保护乡村水系流域历史人文资源

水系孕育了平原地区的乡村和城市，积累了浓厚的历史文化底蕴。乡村社区运河浙江段水工遗存、附属遗存和相关遗产是中国大运河世界文化遗产的重要组成部分。

7.4.6　滨水步行系统完善设计

乡村水系景观往往在人群步行观赏的基础上结合原有水体环境进行建设，滨水步道的布置形式在一定程度上反映出人群的活动行为习惯。村庄内部的滨水步道范围主要集中在水体附近的几户家庭，同一条水体不同段落缺少水岸场地上的联系使得各个滨头节点间相互独立，水系景观服务半径减小。

乡村主要交通道路、街巷小路、水边游憩步道结合日常生活出行需求，以满足快速、便捷地接近水体为目标，进行有机组织所形成的步行交通网络能够有效地增加水体利用率。具体设计中注意沿着水体走向进行水岸场地步行空间建设，增强各个建设节点之间的联系性；完善垂直于水体的街巷道路，使其与村庄主要交通道路相互连接，增强水体可达性；在水岸场地丰富区段可结合坡面进行滨水步道设计，增加水岸步行活动空间的层次性。在滨水步道形式和材料的具体选择上以融合乡村环境为主，对于开展乡村休闲旅游活动建设的村庄辅以适量的标示系统，以便形成完整、便利的游览路线。

7.4.7 水岸场地空间设计

乡村社区的水岸场地空间往往由建筑、桥梁、水体、植物围合而成，场地面积大小不一且较为分散，边界相对模糊，起着人流聚散、空间承转作用。作为人们日常活动的场所，这类场地往往具有多重复合性功能，比如集会、交流、晾晒谷物、举办活动等。水岸场地空间设计以实现人与水的空间互动和情感交流为基础，强调水岸场地与村庄整体的协调适用，满足使用人群亲水活动的参与性、可达性和共享性需求。

（1）丰富场地设计形式：乡村水系景观的场地建设一般随着水体延伸方向设置，借助原有的水埠头亲近水体。在水岸场地节点的选择上除了依靠村口、浜头、桥梁等重要节点进行扩大建设外，还可以按照人群步行习惯进行场地节点选择，注重节奏和韵律的应用，避免在线性观赏路线上活动场地单调重复出现。水岸场地的空间划分上，可以利用植物围合、场地铺装营造出开放性、半开放性、私密性空间，注重不同使用人群的心理体验。水岸活动场地还可以结合农民公园、露天博物馆、文化广场等具体的功能需求进行灵活多变的设计。

（2）增加服务设施的多样性：不同年龄阶段的人群都具有享用水系景观的社会权利。乡村可供选择的活动场地相对较少，在乡村水系景观建设中应该更加关注情感化设计，尽可能满足不同年龄阶段人群的使用需求，避免类似现代化建设型乡村中水系结构过于单一现象的再次出现。

7.4.8 河道生态栖息地修复设计

自然状态下的河流水体在动态演变过程中会形成蜿蜒曲折的水体形态以及丰富的河床断面。为了保障防洪、航运安全，传统水利工程将河流水体进行裁弯取直、河床整平，经过长期的人为活动干扰，河流水体生物栖息地的多样性和复杂度已经降低。乡村社区地区，水体流速相对较小，人为干扰活动较大，依靠自然能力使得河流恢复到原有的健康状态需要较长的时间。针对目前乡村水系生态性较低问题可采用一些生物修复技术，通过构建河道生态栖息地进行一定程度上的水体修复，常见的方法主要有：

（1）水体内部环境的多样性建设。在不影响防洪排涝的社会功能基础上，可以利用木材、石材、植物以及其他材料在河道水体内部建立多样的栖息地条件，如安放鱼巢木箱、废弃船只、树墩圆木、设置水中浮岛等，增加内部栖息地的多样性。在一些可控的水体河段可以进行河床断面改造，结合河床环境多样性建设改变部分水体的深度、水流速度，增强水体生物栖息地功能（图7-22）。

<table>
<tr><td>自然池底</td><td>生态混凝土
及保水材料</td><td>块石干砌</td><td>堤坝</td></tr>
</table>

<table>
<tr><td>自然池底</td><td>生态混凝土
及保水材料</td><td>毛石干砌</td><td>堤坝</td></tr>
</table>

图7-22　河床的改建

（2）采用生态岸坡防护。水体岸坡是水体环境的基本组成部分，当前的治水内容中更多的是整治岸坡这个水体容器。乡村社区水岸坡角一般较大，水体与陆地之间缺乏相应的过渡带。即将进行岸坡防护工程建设的水体可适当增加缓坡，选择木头、石材等自然材料以及多孔、透水的人工材料进行驳岸建设，减少同种类型驳岸的连续设置，增强水岸线生态环境的丰富性。村庄中已建成的垂直硬质驳岸，条件允许时可采用一些石笼、植物纤维垫、土工植物编织袋，减小坡面护脚，人为地营造多样的栖息地环境（图7-23）。

（3）植物种植。合理的乡村水体植物种植能有效恢复水岸带健康状况，为生物提供觅食、栖息、产卵环境。在村庄附近的水体中可以有组织地进行大量水生植物种植，吸引生物栖居、繁衍，改善水岸带生态环境状况；在村庄内部已经遭受严重破坏的水岸带可结合生态驳岸建设，在空腔中填充土壤种植水生植物，或者采取水生植物浮床等措施进行一定的生态补偿（图7-24）。

以往水系梳理和地区开发建设过程中，乡村水系历史人文资源对于地区发展的重要性没有受到足够重视，导致许多重要的历史遗存随着水体的减少、村庄的消失而被掩盖。乡村水系景观建设活动开展中，重新梳理水系历史脉络、挖掘历史人文资源，为依水而生的周边乡村文脉的延续提供了保障。

图7-23　多样的栖息地环境

图7-24　生态浮岛技术的引用

第8章

乡村社区街坊、庭院景观营建技术

8.1 乡村社区街坊、庭院景观营建技术

8.1.1 乡村景观共性的宏观层面

1. 维护乡村风貌

乡村社区街坊、庭院景观是乡村居民根据不同时期生活情况而进行营造的，反映着一个家庭在不同时期的生活印记，也反映着不同时期的社会发展历程，乡村社区街坊、庭院景观集聚在一起，形成具有地域特色、人文情怀的乡村整体风貌。乡村社区街坊、庭院村宅基地面积占村镇用地总面积的87%，是乡村社区街坊、庭院景观风貌的重要组成部分，因此，在进行庭院景观优化时，我们不能单纯地"就庭院论庭院"，要考虑其在乡村景观方面的作用及影响，在一定程度上进行统一的规划控制，从而形成与维护具有财神庙地区特色的乡村景观风貌。

由于乡村社区街坊、庭院现存的庭院景观反映了多时期的风貌特色，周围资源丰富，在规划建设上采取了一些措施，在现有的庭院景观基础上，我们在营造乡村社区街坊、庭院景观时，主要从以下两方面进行：

（1）营造统一的庭院色彩：色彩在景观设计中起着功能传达的形式要素的作用。人们对色彩会产生多样的认知感受，因此庭院色彩的选择关系到庭院要传达的情感氛围。乡村社区街坊、庭院在自发建设的过程中形成了一定的基础色调，在庭院景观营造时，我们要在现有色彩基础上，综合考虑乡村社区街坊、庭院的自然色彩和人工色彩，结合乡村社区街坊、庭院的发展方向，提出庭院色彩营造的方式。

乡村社区街坊、庭院的自然色彩主要为自然物质的本色，比如天空、土地、山林、水体等，属于乡土景观中的基调色系。通过实地调研分析，我们对乡村社区街坊、庭院的现状色彩进行提取。

乡村社区街坊、庭院的人工色彩主要为村内的人工景观构筑物的色彩特性，人工构筑物的色彩选择从属于自然环境的色彩，同时在微观层面具有一定的主题性。乡村社区街坊、庭院景观环境中，建筑色彩是景观色彩的主要组成部分，对其色彩的处理直接影响乡村社区街坊、庭院的整体景观色彩。通过调研分析，我们对乡村社区街坊、庭院的现状人工景观进行色彩提取，结果如图8-1所示。

我们根据自然色彩与人工色彩的提取结果，结合村庄整体风貌图片的晶格化处理，在维护原有乡村特征的同时，选取庭院景观的色彩，主要过程如图8-1所示。

（2）对于新建庭院，要在建筑外形、围合形式方面进行指标控制，以此来维护财神庙

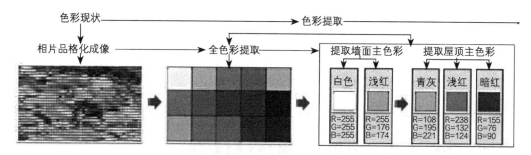

色彩现状 ──────────────── 色彩提取 ────────────────

相片品格化成像 ─────→ 全色彩提取 ─────→ 提取墙面主色彩 | 提取屋顶主色彩

白色	浅红	青灰	浅红	暗红
R=255 G=255 B=255	R=255 G=176 B=174	R=108 G=195 B=221	R=238 G=132 B=124	R=155 G=76 B=90

图8-1　乡村色彩提取

乡村景观的地域性。根据乡村社区街坊、庭院的乡村风貌，对新建庭院的选址与规模要进行控制引导，要以顺应地势为前提，保护耕地，维护乡村景观的协调、一致性。通过控制建筑的形态特征、围合方式来控制乡村景观的整体风貌。对于新建庭院，要采取一层坡屋顶形式，庭院要有围墙围合，围墙高度在0.6～1.5m之间，具有一定的开敞性，并与街道、广场、住宅周边相互借景，增加景观的互动性，营造和谐的邻里关系。结合之前探讨的庭院色彩，在屋顶形式、色彩、院落空间方面进行一定的规范，在细节与庭院主题方面由村民根据自己的喜好与审美来进行更改、变换。

2. 更新废旧庭院

根据现状分析可知，乡村社区街坊、庭院现有一些村民更改了住区，造成原有的庭院荒废，造成了杂乱的庭院景观，一方面影响了乡村景观的整体性，另一方面也影响了周围村民的居住环境。因此，在营造庭院景观时，我们要注重乡村景观的整体性，庭院与庭院之间的关联性，邻里之间的交往性，在此背景下，营造具有活力的庭院空间。

更新废旧庭院时要以小范围更新、可持续营造为原则，在形态与特征方面要与乡村整体景观协调一致。根据乡村社区街坊、庭院内缺少公共空间、建筑用地紧缺的特征，我们采取土地流转的方式，对废旧庭院用地的使用进行更新。以使用功能为更新切入点，转变庭院营造的方式，可将废旧庭院转换为商业用途或者更新为较开敞的公共庭院空间。

在更新为商业用途方面，可以通过院落租赁或者改为乡村民宿的方式，转换原有屋主对其的居住功能，在庭院形态方面要增设公共活动区域，对庭院的生产功能进行缩小，营造田园民居环境，供游人驻足休息。如表8-1所示，更新改造后的庭院，在建筑形式上仍然为坡屋顶的形式，增设户外休憩的座椅与凉亭，并增设西侧居住空间，满足一定的商业用途，可用于游客居住或贩卖商品等用途，入口大门增设门斗，在外观形态上区别于村民住宅庭院，但在整体形态上仍保持相同特征。庭院内的种植也以观赏类植物为主，搭配种植果蔬，营造乡村田园的景观氛围，从而吸引游客体验当地的田园生活，激活废旧庭院的景观功能。

对于位于乡村社区街坊、庭院住宅密集区、缺少公共活动空间的废旧庭院，可以将原有的庭院进行景观改造，置换为公共交流休憩空间，解决用地闲置浪费的问题，改变景观杂乱、无人打理的现状，同时增加邻里之间的交流，营造人性化的邻里氛围。如表8-1所示，可以将原有建筑保留，设置为商业空间或展览空间，将村内早先具有满族民居特色的建筑进行原址维护，并结合周边的空余用地营造为公共观赏休憩空间，与此同时，将早前的院落形式保留，作为当地人文特色的一部分。将原有庭院置换为公共空间时，我们应以交流开敞空间为主，增设座椅、花坛与硬质铺装，营造服务于周边住户的公共庭院空间，从而营造和谐、统一的乡村景观。

3. 整合庭院空间

乡村是由一个个庭院、道路、广场共同组成的群落空间单元，同时又兼具着居住、生活、农耕与休闲活动的社会功能。乡村景观包含了人际交往、地域文化、功能设施等长久以来共同形成的生活交往结构，庭院空间的布置与组合影响着乡村的生活结构，对乡村的景观性和归属感的营造起着决定性的作用。

更新形式　表8-1

乡村社区街坊、庭院的聚落形式在随着乡村发展建设的过程中，形成了中心片区呈带状街巷式，外围呈自由分散式的空间布置形式。在庭院空间的整合中，采取小规模渐进式改造整治的原则，结合现有的聚落形式和周边景观环境，整治和改造原有的庭院空间，并对新建庭院进行规划控制，从而传承原有的聚落形式与地域特色，形成适合居住的生活空间。

乡村社区街坊、庭院的空间整合主要分为自由分散空间的整合与带状街巷空间的整合两部分。自由分散空间是在乡村社区街坊、庭院传统农耕体制下，村民在最初建设家园时自发形成的空间形态，这种空间布局是随机的、分散的，没有一定的组合形式，多结合村内的坡地、农田、果林营造形成，没有经过规划设计，形成了院落间距较大的自由分散式的空间形态。在乡村的组团中，可以通过庭院间的组合形成开敞的公共活动空间，并进行景观营造，将庭院景观与道路、街边广场共同形成自由而紧密的乡村景观环境，如表8-2所示。

庭院空间整合　表8-2

带状街巷空间的整合是指庭院、街巷和水系之间共同作用形成的带状空间形态。街巷空间形态的发展形成是由多个单体庭院形成一个组合单元，沿着道路与水系自由布置，从而形成了乡村的街巷与河岸带状空间，如表8-3所示。乡村社区街坊、庭院的

庭院带状空间整合　表8-3

街巷与滨河空间是村民进行公共活动交往的
集体空间，承载着村民交往、生活等功能。
乡村社区街坊、庭院外围空间的营造多自发
形成，在乡村外扩发展的背景下，形成了散
落、断裂的街巷空间。因此，在整合带状街
巷空间时，我们要对庭院空间的现状布局进
行梳理，控制新建庭院的规模，合理设置庭
院与街巷两者的间距，预留庭院与道路、水
系的缓冲空间，可通过植物营造设置隔离带

滨河庭院空间整合   表8-4

形成既有联系又相对私密的庭院街巷空间，从而形成适合居住的庭院环境以及连续的景观
界面，塑造整体和谐的乡村景观空间。

乡村社区街坊、庭院内有河流穿过，在河流两侧设置了座椅与硬质铺砖，但是一些村
民将庭院垃圾置于河岸边，造成了滨水空间的环境卫生差，同时庭院与水系之间的景观联
系性较弱，可以通过自然堤岸或退台绿化形式进行改造处理，如表8-4所示。

8.1.2　场地和谐的中观层面

乡村社区街坊、庭院景观营造中，村民忽略了气候条件的影响，缺少遮荫防风的设
施；对地形采取粗放型营造，破坏了庭院内自然的微地形；对植物的种植形式单一，不会
利用植物种植围合空间。这些现象的产生，是因为村民没有将三者有机结合起来，进行综
合考虑。本文以地形作为基底要素，植物为竖向空间，根据气候因素的影响及地形的限
制，对不同空间单元进行绿化种植，并以人工景观中的围墙、铺装与植物共同控制庭院的
轴线路径，共同营造与自然和谐的庭院景观。

8.1.3　优化细部设计要素的微观层面

1. 庭院围栏的营造形式

乡村社区街坊、庭院民居建筑和围栏共同围合形成了庭院空间。围栏的形式大致分为
围墙、栅栏以及两者的组合形式。围墙有多种形式，以建造材质的不同可以分为砖墙、混
凝土围墙、木质栅栏、金属栅栏以及栅栏与混凝土并用的围墙；按照用途的不同可以分为
作为庭院与周边相分隔的围墙和在庭院内部作为划分空间、组织景色而布置的围墙两种。
无论是哪样的围栏形式，在保证围护、分隔功能的前提下，都应该注重美观，体现乡土
特色。

乡村社区街坊、庭院的围栏多以砖、石构成，应保持其材质与尺度。注重对庭院围栏
的绿化，修饰其现状的冰冷外表。如可在围墙边设置体形轻巧的藤架，用铁条攀扎起的藤
架就是其中的一种样式，一来材料成本较低，只要付出少量的劳动即可做成，二来这种藤
架不具有攀爬性，一样能够起到防盗的作用。除了用藤架美化墙壁的方法之外，还可以把
室内设计中装饰墙壁的方法外用，如可在庭院墙壁上固定质量轻巧的小盆栽，种植耐干旱
的垂蔓性植物。这种方法可以柔化墙壁的硬质感，简单而实用（图8-2）。

乡村社区街坊、庭院内各区域之间的围栏也可选择乡土材料的砌体，通过变化丰富的
样式，融入乡村文化元素美化、装饰墙体，镂空墙体用以沟通庭院内外空间，加强庭院的

景深感。在防护要求不强的乡村庭院中，可采用木质隔栅、竹篱笆等乡土材料，美观经济的同时凸显农家风情。

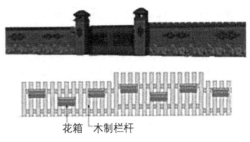

图8-2 建议围墙形式

2. 植物景观营造策略

植物在庭院景观营造中具有多种功能，它可以为村民创造经济收益，对庭院进行绿化增加空间美感，也可通过种植组合的不同营造多样的空间界面与环境感受。此外，植物景观具有生命力，会随时间变换颜色、质地及生长状态，是庭院内主要的季相景观。植物还具有生态效应，植物的丛植与距离可以起到防风降噪的作用，同时为人们提供遮阳避暑的休憩空间，在乡村社区街坊、庭院景观营造中起着主导作用。根据乡村社区街坊、庭院的植物现状，我们从植物的种类选择方面提出策略建议。

首先，要注重乡土植物的应用，在庭院景观营造中优先选择，这是由于乡土植物对当地环境的适应能力强，有顽强的生命力。同时，能抗当地污染与病虫害，与当地其他物种能够互利共生，有助于营造庭院内平衡的生态系统，而且经济、廉价。乡土植物的选择也代表了当地的自然环境系统的特征，体现地域植物区系，从而形成独特的地域乡村社区街坊、庭院景观，乡村社区街坊、庭院的乡土植物如表8-5所示，有椿树、油松、银杏、板栗、八角枫、刺嫩芽、珍珠梅、月季花、野蔷薇、山丹花、灯笼花、山菊花等。为了丰富植物色彩及景观层次，也要适当选用一些适应当地环境的植物。其次，要选择具有色相变化的植物，在庭院景观中用于丰富空间色彩的效果，同时要根据庭院风格进行配比，从而形成四季分明的庭院景观效果。第三，要进行植物层次的搭配，充分利用庭院空间，并增加观赏效果。多根据"乔—灌—草—藤"生长高度的不同进行搭配。要注重攀爬类植物在庭院景观中的塑造，通过设置廊架等形式增加空间顶面的美化，也可用于建筑外立面与围墙处，形成立体的景观效果。庭院内植物种类的选择在参考上述建议的基础上根据庭院风格进行适当调整，生活休闲型的庭院可选择以观赏为主的植物种类；乡土观赏型可选择以乡土植物为主的形式；乡土旅游型可按照分区不同进行选择，种植区以乡土经济型为主，休憩区可选择以观赏为主的植物；生态循环型庭院可选择当地乡土植物，以经济效益为主。

乡村社区街坊、庭院常用乡土植物　　　　　　　　　　　　表8-5

乔木	红松、油松、银杏、板栗树、山楂树、东北杏树、桃树、苹果树、槐树、梓树
小乔木	天女木兰、李子树、八角枫、刺嫩芽
灌木	细叶小檗、珍珠梅、月季花、野蔷薇、东北山核桃、苦参、卫矛、长白瑞香
乔、灌双性	东北土当归、接骨木、酸枣树、红瑞木
藤本	葡萄、五味子、葛藤、蛇白薇、爬山虎、软枣子

3. 小型构筑物的营造

庭院中的小型构筑物能给人带来实用和感知的效果，它是让空间环境生动的关键因素，在带给我们视觉美感的同时更多地提高了整个庭院的人文氛围，体现村民的生活状态。

小型庭院构筑物常指庭院中的点式构筑物，如亭、台、阳光房、桥等；还有带状构筑物，如廊和花架。考虑到经济的因素，比较适用于乡村社区街坊、庭院的构筑物为台基和花架。在乡村社区街坊、庭院多以住宅外的地基与庭院内种植的高台出现，乡村社区街坊、庭院地形有高差，形成了一些凹凸的台基，多作为人们休息所用。在庭院景观营造时可以采用此形式进行空间竖向的营造，同时对材质可采用小范围的石材、木质材料，营造舒适的小空间。

花架可将平直而单板的空间变得层次丰富、有趣，多由木质支架和植物组成，造型和空间形式具有多变性，从而形成高低错落的庭院空间。花架的形式有多种，村民可根据经济因素，在保持其牢固性的基础上选择方便、实用的花架形式，如木质、铁艺、混凝土等材质（图8-3）。

4. 增加景观装饰小品

庭院装饰品要根据庭院整体风格进行设置，起突出重点和分隔空间层次的作用，庭院装饰物可增加庭院特色，彰显迅猛的喜好和个性，装饰物的肌理、形态等直接影响人的使用和情感体验，应注意考虑装饰物的安全、耐用，庭院中的装饰物主要包括植物的容器、动物家禽的装饰、雕塑。

1）植物的容器

在一些乡村社区街坊、庭院中，植物的容器主要包括花盆和种植坛。花盆可选择将庭院内废弃的水缸、菜坛等重新利用，经济、环保，也可形成独特的庭院乡土景观。对于种植坛的营造，可选用与围墙相同的石材进行布置，也可采取木板拼接的形式进行围合，但是要把握好种植坛的高度，增加景观舒适度（图8-4）。

2）家禽畜棚的景观营造

乡村社区街坊、庭院一般在庭院内饲养牛、猪、骡子、鸡、鸭等，要根据其体积大小来设计畜棚形式。牲畜由于体积大，需要采用砖块等具有坚固性的材质营造，多设置在庭院的南侧，为了庭院的美观，可在畜棚周边设置植物来遮挡。家禽类的体积一般较小，多用砖石、纱网搭建，有的庭院对家禽的棚舍采用半开敞式，影响庭院美观。可通过改变家禽棚舍的材质和色彩进行棚舍外观的重塑。

3）雕塑

雕塑可以增加庭院景观的美感，使其具有人文气息，庭院景观中强调地域文化的传承，因此，要充分挖掘庭院中具有文化气息的农耕时期的器具，如村民家中的水井、水

图8-3　花架形式

图8-4　植物器具

缸、农用具等，搭配植物、铺装的布置，形成景观节点，点缀庭院空间。也可将当地的人文特征进行抽象重组，结合现代技术，体现地域特色，比如在庭院中设置农产品的模型、将地域色彩运用到雕塑色彩中，营造庭院景观的整体性、和谐性（图8-5）。

图8-5 乡土雕塑

第9章

乡村社区街巷、道路景观营建技术

9.1 乡村社区街道景观空间规划的前提

对于乡村社区街道景观空间的规划须遵循以下前提。

1. 明确乡村自身资源与规划取向

这是乡村社区街道景观空间规划的首要前提。乡村应是一个与城市有区别的居住形式，其特点是拥有更好的生态环境与田园景观，具有慢节奏的生活特点，环境优势大于效率优势，因舒适的环境氛围而更适合居住。此外，不同的乡村类型有不同的景观侧重，这就决定了乡村社区街道景观空间不同的营造重点。

根据乡村社区街道景观空间的现状与人性化要求，首先要明确乡村社区的景观资源特色与街道景观空间的规划方向。乡村社区最大的景观资源就是千山风景区的良好自然风光和南国梨等特色景观资源。所以，乡村社区的景观整体风格应该是亲近自然的，须尽量保持村落的原生态景观，并利用好南国梨花等景观素材形成浓厚的乡土文化氛围，以环境优美和地方特色体现其人性化。同时，需平衡旅游与人性化之间的关系，使游客与居民均可享受街道景观空间的人性化氛围。

2. 循序渐进

乡村社区街道景观空间规划建设往往难以做到一步到位。在背景中提到过我国乡村建设的阶段划分，根据实际情况，乡村社区正处在环境整治阶段，没有彻底结束，但乡村美化和人性化建设正在展开阶段。在街道景观空间规划中要突出重点，量力而行，先打好物质基础，为后续建设蓄力。并且人性化的规划应是可持续、可生长的，在街道景观空间中要有序进行，先完成重点区域的建设，再逐步向其他区域推进。

3. 有效的管理与机制

乡村社区街道景观空间规划的主要目标是整治乱象和利用资源创造美景，在这一点上规划对于乡村社区的街道景观空间建设所能起到的作用只存在于指导和营造方法的提供方面，具体的实施还是要靠有效的管理与先进的机制。整体规划、统一管理才能将乡村社区街道景观空间的建设做到最好。

对于乡村社区来说，建筑随意摆放、随意圈地的现象比较严重，这就造成了乡村社区的布局混乱，同时引起街道景观的散乱，需要有效的管理与机制配合才能更好地实现乡村的人性化建设。

9.2　街道景观空间的区域层面规划

乡村社区街巷、道路景观空间的区域层面规划主要是对整体空间格局的把握，形成内部和谐并与生态环境保持良好关系的路网系统，既能满足现代发展需求又可维护传统的乡村肌理。

9.2.1　街道景观空间的线性层面规划

上一节在路网的建设方面提出了路网尺度和道路宽度的分级策略。在线性层面上，不同类别、不同性质的街道也要进行分级规划。乡村社区对外的街道景观空间要有一定的秩序感和开敞度，内部街道越向里越呈现小尺度自由化的景观效果。由外到内对街道景观空间进行分层次规划，在外部展示乡村的田园景观，并由商业建筑形成有活力的景观氛围，在内部则形成更加宁静、闲适的景观空间。

1. 街道界面的景观和谐设计

街道各界面的景观和谐是保证街道景观空间整洁、美观的主要方式。街道景观空间的和谐从各种构成要素上看，包括墙面的和谐、地面的和谐、空间小品的和谐、植物要素的和谐和它们之间的整体和谐，以及要素与环境的和谐。从影响因素上来说包括街道各类界面的色彩、材质、体量、风格等方面的和谐。

1）色彩——灰色调的和谐

色彩的和谐从整体方面来看就是指环境中的绿色、蓝色和灰色的和谐。绿色是指街道景观空间中的各种植物，蓝色是指影响街道景观的各类水体和天空背景，灰色是指环境中的各种人工建筑或构筑物。由于乡村环境中的建筑和构筑物体量较小，用材也更接近原生态，所以易于统一于灰色调之中。色彩和谐的微观方面的要求是街道景观空间内各种构成要素的色彩和谐，不要在街道上出现色彩冲突、对比强烈的面。例如，大片大片的广告墙难以与古朴色调的乡村街道产生和谐。乡村社区的街道中不需要"亮丽"的广告牌和霓虹灯充塞视野，反对消极的视觉提醒和广告催眠带来的快节奏和紧张气氛。规划时尽量使用能与周围环境协调的灰色调，起到仅突出不突兀的景观效果。

2）材质——"成套"的使用

材质的和谐会有一定的组合规律。比方说原生态的材料之间具有较高的和谐性，现代城市中水泥与玻璃也能形成和谐的景观。所以，在规划街道景观空间时，尽量"成套"地使用各种材质，例如自然石墙、夯土路面、原木栅栏和原生态植物之间就取得了和谐的景观效果。在乡村社区中，建议保留几乎所有的原石围墙，它是上石桥融于自然的景观代表。在石块与砖块混合砌筑围墙时，要考虑二者的使用比例和位置关系，以形成美观的墙面。

3）体量——迎合人体的尺度

体量的和谐主要存在于建筑与建筑之间。在乡村社区中根据自然环境的条件，还是鼓励以小体量的建筑为主。因为人体尺度是一定的，迎合人体尺度的建筑体量不但可以使人感到亲切，而且更容易与自然环境取得和谐的效果。个别公共建筑如需满足功能需要可以有限度地加大体量，或者将公共建筑拆散成小体量。除建筑外，围合街道景观空间的另一个实体因素——围墙的体量也应该符合人体尺度。

在乡村社区中，对于鞍下线的街道界
面设计是形成流畅、和谐的视域的关键。
为了取得沿线景观的和谐，首先，对沿街
建筑和围墙进行规划控制，具体分为建筑
高度和体量控制以及色彩和材质控制。对
于沿街建筑高度的控制需保证住宅控制在
三层以下，公共建筑不超过四层。建筑体
量不能过大，民居住宅以独栋为主，公共

图9-1　现有围墙形式

建筑尽量使用小体量建筑平行拼接以保持整体的和谐。对于庭院围墙的控制包括沿街围墙
材质、形式和高度的统一。目前，围墙以各家自主建设为主，没有统一的约束与限制，在
一条街道上会出现好几种风格。围墙的材料选择当地的石材或砖，不但可以取得立面风格
的统一，同时还是对乡土景观的展现。围墙配合一些精致的铁艺栏杆与木栅栏一起使用，
可以增加通透性，促进内外空间的景观交融，丰富景观层次（图9-1）。

其次，路面材质的过渡也十分重要。路边是围墙的情况下可以在围墙与道路的空隙地
带种植灌木和草，对边界进行柔化处理，也可以用不规则的石块限定街道空间。对于有边
沟的区段，边沟向路的一侧建议用路缘石清晰界定出道路空间，在边沟中可以有一定量的
种植。街道一侧是广场时需要用缘石将广场空间和道路空间分开，这样既能提高交通效
率，也能营造完整的公共空间，使两种功能互不干扰。路侧是绿地的情况下可以采用模糊
过渡的方式使边界看起来更柔和（图9-2、图9-3）。

最后，在植物种植方面，沿街可见的树木多是院墙内外的杨树、槐树和果树等，以果
树为主，墙外有一些灌木和藤本植物。规划时要保持乡土树种不变，并突出果树的景观效
果，以展示乡村社区的田园风情，形成村在果园中的沿线景观感受。在鞍下线街道景观空
间中可以利用面向街道的住户相似的宅院尺度将每一户组成单元景观，在较长的一段路线
中有规律地重复，形成和谐而富有韵律美的街道景观空间（图9-4）。

通过以上几点要求对鞍下线沿街围合面的控制，在整体上保证了建筑物、构筑物和自

图9-2　路面过渡形式示意

花箱　木制栏杆

图9-3　建议围墙形式

图9-4　鞍下线沿线景观意向

然的有机融合，并依托自然地形，结合背景山体走势，以成组的景观形成动态的韵律美。

2. 梳理街道景观空间序列

这一点主要是针对乡村社区中最主要的街道——鞍下线来说的。鞍下线作为乡村社区村容村貌的展示窗口，其街道景观空间要有合理的序列安排。目前，在鞍下线上，乡村社区的特色景观零星出现，不整体、不突出、缺少组织，使人对于乡村社区的景观印象是模糊的、混淆的。注重空间序列安排的街道更容易产生吸引力。对于本地居民来说，有条理的景观序列能够使人产生熟悉感和亲切感，提高可居住性；对于非本地居民来说，可以增强地区的识别性，并使人印象深刻。

梳理街道景观空间序列是通过人的行为顺序或某种活动的进行次序对相应的建筑进行时间、空间上的连接组织。在乡村社区中一般是按照从入口进入乡村，通过道路、街巷抵达乡村社区内部，再离开乡村的次序来组织，整个序列的组织都是在街道空间中完成的。空间序列可分为前导、发展、高潮和结尾几个部分，在规划时即可使用我们经常提到的起—承—转—合的方式来组织。

1）入口空间界定

入口是进入乡村范围的起点，给人一种进入乡村的心理暗示，通过这种暗示明确空间界限，使居民有一种"回家"的感觉。常用的做法是在村口设立醒目的标识性景观，如牌坊、门楼、大石、大树等；或者用空间对比的方法在进入乡村时获得豁然开朗的景观效果；还可以用景观衬托的方法以田园景观衬托乡村入口。对于乡村社区来说，采用第一种方法比较合适。

上石桥现状入口由路侧的一块大石作提示，在周围茂密的植物丛中并不明显，容易被人忽略。在规划中建议修建一座牌坊，并在牌坊上书写"千山南大门上石桥"以表明乡村社区与千山的关系。在空间上利用牌坊与道路的垂直关系和周围种植的配合，在东西向的道路方向上形成对景，使得入口空间更加醒目（图9-5）。

2）空间引导

乡村社区形成景观空间引导的目的主要是使社区居民可以方便地到公共空间中聚集，也可以在旅游型乡村中着重使用。常见的做法有轴线关系形成引导、设置多个景观吸引点

图9-5 入口景观现状与规划

来引导人前行和通过一系列空间的串联和对比引人入胜等方式。在乡村社区中倾向于使用第二种方式。之前谈到在鞍下线上形成韵律美的景观空间，一段段有秩序的景观组自然地形成空间引导。在各个区段上，每段景观空间要保持风格一致，空间不规则的区域可以用行道树来加强其线性特征。

3）主要景观空间突出

在乡村社区中，最主要的空间大多是居民聚集的公共活动空间，这类空间一般会在主要街道边形成或在街道上看到。所以，规划时要在街道景观空间中合理突出主要空间，以吸引人们到其中去。主要方式有两种：

（1）通过空间对比突出主要空间，对比方法有空间体积对比、空间形状对比、空间明暗对比、空间开阔度对比、空间精致度对比等，是一种欲扬先抑的突出方法。乡村社区首先采用的是在路口空间形成广场，以空间的平面形状和开阔度突出广场空间，并减少使用高大乔木，多用灌木造景以取得开敞的景观效果。

（2）以特征元素突出主要空间，包括建筑形制、墙面图案、地面图案、小品及设施等，是一种渐变的突出方式。例如，浙江富阳的龙门镇以地面精美的铺砌图案突出主要空间，越是重要的地段其图案越精细，比较次要的地段图案组织比较简单。乡村社区在交叉口广场上使用了与道路不同的铺装来明确限定广场空间，并在广场中选用不同于街道的景观小品和植物景观，使广场空间更加突出。

每一条街道或者每一条路线中不一定只有一个高潮空间，尤其是路线比较长的带状乡村，在设计街道的空间序列时需要根据情况灵活处理。乡村社区中由于千山景区南门、皈源寺、斗姥宫、圣仙宫和东极宫等景点的入口通道均连接在鞍下线上，所以进入村庄范围之后，在主路与鞍下线的多个交叉口位置规划点状开阔型景观空间，形成整个景观序列的多个高潮点。点状空间的具体做法是形成广场（图9-6、图9-7中以皈源寺入口广场和斗

图9-6 皈源寺入口广场

图9-7　斗姥宫入口广场

姥宫入口广场为例），使游线道路与鞍下线顺畅衔接，同时也是为了尽快将游客导引到景区中，将旅游活动与村民生活适当分离，提高可居住性。

通过对整条街道有意识的景观安排，不但可以形成令人愉悦的景观感受，更是对村容村貌的概括，可以使乡村文化得到良好的展现。

9.2.2　街道景观空间的节点层面规划

前文中分析过两类典型的街道景观空间节点，入户空间节点的生活化设计和公共空间节点的交往场所营造是提高街道景观空间适合居住性的主要手段，另外在街道景观空间中运用乡土元素呈现乡村文化也是增强乡村街道适合居住感的重要方式。

1. 入户空间节点生活化景观设计

街道良好的生活氛围多体现在与居住建筑密切相关的宅间路、入户路及它们组成的景观空间中。在这个范围内，乡村社区街道的生活气息最浓厚，其人性化体现在适宜的尺度、家园的主题、空间的私密性和私有化程度等方面。

1）适宜的尺度

宅间路与入户路组成的"家门口"的景观空间是相对独立的小环境，其尺度大小影响着邻里之间的亲密程度。传统乡村中的邻里关系以地缘或血缘为基础，村民之间通过互帮互助和大事商讨等活动建立起完善而有活力的社区。如果空间尺度太大，交往的距离加大，不利于形成亲密的邻里关系。但空间尺度太小，会产生压抑感，适度宽松的景观空间给人的心理压力也比较小，不会催促行人快速通过。一般宅间路路面宽度可控制在3~5m，两侧若以建筑围合则建筑高度以不超过两层为宜，若以围墙围合则围墙不宜高于3m。某些区域由于建筑密集会形成许多巷道，它们往往只具备通过功能，可以更狭窄一些。

2）家园的主题

中国传统文化倾向于以物感物、以景生情的景观意境传达。例如，"小桥流水人家"的景物经过人脑的加工就形成了有意味的形式，看到这个形式人自然能感到家的意境。所以，在乡村街道小空间中可以直接选用家园主题的景观，从而增加其人性化。

当住宅前或者对侧是河流时，根据具体的位置关系可以创造令人惊艳的街道景观空间。在乡村社区的东边，鞍下线路南有几户人家门前有河流穿过，这时可以对其加以利用以形成"小桥流水人家"的景观效果（图9-8）。

3）私密的保护

芦原义信用内部秩序和外部秩序来解释城市外部空间特征。在他看来，把街道纳入到

图9-8   河边街道景观空间设计

内部秩序中才能形成浓郁的生活气息。乡村的情况也类似，乡村街道景观空间的组织应利于各家形成"家园"的小空间，而不是平直通畅、缺少与住宅庭院联系的"大马路"，通过各家门前的入户空间由感知空间向领域空间过渡。

中国传统的居住空间往往具有含蓄内敛的特征，所以在街道景观空间的生活化氛围营造时，可以增加入口空间的私密性形成家园感。一是将入户空间设计成内容丰富的多视角小空间，利用视线的转换或植物等景观的遮挡来增加私密程度。观察中发现很多住宅的院墙与宅间路并不平行，形成的三角小空间可以吸引视线流转，既不干扰需要快速通行的需求，也保护了私密性，还丰富了景观。二是在街道与户门距离较大时将宅间路与入户路形成的空间分层，利用这种层次关系可以营造"庭院深深深几许"的幽深感。除了使用景观元素对空间进行分隔外，在用地富余的情况下还可以利用微地形处理形成一定的屏障，打破路面形象的整体感，并增加趣味性（图9-9）。

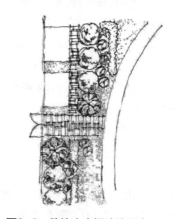

图9-9   路边小空间改造示意

　　4）私有的设计

　　由于乡村中住户的布局松散，平均每户的道路面积较大，所以街道不仅仅是通行的空间，也会成为参与组织乡村生活的一个要素。在街道空间中，每家每户所呈现的特色也是形成家园感的方式之一。这要依靠宅间路和入户路所形成的景观空间的私有设计来实现。许多居民会在这个空间内种植一簇簇欣欣向荣的观赏植物，可以形成堆场或作为临时停车场地，同时设置一些临时休息设施，以便居民随时停下来交往。这样一方面可以服务于公共的街道景观空间，另一方面又服务于每个住户，使公共空间向私密空间过渡。

　　当宅间路与住宅院墙平行时，容易形成统一的景观效果。这时规划的重点是在统一中求变化。首先，由最靠近街道的部分行列式种植形成较统一的景观效果，每一户的入户形式也基本相同。之后，在每家门前的小片用地上进行私有化设计，以相同或相似的景观元素维持其统一性，以不同的组合和配置方式形成个性（图9-10）。

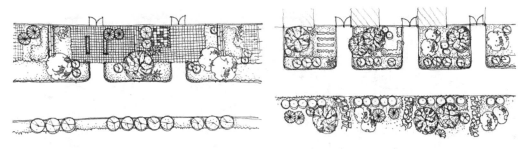

图9-10　宅间路路侧小空间规划示意

除了户门一侧空间的私有化处理外，户门对侧的空间也可以作私有化设计，还可形成"出门见喜"的景观。这种情况大致分为三种类型，见表9-1。

户门对侧景观空间营造　　　　　　　　　　　　　　　表9-1

分类	图示	景观空间营造方法
户门对侧是墙面		修饰对侧墙面形成景观
户门对侧是小片空地		利用空地进行私有化设计
户门对侧没有空地		在视觉效果上与住户形成联系

2. 公共空间节点交往场所的营造

1）空间记忆的留存

街巷和道路往往承载了一代人甚至几代人对于童年的记忆，这些记忆存在于街道中的某一点、某个小环境中，它们是最具有生活氛围的焦点。乡村不是园林，街道景观空间不需要很大的信息量，但需要熟悉的环境来增加亲切感以创造适合居住的生活氛围。例如，街道中的老树，总能唤起人们对以往生活的美好回忆。

乡村社区中有一棵树龄500年左右的老槐树和一口清代咸丰年间的铁钟，是乡村社区珍贵的记忆。现状老槐树和铁钟均存于鞍下线路边，没有得到很好的保护和利用。故此，规划时在老槐树周围修建村民活动广场，将铁钟也一并移入广场内。老槐树与古钟形成的景观氛围可以唤起村民对乡村的认同感和归属感。老槐树文化广场不但可以成为乡村社区居民进行交往的主要外部活动空间，同时还是具有旅游服务和文化宣传功能的综合服务区（图9-11）。

图9-11　老槐树文化广场

2）焦点空间的营造

乡村社区中的街道交叉口最容易形成景观焦点并成为交往空间。交叉口是人流路线和视线的交汇点，不仅把在街道中活动的人吸引过来，也可以吸引人的视线汇集。由于交叉口有一定的开敞性，还使得汇集到街道交叉口的人可以方便地对周边环境进行观察，能对其产生一定的掌控感。一些特殊形式的交叉口更是如此，例如桥形成的水陆交叉口空间，除具有一般交叉口的优势之外，还因人天然亲水的特征获得了更多的关注。在规划时需妥善考虑在街道景观空间中预留出节点空间，并对节点景观空间进行巧妙的组织。

传统乡村中常将大树、池塘和开阔场地等当做组织节点景观空间的主角，现代乡村中公共建筑、公共服务设施和景观小品也加入到其中来，为街道景观空间注入了新的活力。对于节点的突出通常使用对比的方式。一是将节点空间放大，以空间的大小对比来突出其在街道景观空间中的地位；二是通过设置制高点，以景观高度对比来吸引人注意；三是利用地形变化突出节点景观空间。这些方法可以互相配合使用，但要注意主从景观的配合，以免造成突兀的景观印象。在条件受限制时，可以用植物和小品等零散的景观元素对景观空间的不足进行弥补与调解，使之在街道动态的景观空间中获得统一与协调（图9-12）。

图9-12　河与路交点空间示意图

与主要街道形成的交叉口相比，村内的宅间路上形成的交叉口空间更有生活意味，在规划设计时只需要为其留出一定空间，配置简单的设施，使之成为有意义的场所，满足这三点的景观空间形式就可以吸引人们停留并进行交往（图9-13）。

3. 运用乡土元素呈现乡村文化

乡村的街道环境就应该有乡村的特色。在街道景观空间中使用乡土景观元素将耕作、种植与愉悦感相结合，易于形成

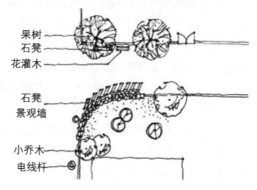

图9-13　交叉口节点景观示意

适合居住的乡村景观氛围。

1）农业植物元素

乡村街道景观空间中的植物元素与墙壁、地面等相比，是有生命力的活的景观元素，能为乡村社区带来勃勃生机。乡村中的农业植物如庄稼、蔬菜、果树等不但形态优美，是四时变化中最绚丽多姿的景观，而且与居民的生产和生活息息相关，更能彰显亲切的环境氛围。英国景观学派的重要人物约瑟夫·爱迪生提出过将农业与园艺相结合的思想，"玉米地也可以产生出迷人的景色"。可见作为街道景观空间的外部景观，乡村街道旁的田园本身就是很好的景观背景。道路景观中植物的运用，一般都是以乡土树种为主，不仅能满足植物的适地适树的原则，又能体现浓郁的地方特色。除了乔木，很多藤蔓植物也具有良好的景观效果。如南瓜藤、葫芦藤和葡萄架等。农业植物不仅是有经济价值的元素和生活中最亲切的景观，许多植物还有着美好的文化寓意。在乡村社区的街道景观空间营造中应注重植物物种的选取和组景的文化内涵，创造出形式美与意境美结合的景观环境。

乡村社区的果树景观是其标志性的景观特色，是构成街道景观必不可少的景观元素，尤其是南国梨树。对于南国梨树景观的运用主要表现在两个方面：一是保护街道景观空间中现有的梨树的数目和品相，包括在街道空间之内的梨树和从庭院中通过围墙伸出的进入到街道景观空间的梨树。使南国梨树景观成为乡村社区最有代表性的景观。二是充分发挥和突出南国梨树在街道景观中的作用，可以街道空间内的大树形成景观节点或交往场所，也可用通透式围墙或低矮围墙因借庭院中的南国梨树景观，加强内外空间景观的交融，让浓浓的生活气息引入到街道景观空间之中，形成全社区的景观氛围。

2）农业用具景观元素

在景观设计时，还可以根据具体地域和环境特色来选择存留在人们记忆中的农业景观元素。这些农业用具景观对于活跃空间气氛、加强空间联系、视觉引导、心理疏导有着重要的作用。

乡村社区现存不少石磨，基本已经弃置不用，常见于住户院门边闲置堆放。如将早已弃置不用的磨盘置于道路附属的小空间内，既能增加人们对景观的认同感和对生活的美好回忆，创造积极的交往空间，又能体现乡村的文化特色。

一种运用方式是在某些节点空间中恢复石磨这类农业用具的使用，可以体现乡村闲适化生活的趋势，尤其是为村中的老人提供可回忆的场景，创造交往场所，同时外来居民也会认可这样的街道景观小品。另一种方法是改变石磨的原始用途，将它作为一种景观材料，可以用来砌筑围墙，或是铺成汀步，也可形成院门口的石凳，比刻意制作的石凳和用水泥或预制板制成的简易石凳更富趣味性。

3）乡土建材

乡村中可以见到很多有地方特色的建材，例如不同种类的原石、木材等。用天然的材料来营造街道景观，效果是显而易见的。自然材质的纹理精致细腻，本身就有独特的美感和协调性，同时又能与自然有很好的融合。乡村社区比较有特色的乡土建材是天然石块和木材，石块和木材最直接的用法是当做建材来砌墙和修筑围栏。例如，乡村社区中的山石和水石（山石有棱角，水石圆润）就是非常有特色的乡土建材。而南国梨树的树干和树枝形态美观，也是极好的乡土建材。

乡土建材的选用还要注意内外道路不同风格的塑造。公共性强的对外街道可以使用形态较规整的石材和木材，形成整洁的街道景观空间；内部道路使用更加原生态的石块和树枝，以取得与自然的融合（图9-14）。

图9-14　乡土建材的运用

4）堆砌景观

几块暂时不用的方砖以及乡村中常常见到的一些木柴堆或秸秆堆等也是很好的景观素材，放在街道中也可以形成独特的乡村景观，这种景观有着浓厚的生活意味。要想达到较好的景观效果，需要注意堆砌的方式和堆砌材料的形态特征，对于材料本身形态特征（如树干切面）的突出可以获得良好的景观效果（图9-15）。

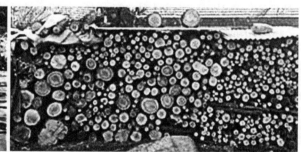

图9-15　精致处理的堆砌

乡村社区对乡土元素的利用方法是提取这些元素的特征，用在垃圾桶、指示牌、座椅等景观小品的设计上。例如，可以使用果树和果实的形态做元素，形成形象化的标识系统。还可以提取乡村社区的石材和木材为基本素材，制作景观小品，使其与环境融合，达到隐藏在山水田园之间的景观效果（图9-16）。

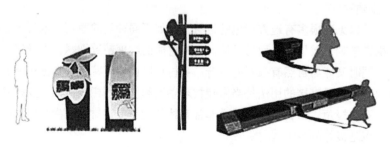

图9-16　景观小品示意图

第10章

乡村社区广场、绿地景观营建技术

10.1 调节与改善微气候

由于乡村社区的气候夏季和冬季的反差较大，夏季非常炎热，冬季较为寒冷。因此，在对广场景观微气候进行调节时，要优先考虑最不利条件的影响来进行营造。通过访问居民在夏季和冬季的不同感受，了解到乡村社区夏季的炎热程度要远远大于冬季的严寒程度，因此，在广场协调冬季和夏季的微气候时，首先要满足减少日照辐射，降低广场温度和湿度，营造风环境的需求，其次再考虑通过一定的营造策略在冬季增加日照辐射和广场温度的要求。

10.1.1 改善日照辐射

乡村社区位于我国的北方，具有典型的北方气候特征，四季分明，年日照总时数为2186.5h，夏季日照时间较长，冬季日照时间较短。乡村社区广场景观的营造基本都能满足日照需求。在夏季，乡村社区广场用地铺装吸收热量较多，使广场的地表温度升高。而且，没有绿化空间的营造来形成遮荫的效果，影响居民在这里停留活动的时间，降低体验的舒适度。在冬季，由于植物的凋零，日照可以直接透过植物和廊架辐射在广场表面，可以选择不同的铺装吸收其热量，提高地表温度，从而满足人们对太阳照射的需要。

在夏季，需要减少广场的日照辐射。首先，在广场的内部和周边环境中，选择高大落叶乔木进行种植，通过高大乔木对日照热量的吸收，阻挡了部分辐射，形成夏天遮荫的空间。其次，可以考虑在广场内部引入水系景观，通过水体的吸热，来调节广场气候。最后，可以利用广场内建筑的高度，形成部分阴影区域，利用这些阴影区域来避免日照辐射（图10-1）。

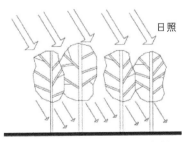
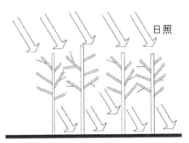

夏季树木减弱日照对广场的辐射　　　　冬季日照透过树枝直接辐射于广场

图10-1 利用植物改善广场日照辐射

在冬季，需要利用日照辐射来改善广场的气候。一般广场的不同区域，其用地铺装也存在差异。可以根据不同区域的具体情况，选择不同的用地铺装来吸收热量。通常，深色的用地铺装吸收热量相对较多，广场可以依据功能分区，对铺装的颜色进行合理选择和搭配。同时，冬季的植物基本凋零，日照辐射也不会受到阻挡，直接照射在广场用地上，增加日照辐射的利用率（图10-2）。

乡村社区的广场景观根据功能分区布置植物绿化，如在文化娱乐广场与村委会广场的林荫散步区和景观观赏区，在小型休闲广场的入口景观区以及在生态休闲广场的农田林地景观区中形成绿化空间，在夏季，可以有效地阻碍日照辐射，减少广场的热量吸收；在冬季，当植物凋谢时，在广场中运用适当的铺装景观来吸收热量，降低广场中人们对寒冷的感受（图10-3、图10-4）。

图10-2　林荫散步区　　　　图10-3　村委会广场绿化景观空间　　图10-4　小型休闲广场绿化景观空间

10.1.2　调节温度和湿度

日照辐射几乎是广场的全部热量。在夏季，广场需要阻挡日照辐射，形成遮荫空间，有效降低广场的温度，增加空间体验舒适度。在冬季，广场需要吸收热量，提高温度，增加居民在广场活动和停留的时间。同时，空间不同的营造形式也会对广场热量的吸收产生影响。

乡村社区地处内陆山地之中，早晚温差较大，夏季和冬季气温变化明显。社区广场景观由于缺乏植物绿化空间和高低错落的空间，在夏季，需要降温的时候，效果不明显；在冬季，广场规模较小，吸收的热量较低，且部分被风吹消耗。

乡村社区气候温和湿润，社区广场空间舒适度在夏季与冬季均受湿度所影响。在夏季，由于广场中绿化空间较少，导致植物的蒸腾作用减少，使广场空间变得闷热，无法与社区人性化相适应。在冬季，由于广场铺装材料的渗水性较差，使得水分蒸发到空气中，增加了空气的湿度，让人产生寒冷的感觉，舒适度较差。

因此，乡村社区广场景观营造的过程需要考虑对其进行降温调节。普遍的做法就是种植各类乔木、灌木等植物在广场的内部与周围。通过树荫遮挡，减少日照辐射，从而降低空气温度。同时，植物的蒸腾作用，也吸收了部分热量，让人在遮荫的空间中，体验到凉爽的感受。还可以在广场中布置水系景观来降低空气温度。

冬季需要提高广场的空气温度，可以通过不同颜色的用地铺装来吸收热量，增加地表空气温度。还可以利用广场的下沉空间增加日照辐射的面积，有效吸收更多热量。

广场的空气湿度受日照辐射的影响，过冷或过热的湿度，都会让人产生不适的体验。

因此，无论在冬季或夏季，乡村社区广场景观也需要降低其湿度。夏季，要在荫凉处或水景附近铺设吸热性较好的铺装，而在其他区域选择反射率较大的铺装，平衡热量的吸收，避免空气过于湿热。冬季要注意水分的蒸发，会导致空气湿冷，可选择渗水性较好的铺装进行铺砌，从而降低广场空气湿度。

第11章

乡村社区河流、水系景观营建技术

11.1　乡村水系景观设计原则

水系作为乡村地域风貌特色基础，融入乡村的自然生态系统、经济生产系统、聚落生活系统中。乡村水系景观建设需要站在乡村发展与水体生态健康相互协调的角度，考虑水系的自然属性、村庄的经济属性、文化的社会属性协调促进。

11.1.1　整体性原则

乡村水系与村庄环境、社会活动构成一个互相适应、协同发展的整体，水系景观设计涉及生产、交通、环境、卫生、生态等多方面内容。在规划过程中需要从水系景观的整体结构和发挥的综合功能出发，合理安排水系景观构成要素与要素之间的关系，水系景观与乡村其他方面建设的交互作用。在清楚地认识乡村建设现状与发展目标的基础上，全面统筹乡村水系景观各方面的建设安排，以符合村庄整体发展需求，避免与乡村生产、生活分离。

11.1.2　生态性原则

乡村水域—滨水—陆域空间层次的丰富变化和水陆交接带的物种多样性使得水系及其周边环境成为乡村环境中重要的生态廊道。维持乡村水系自然生态过程及功能的连续性、整体性，提高生物多样性，促进水体的自然循环，保护乡村生态走廊，能够实现乡村水系的生态复兴，为水系景观设计提供良好的建设基础。

11.1.3　文化性原则

乡村的发展形成过程中以其保留完好的节庆活动、生活习俗、历史典故、民间艺术等，形成区别于其他地域环境的显著特征。现实生活中，村庄的一个浜头水体往往承载着几代人的生活记忆，文化传承与水体之间存在着必然的关联性。水系景观设计中注重实现乡村水系历史文脉的延续，关系平原水乡魅力特质的展现和持久生命力的增强。

11.1.4　经济性原则

政府投入资金与村民自发性建设行为相结合，保证了乡村水系景观建设活动的顺利开展。充分考虑乡村经济发展条件，确定合理的乡村水系景观建设方案，可以有效地保证水系景观建设顺利开展。同时，在设计过程中也要考虑经济效益的回报策划，使得乡村水系景观在开展乡村休闲旅游、吸引外部资金投入方面发挥作用。

11.2　乡村社区水系景观主要设计内容

11.2.1　与水系景观建设结合的生活污水处理设计

乡村社区地区乡村数量众多，生活污水面广量大，治理条件复杂、基础薄弱，是全省"五水共治"的重点和难点。受村庄分布状况、经济水平、技术力量、生活方式等众多因素影响，不同乡村污水处理设施建设参差不齐。城镇及其周边地区靠近污水集中处理设备，污水收集管网铺设相对完善。城镇边远地区以及布局较为分散的村庄，不宜片面强调集中处理，以免造成资金上的浪费，增加城镇污水处理系统压力（图11-1、图11-2）。

图11-1　废水、污水治理

图11-2　达标水体排放

乡村社区大部分乡村尤其是自然聚落型乡村在生活污水处理上可以将生活污水处理与乡村水系景观设计相互结合，采取灵活多变的方式，实现生活污水和河流水体的良性循环。通过网络资料搜集和实际建设考察发现，采用生物处理和生态处理相结合的分散化污水终端建设可以较为综合地实现乡村污水处理多功能化。乡村生活污水经过生物处理后经由芦苇、菖蒲、水葱、鸢尾等湿地植物形成的人工湿地进行稳定过滤，最终排入附近河流或者用来进行农业灌溉，促进河流浜头末端水体更新，形成良好的水体生态循环。这种污水处理方式占地面积小，处理效率高，结合水系景观中的人工湿地建设可以促进乡村水系内部更新，提高水体自我修复能力。

11.2.2　乡村水系平面结构调整设计

乡村水系包含了河、湖、塘、浜、沟、池、渠等不同形态结构，自然水体和人工水体相互结合。乡村建设范围的逐渐扩大、水体周边环境的变化使得乡村原有水体结构不能很好地适应新的乡村环境需求。通过充分研究乡村及水系环境形成的历史原因，从乡村水系结构完整性角度来调整水系平面结构，进行水系空间属性规划、完善设计，可以有效地增加现有水体活力。对于乡村水系结构进行进一步调整，也是为了散步、垂钓、休憩、戏水等休闲活动外还包括约会聊天、集聚庆祝、洗衣洗菜、农事劳作等生活生产内容。从活动需求类型的角度出发，加强满足多功能、多人群需求的场地空间设计，考虑活动对象、活动内容、活动时间、活动频率这几方面因素，在水岸场地上提供多样化的服务设施，增加场地吸引力。

11.2.3 村民参与的创造性内容设计

在乡村水系景观实践过程中可以发现，村民具有改变当前生活环境的强烈愿望，同出于情感保护的意识形态又容易对于新内容产生担忧。村民对乡村水系环境的历史状况及使用需求是最为熟识的人，鼓励他们在水系景观建设时参与具体的设计、施工，一方面可以依靠他们的经验和常识增加水系景观设计内容的可实施性，另一方面可以发挥村民创造力，依靠集体智慧使得建设内容更具有生活气息，增加对设计内容的情感认可（图11-3）。

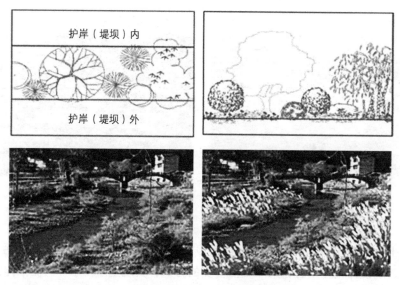

图11-3 废水、污水治理

11.3 小结

乡村社区街坊、庭院景观的营建策略要在人性化分析的基础上，结合要营造的庭院景观的特征，提出在营造时要通过维护乡村风貌、更新废旧庭院，从组团、街巷、滨水带状空间方面整合庭院景观空间，从而形成与乡村发展相适应、相和谐的景观；从对庭院空间各功能组织的布局、庭院空间层次和完善庭院功能方面来营造与自然和谐的庭院景观空间；并从以人为本的角度关注铺装、围栏、植物、构筑物和装饰小品的细部设计，丰富空间层次，营造舒适宜人的庭院居住环境。

乡村社区街巷、道路景观的营建策略，首先确定了乡村社区街道景观空间规划的前提，即明确乡村自身资源与规划取向，循序渐进和有效地管理与参与机制。然后分别从区域层面、线性层面和节点层面提出乡村社区街道景观空间规划的具体策略。

广场、绿地景观营建策略，从无法融入自然景观的问题出发，提出协调与融入自然生态资源的广场景观营造策略，并对其进行实践。结合乡村社区的气候特征，通过对广场绿化景观的空间营造、建筑的围合、植物的种植方式和用地铺装的选择来调节和改善日照辐射、温度、湿度和风环境对广场微气候的影响。接着，从地形条件的利用、协调植物的选择与搭配和引入农田生态景观三个方面，将自然生态景观融入广场景观当中，增添广场景观的生态性，体现乡村社区自然生态的特色。

第12章

乡村社区特色景观营建技术

12.1 乡村社区特色自然景观营建技术

　　保护与开发，是两个密切联系又交相呼应的工作。保护工作的本质具有一定的先行性和基础性，其工作重点是对于原有自然景观的保持和维护；开发工作是乡村特色自然景观营建的必要举措，工作重点是对于自然景观的观赏价值的挖掘和利用。通过两者的互相协调、相互作用，自然景观价值的利用才能够得到进一步升华。自然景观具有很大的经济价值、观赏价值和文化价值，同时自然景观保护与开发是在保护其物质形态的前提下进行的，主要目的是通过价值的提升进一步发挥自然景观的实用性、观赏性和展示性等功能。乡村特色自然景观营建需遵从保护的原则，才能使珍贵的自然资源得以永存（图12-1）。

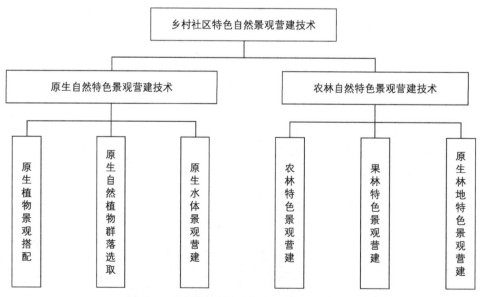

图12-1　乡村社区特色自然景观营建技术结构图

12.1.1 原生自然特色景观营建技术

　　保护的含义是将原有的各种自然景观要素通过人工或自然的方式进行保留、维护，使其免受各种伤害。例如，古树名木、地形地貌、历史建筑、历史街区、民俗文化等。

本文所提到的保护重点是指对生态景观进行的保护，维护其特色的景观格局和空间布局，保留其自然的多样性和差异性。由开阔的田野和广泛的建造规律，体现它们的建造特色，摒弃原有不理想的形式特征，设计最接近自然的空间形态。巧妙地运用古典园林中动静结合、虚实对比、参差错落、互相掩映的空间组织手法所构成的画面是自然景观的基本体现。同理可见，在园林设计中我们应该遵循他式的空间布局原则，划分不同类型的院落空间，且各空间要素之间要彼此联系，交相呼应，形成完整的序列。

1. 原生植物景观搭配

原生植物景观搭配要注重四季植物的相互搭配。新农村植物的配置除以常绿针叶树为主之外，更应该选择在冬季具有一定观赏价值，在形体和色彩上有特色的植物。色彩搭配尤为重要，可以遵循同色调、相近色等搭配原则，形成颜色鲜明、整体统一的景观环境。

植物的种植方式采用集中式，进而可形成一定规模的植物群落，通过单体聚集形成更加具有视觉观赏性的整体自然景观。在此基础之上，应用不同的植物种类形成不同特性的景观空间，更加完善自然景观的观赏效果。运用乔木和灌木、乔木与乔木的搭配构建出更具多样性和均衡性的有机整体。

2. 原生自然植物群落选取

乡村的植物群落选取具有其特殊性，分析其生长环境特点进一步确定植物群落的类型。在气候条件的制约下，需要选取当地的植物进行配置，这样才能保证与气候相适应。具体可参照寒地原生自然群落树木表（表12-1）。

寒地原生自然群落树木表　　　　　　　　　　　　　　表12-1

原生常绿乔木	原生落叶乔木	原生灌木
红松、樟子松、油松、赤松、兴安落叶松、长白落叶松、臭冷杉、沙松冷杉、红皮云杉、鱼鳞云杉	白桦、山杨、大青杨、枫桦、黑桦、花楸、糠椴、紫椴、水曲柳、花曲柳、蒙古栎、辽东栎、糖槭、色木槭、白牛槭、拧筋槭、青楷槭、黄檗、榆、山荆子、核桃楸、千金榆	偃松、茶藨子、柳叶绣线菊、土庄绣线菊、三裂绣线菊、暖木条荚蒾、山刺玫、刺蔷薇、兴安杜鹃、锦带花、珍珠梅、金银忍冬、黄花忍冬、接骨木、茶条槭、东北山梅花、紫丁香、榆叶梅

3. 原生水体景观营建

乡村大部分建于依山傍水之地，其水资源相对丰富。水体是乡村重要的生态和景观要素，能够提供生物的栖息地，进行农业灌溉并且起到防洪排涝的作用，也是村民日常生活用水的基本来源。村内水体的生态环境较为脆弱，受到污染的可能性较高，因此水体两侧绿化带的建立不仅可以提高水体的景观观赏性，更能加强水体生态环境的稳定性。浓郁的绿植能够起到净化水质、固化河岸的作用，进一步保护水资源。水体两岸绿化是建立在保护村庄现存的自然景观和文化资源不被破坏的前提条件之上进行的，通过植被的搭配与原有花草的协调来净化水质，增强观赏性，从而形成具有乡村特色的原生水体景观体系（图12-2）。

因此，保留水体中自然条件较好的部分成了保护水体自然景观的首要工作，也能够最大限度地保存原有的生态完整性。乡村的地形复杂，水体的宽度呈不规律性变化，因此在设计时不仅要考虑河水体和两岸的绿化，同时也要将水体的轮廓、流态、瀑布、河弯、深潭、蜿蜒程度、沼泽大小、湿地分布等统筹考虑，进而构建完整、统一的原生水体景观体系。

图12-2　原生水体景观

12.1.2　农林自然特色景观营建技术

1. 农林特色景观营建

农林是乡村范围内所占比例最大的部分，具有提供各种农副产品的职能。农林景观也能够成为乡村自然景观中最具特色的部分，农作物的交替和转换不仅能够增强土地整体的生态水平，也能够更加全面地增加土地的利用率，还能够有效防止病虫灾害（图12-3）。

在农林的种植中，不同作物的相互交织，也能够体现一个地区不同的生活习惯和文化习俗；提供各种农作物的同时还可以进一步发展旅游业。在产生更多经济价值的同时发挥出农田自身的观赏价值。由于不同农作物的搭配，在形状和色彩上都能够形成不一样的农林景观效果。

2. 果林特色景观营建

果林也是乡村自然景观的重要组成部分，在经营上通过果林的开发形成生态农业采摘园、农业观光园等，推动乡村种植业的多样化，提高乡村地区经济水平、缩小城乡差距。果林的树种配置应该充分考虑树种间的相互配合，更好地提高土地的价值（图12-4）。

果林设计应该注意以下几个事项：

（1）区位。园区位置的选择，除对于土地资源的思考外还应该充分考虑选址处的景观条件、周边的景观氛围等，综合选择果林地点；在创造较好经济效益的同时提升果林的景观风貌。

（2）地域特色。不同地域的果林种植有不同的特点，也会因季节的差异呈现不同的特性。果林观光农业的发展应合理利用地理条件、气候条件、区位条件，充分考虑到季节变化带来的景观变化，有效突出地域的景观特点。

图12-3　农林特色景观

（3）果林景观要素的应用。地形的变化是果林景观的空间元素，因地形变化能够构造出各异的空间，提高景观的美感。保护地理文脉的同时更能促进景观层次的进一步提升。

图12-4　果林特色景观

（4）迎合城市居民旅游心理。郊区踏青、农家乐度假等旅游形式已经成为城市生活闲暇时间的主要活动。城市居民所要体验的就是纯正的原生气息、清新的空气、劳动的快乐以及与城市景观相异的田园风光。

3. 原生林地特色景观营建

乡村原生林地在退耕还林的政策下在逐步提升，根据不同的地理条件形成了道路林带、山地防护林、水源涵养林等不同功能的林带体系。

防护林的树种宜选择生长周期较短的速生种类，以便能够在短时期内起到防护的效果。种植用材树种与经济树种相结合，同时遵循林带断面的基本要求，有条件的选择能够相互组合形成长方形林带的乔灌木树种。树高是林带间距的三十分之一。

在设置林带时应该建立主副结构，主林带垂直于寒风方向，副林带与主林带相垂直，形成方格网结构。林带位置一般选择在道路、沟渠的西侧或两侧，尽可能地减少林带对于农作物光线的影响。

因地理条件的影响，主林带允许出现偏角，但不应超过30°。林带尽可能布置在空闲地和田地边缘，这样做既能够节约土地资源，也能够使农业设施得到有效的维护。利用地形地势上的变化形成高低错落的林地景观（图12-5）。

图12-5　原生林地特色景观

12.2　乡村社区特色人工景观营建技术

在进行特色人工景观营造时，常采取补偿性设计技术作为对原生自然景观的补充和发展，这种设计方式一般过程较为持久。虽然"补偿"未必能取得最适宜的效果，但在进行"补偿"的过程中，对于其相关方法与措施的研究，在一定程度上使营建的景观环境向着预期的理想结果发展。所有针对环境景观的设计，都不可避免地在一定规模、一定强度上对周边环境产生影响。在进行乡村环境建设时，从保护的角度出发，对于乡村环境较好的区域来说，为了达到对珍贵自然资源的保护作用，通常不主张大尺度地改变周边环境，但对于环境已经被破坏的聚落景观来说，唯有"破""立"才是修复和补偿的前提。消除各种因素（包括构筑物、场地、入侵物种等）对乡村特色景观产生的负面影响；借助多种方法与措施对乡村特色人工景观进行重塑，营造有特色的、全新的乡村景观，推动乡村居住环境的良性、健康发展。

12.2.1　特色民居建筑景观营建技术

乡村建筑作为乡村景观中重要的组成部分，是整体环境中不可或缺的一部分。在整个乡村原生自然环境的衬托下，尽可能地在发扬地域民族特色的同时保持原生风貌，对传统乡村民居进行保护，弘扬地域特色。

1. 特色民居建筑的营建方式

用现代建筑材料、现代建筑技术建造的具有地方特色的建筑被称为"现代化加乡土味"建筑,深受村民喜爱。它既能满足村民对于物质生活现代化的要求,也能激发人们对于自然原生环境以及传统文化的亲切感。可以从乡村的民俗、民居和传统建筑文化中吸取营养,进行总结概括,从中取其精华,去其糟粕,进而营建出符合时代要求及人们期望的新型建筑。但这种改造也必须在现有田园环境及基础上进行,需要明确建筑的主次功能,在结合自然环境的同时营造出和谐、统一的原生特色民居建筑风貌。

在进行特色民居建筑景观营建时要注重保护特色的文化景观,以体现地域文化特色为原则,对遗留古民居进行保存并整修,对保留的墙体进行改造,部分进行拆迁重建。以自然和谐、安全、无污染为设计原则,在体现地方特色的基础上,做到对周围环境及空间轮廓不产生破坏;针对因项目需求而要进行改造的现有村庄来说,首先要在保持当地民居建筑风格的前提下进行适当的改造及修缮,其次要在乡村规划过程中做好集中搬迁工作,提高村民的居住条件(图12-6)。

2. 特色民居建筑的营建材料

1)运用地方性传统材料

植物、石材、木、砖、陶等地方传统材料的运用,是大多数现代材料及技术无法取代的。其既能展现乡土风貌、历史的变迁,也能体现人性的关怀、人文的魅力。运用传统材料的优势在于其便于与周围环境协调,可雇用当地的工匠使用传统工艺进行营建等。地方传统材料是进行乡村建筑设计时的首选材料,可就地取材,既能起到保护地方特色的作用,也有利于传承优秀的文化传统及风俗习惯(图12-7)。

图12-6 特色民居建筑形式

2)将新旧材料优势进行结合

将传统地方材料与新型材料相结合,充分发挥传统材料在构造与布局方式上的优势,建立不同元素之间的联系,通过对比,在色彩、形式等方面取得大方、优雅、舒适的效果。通过融合传统与创新、本地与外来、多样性与整体性、乡土性与现代性等要素,以达到在冲突中寻求和谐,对比中突出统一的动态平衡效果(图12-8)。

图12-7 运用地方传统材料的特色民居

3. 特色民居建筑的色彩营建

我国乡村建筑色彩因地而异,如我国寒地地区的传统民居建筑中多以颜色较深的暖色调为

图12-8 新旧材料相结合的特色民居

主，如棕红色、土黄色、砖红
色。因为暖色调可以给人一种比
较温暖的感觉，使用者会产生舒
适、温暖感。而如浅香槟色、浅
黄色、乳白色等浅色调的颜色可
以作为深色、暖色调的辅助色，
共同营造出一种柔和、温暖的感

图12-9　我国寒地特色民居建筑色彩

觉。但同时使用较冷色调与深色调的灰色调则是应该尽量避免的，会使人产生一种压抑及
寒冷的感觉。由于寒地乡村季节温差较大，通常夏季气候炎热，冬季寒冷，因此在进行建
筑色彩选择时应尽量以暖色调（米黄色和黄白色）为主，同时配以枯黄、浅灰、淡绿等辅
助色，营造出"温暖和谐、舒适明快"的特色民居建筑景观效果（图12-9）。

12.2.2　特色民居院落景观营建技术

　　民居院落作为村民的主要活动场所，其院落的建筑布局形式、分布的特点和院落的形
态都是进行景观营建过程中的重点。民居院落景观的塑造以建筑景观为主，建筑作为实景
物体，能带给人们最为直观的景观感受，同时也能作为历史文化的载体得以延续。它不仅
能在功能上满足村民需要，同时也能够带来更为直观的视觉表象（图12-10）。

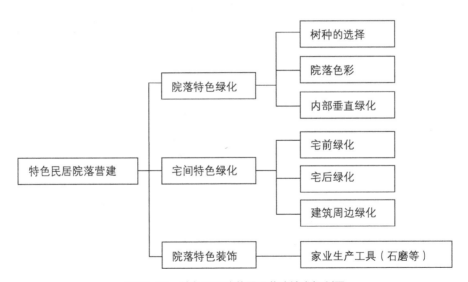

图12-10　特色民居院落景观营建技术机制图

1. 院落特色绿化

　　乡村院落的树种的选择应充分考虑当地的自然条件，尽量采用本土树种。在规划设
计中需要考虑多方面因素，如我国寒地地区冬季较冷，这就要求树种的选择过程中要考
虑采光问题。院落内部树种一般以落叶乔木为主，不会遮挡阳光且夏季可以起到遮荫的
效果。

　　院落内的采光条件也可以依靠设置葡萄藤架、花架和遮荫树等手段来进行局部改
善。在植物的选择上，尽量以庭院树为主，通过蔬菜、水果、花草等植物的配合，使

四季的特色更加鲜明。同时，也可以适当配置秋色叶植物来丰富院落的景观色彩，将院落绿化与美化相结合，营造出乡村院落安逸、悠闲的生活氛围。在考虑到院落色彩的同时，也要重视院落内部的垂直绿化。主要是通过花架、庭院树等的布置起到提升庭院景观效果的作用，也能够分隔出不同功能的空间。蔬菜、水果主要选择丝瓜、葡萄、葫芦等藤蔓类；另外，可以在院落中的围墙上种植牵牛花、五叶地锦等藤本类花卉，这类植物的特点是既可以沿墙壁生长，也可以改善院落的景观效果，调节微气候（图12-11）。

图12-11　院落特色绿化

2. 宅间特色绿化

良好的宅间绿地有助于院落景观的提升，增强邻里之间的交往。宅间绿化主要包括宅前、宅

图12-12　宅间特色景观

图12-13　院落特色装饰

后以及建筑周边的绿地。宅前绿化因其较高的使用频率，半私密的使用性质，需要进行更为精细的绿化搭配。控制植被的高度和疏密程度，避免因过大而造成遮挡阳光的现象。院墙内部种植的乔灌木一般与院墙保持2m以上距离。植物树种选择以落叶树为主，为了不遮挡阳光，一般不在窗口处布置常绿树木。宅间绿地作为乡村村民休闲活动的区域，其规模大小主要由前后建筑的间距所决定。而我国各地建筑间距也不尽相同，如我国北方寒地地区，冬季寒冷，为了增加采光时间，建筑间距一般较大。但由于宅间绿地空间有限，仍不适宜栽种较高的树木（图12-12）。

3. 院落特色装饰

院落装饰通常采用农业生产工具等人文要素构成有特色的院落景观效果。这些工具都较为传统，且轻巧方便，适合就地取材，可以有多种用途。比如石磨、筒车、水井、辘轳等生产工具，既能鲜明地体现原生村落的特色，又能有效地塑造特色乡村景观风貌（图12-13）。

12.2.3　特色村道景观营建技术

村道作为乡村发展的重要媒介，是乡村经济生活得以发展的生命线，能够起到将村庄多种景观要素相连接的纽带作用，也是同外界进行物质交换的通道。道路将两侧的农田、河流、建筑群落、林地景观相连接，构成独特的乡村景观视觉效果。

1. 特色村道的选线及线形

在道路定线时应避免因地形的变化带来过大的高差，也要避免对于农田的过度占用。适当保留和保护对当地景观环境有良好影响的空间。同时，道路路径的选择也应该随着景观节点而改变，在保证通畅的前提下，在景观单调处，不宜设置过长的直线，适当采用流线型进行布置，以增加一种流动美。道路线形的规划设计要充分考虑周边地形和周围环境条件，合理的视觉引导性，避免破坏自然环境、分隔地块、阻碍光线等情况的出现。

图12-14 乡村道路景观

图12-15 利用天然材料铺砌的路面

2. 村道的分类

乡村的道路系统一般由3个等级构成，分别为过境公路、村级道路、宅前路等。在进行过境公路道路规划时，应遵循当地规划情况。而村级道路的红线宽度一般控制在14~16m，其中车行道宽7~9m，通常都有人行道，采用一块板的道路断面形式。宅前路作为村庄道路和庭院之间的连线，主要考虑人行因素，对于摩托车等的进入考虑较少，宽度一般为2~4m。

3. 村道的绿化

道路两侧绿化及分隔带绿化的布置能够改善道路的景观环境，提升道路的景观水平。因此，在进行道路绿化树种选择时，应充分考虑周边的景观环境，做到在整体景观格调上和谐统一。道路绿化的布置不仅能够保持景观的连贯性，同时能够提升道路空间的活力（图12-14）。

4. 村道路面的设计

路面材料的选择除了考虑其基本的耐磨性和强度外，更要考虑其景观特性，将不同性质的路面材料进行混合，增强路面的装饰性和视觉诱导性，例如通过混凝土、砖瓦、沥青、合成树脂、石料等的混合使用可以起到美化景观环境的效果。提倡乡村因地制宜地选取地方性特色材料（石材、废弃的建筑砖瓦等）进行细致的改造加工，既能够节约资源，也能够形成具有本地特色的景观路面（图12-15）。

12.3 乡村社区特色文化景观营建技术

再生是指人们将破坏的景观环境或历史环境按照破坏前的形态进行修复的过程。恢复原有的人与自然的联系，以景观空间结构单元调整和重建为基本手段，重新布局现有资源，引入新的景观组成部分，改善破损待建的景观系统，提高整体性，将人类活动对景观演变的影响转化为优化再生。当地文化景观需要"再生"，它强调了当地的文化景观，促进了人文精神与物质的共同发展，可以保持和扩展当地文化景观的价值。

12.3.1 特色公共文化空间营建技术

1. 突出主旨的刻画方法

木地景观的主旨或使用图像，或使用文本信息和场景来照亮母题或艺术环境。例如，利用本土景观雕塑，可以突出所表达的理念，也可以通过改变景观大小、形状、纹理等变量来控制数量和强度以表达理念。一旦场景消失，可以使用文字、图片和景观墙、石头告诉人们场地曾经的功能，更具有表达力。材料的选择上，不仅要有表现力，更应该具有实际价值（图12-16、图12-17）。

2. 地方构筑物丰富地块

村庄空间更广阔、自由。如果直接表现地方景观的特点并不一定有很好的效果。这需要丰富空间层次感，使用本地材料和构筑物构成，因为它简单、淳朴，可以与天然融为一体，更贴近人，并且满足人们的生活需要，符合自然的要求，可以创造一个自然和舒适的环境。在当地景观设计中，运用农村秸秆、木材、树木等传统材料，体现正宗的田园景色、独特的地域味道（图12-18、图12-19）。

3. 现代材料表达地方特色景观

有时由于环境条件的限制，很难使用传统材料在建筑时实现当地景观设计的效果，可以适当使用现代材料进行辅助。在农村景观重塑中局部使用新材料、新技术，也可以在其过程中找到无数萌发的新灵感。研究当地材料的形态和特点，结合现代新材料，结合具体区域经济建设技术等条件，运用材料的变形和延伸，以达到景观美化的目的（图12-20）。

4. 地方植物营造特色空间

土质、海拔、湿度等因素影响树的发育，它们也会有不同密度的表现，形成不同密度的空间。由树木和森林形成的景观结构的综合效应使得农村景观的空间布局整体一致。绿色景观布局和植物材料是随机的。剪形植物可以发挥独立空间作用，为了更好地表现建筑和雕塑，起到美化农村公共活动空间的作用等，在冬季以绿色为主导，轮廓清楚可见，装饰效果显著。同时，也可以使用树木围合封闭的空间，使之成为别具一格的地方空间（图12-21）。

图12-16 以算盘为主旨的景观小品

图12-17 以抽象车为主旨的景观小品

图12-18 稻草搭建的小屋

图12-19 稻草覆盖的亭子

图12-20 水泥制成的仿木质座椅

图12-21 利用剪形的植物围合的开放空间

12.3.2 特色文化小品营建技术

1. 地方小品设施的设置

特色的农村公共环境和小品可以引导村民更频繁地进入公共空间。娱乐设施是村民活动的必需品，需要进行细节上的处理，以便使其更具艺术性和舒适性。家具设计人性化是功能性的基础；具有文化意义的小品设计是以农村风俗和文化素质为代表。

2. 建立体育设施、休闲设施和广播设施

建立这些设施的目的是引导村民参与广泛的文化体育活动，组织大型戏剧表演，使村民长期留在公共空间，提高公共空间的使用频率（图12-22）。

3. 构建绿色环境

在农村住宅区，噪声污染、空气质量通常不是村民关注的环境指标，人们更加注重的是视野和温度，绿色空间是重中之重，如庭院外的荫凉处、草坪和农村路旁的花坛。

4. 现代设计观念的植入

公共空间设施的设计，应考虑到工艺、装饰、科学和功能的需求，保证其完整性，并结合当地的技术和材料，重新站在新的高度上，把生活和艺术完美地结合起来。

图12-22 村民利用体育设施进行日常活动

12.3.3 特色广场空间营建技术

随着我国城镇化和工业化进程的加速，农村文化环境逐步减弱。具有地方特色的农村景观的建设，可以更好地平衡城市化、工业化和地方文化三个方面，削弱它们之间的不和谐。这些措施应该在农村文化建设中给予足够的空间发展，尽可能保护农村文化基础设施建设；加强农村文化建设，满足农民逐步增加的精神需求；进一步促进农民的文化素质提高，为农业发展提供动力（图12-23、图12-24）。

农村的广场往往更加具有文化底蕴和历史风俗。对于它的建设不仅应该具有历史的延续性也应该具备独特的创新思路。不同种类的铺装，不同规模的服装形式，不符合乡村景观的生态结构，严重影响地方的特色风貌。寒地农村广场的设计中应当尽量结合寒地乡村独特的朴素设计手法，利用地方的使用材料、传统母题来展示地方特有的风俗、风貌。另外，广场中需要一些座椅、器材、公厕、小型雕塑、花坛等充实内容，使广场的设计更加具有艺术性和实用性。

图12-23 中国红主题的宣传栏

1. 广场的位置选择

根据地方农村的特点，受不同因素的影响，通常将广场与绿地集中建设以此提高广场的使用频率。通过大规模的调查分析可知，在农村内部的主要街道交叉口、饭店、公共服务站附近经常会形成村民的集散地，供村民在这里休闲聊天。但是这些集散地环境劣质、杂乱无章，不能满足村民

图12-24 古代屋顶形式的宣传栏

基本的物质、精神需求，应正确
利用空间布局，合理处理空间节
点，努力打造令人心旷神怡的广
场空间。

图12-25　村路上的路灯

2．广场的夜景照明

大量调查显示，寒地乡村村
民夜间的活动仅限于家中，寒地
乡村冬天时间长，需要有丰富的夜景来引导村民参加公共活动。同时，合理的夜景灯光也
会为村民带来方便的夜行，不仅美化乡村，也为村民的安全着想（图12-25）。

3．广场的色彩对比

在广场的色调选择上，利用美学的对比原理，借助颜色的对比，突出整体色调——暖
色调，给人一种家的温馨。以色彩的色相、饱和度、亮度作为衡量标准，使广场的颜色既
丰富又和谐。

4．广场的冬季防护措施

广场中的室外凳子建议使用木质材料，因为木质材料能更好地融入自然，更加人性
化。另外，还可以加入凉亭，营造避风的环境，也更能延长村民的户外活动时间。可以通
过树木、墙体和起伏的地形来对广场进行半封闭处理。另外，广场的铺装尽量选择石块或
者石砖等天然材料，不仅可以降低成本而且贴近自然。

5．广场的文化活动场地的设置

广场上的活动分为典仪性活动和日常性活动。寒地的乡村冬季比较寒冷，室外活动相
对较少。需要在广场中根据不同季节设计安排不同类型的公共活动，让人们一年四季都能
参与室外活动。在冬季，滑雪滑冰、做冰雕等都是非常具有地方特色的广场活动。

12.3.4　特色乡土景观营建技术

乡村不但具有洁净的空气、碧蓝的天空，更加具有历史的底蕴和人文特色，这些宝贵
的资源都需要进行文化交流才可以发扬光大，源远流长，而这些都需要通过乡村旅游来与
外界建立联系。通过乡村旅游，人们可以体验民族文化、
参与民族活动，感受民族风情，不仅体验到地方的特色，
更加可以促进地方经济的发展（图12-26、图12-27）。

1．乡村旅游对乡土文化景观建设的意义

地方景观的保护与发展与地方旅游开发关系密切。实
践证明，乡村旅游可以使游客了解当地景观的丰富内涵，
还可以展示当地的特殊风情，不仅让游客身心放松，还可
以丰富他的知识内涵，从而将地域文化发扬光大。

随着时代的进步，我国的乡村旅游已经从表面阶段逐
步发展到深层次阶段，现阶段不仅要满足市场需求，更应
该满足游客精神上的需求，从而要深入探究本土文化内涵
和当地民族风情。大力发展乡村旅游不仅可以满足精神文
化的需求，提高当地的文化内涵，更加可以发展本地的景

图12-26　体验民族活动跳竹竿

图12-27　观赏民族祭祀习俗

观特色。因此，乡村旅游的重点是要发展地方特色景观。

一是突出乡村自然环境的塑造，吸引游客深入田园、山水等景观，通过游客与自然的近距离融合来满足游客精神上的需求和审美的要求。

二是要强调乡村的文化传统。现阶段的乡村旅游不应当仅仅满足审美的要求，更应该上升到文化的交流。通过塑造传统的民族文化，挖掘地方的民族特色，弘扬地方文化的丰富内涵，来使乡村旅游具有长远发展的可能性。使游客可以通过乡村旅游获得更多的历史知识和民俗素养。

三是要展现地方民俗特色，展现地方特有的民风民俗，将其引入乡村旅游过程中，让游客在不知不觉中体验到地方民俗特色，增强地方的旅游吸引力。

2. 乡村旅游的分类

根据具体的旅游活动内容，乡村旅游共分为以下四个方面：

（1）观光采摘型：以观光游玩为主，采摘蔬菜水果为辅。这种乡村旅游受地方资源约束比较大，仅停留于表面的观光旅游，虽然游客较多但是不具有使之停留多日的功能，很难成为高端的品牌（图12-28）。

图12-28　游客在采摘园里进行采摘

（2）参与体验型：以参加地方活动为主，体验农民生活为辅，通过切身体验农民生活来让游客达到放松身心的目的。这种旅游一般集中在城市周边，属于乡村旅游的初级阶段（图12-29）。

图12-29　游客在农田里进行播种

（3）度假旅游型：以在乡村度假旅游为主，主要形式为农家乐。这种旅游形式通常受到地方环境的影响，这种类型具有长远的发展能力，也将成为我国乡村旅游的下一个发展点（图12-30）。

图12-30　度假村农家乐

（4）民俗文化型：以在乡村体验地方文化为主，学习地方历史知识、体验民族文化为辅。通过对乡村地方特有的民族文化、民族风俗进行系统、易懂的展示，让游客充分感受地方风情。这种旅游受地方历史文化底蕴等因素影响，是国家重点培育的乡村旅游发展方向（图12-31）。

图12-31　民俗文化型旅游村

3．乡村旅游设计原则

（1）生态环境优先原则。地方的生态环境是乡村旅游发展的基础，如果不顾后果地过度开发将会事与愿违；不仅会损害地方的生态环境，同时也会失去对游客的吸引力。所以，任何地方的乡村旅游建设都应当以生态环境保护为重。

（2）符合乡村规划原则。乡村旅游建设应当在乡村规划的基础上进行合理安排。首先要符合规划的用地性质，其次应当注意对当地居民点的保护和特色庙宇的维护。合理利用地方资源，在保留地方历史遗迹的同时进一步发展乡村旅游。

（3）多层次发展建设原则。乡村旅游的规划设计中要满足两个层次。宏观层次上，以农业资源为基础，通过对其合理的利用和正常的发展来建立综合性乡村旅游区。微观层次上，在整体环境塑造完成后需要在适当的地点设置相应的活动项目。通过宏观层次与微观层次的相互协调、互为依托来形成更好的旅游发展战略。

（4）发展地方文化特色原则。乡村旅游应当通过对地方文化的价值展现来提升自身的发展前景和发展价值。乡村旅游本属于放松心情、回归本我的自由活动，如果能在其中植入更多的文化特色，则可以让游客抒发出更多的情感。这种情感的展现是游客最为需要的。

第三部分
乡村社区生态环境保护与修复技术

第13章

乡村社区生态资产分类、编目与评估技术

13.1 生态资产总体构成

生态资产由土地空间、自然资产和生态系统服务价值构成。自然资产包括水资源、矿藏资源、生物多样性资源及植被资源。生态系统服务价值包括供给服务价值、调节服务价值及文化服务价值。供给服务包括水、食物、原料、药材产品及当地物种的供给；调节服务包括气体调节、涵养水源、气候调节、土壤保育、废物处理、传粉及生物控制；文化服务包括娱乐休闲、科研教育、美学欣赏、历史人文、艺术灵感（图13-1）。

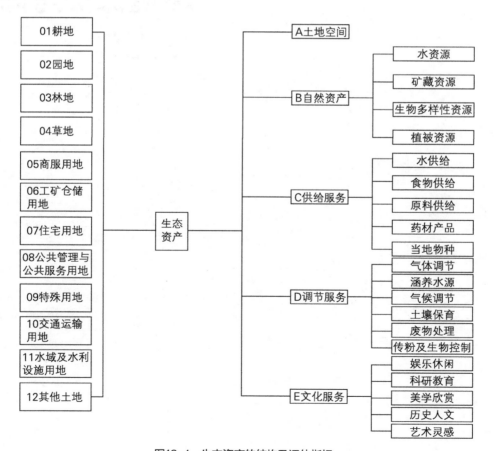

图13-1 生态资产的结构及评估指标

13.2　生态资产相关术语及定义

1. 乡村生态资产（ecological assets）

生态资产是能够直接或间接作用于人类社会经济生产，提供有用的产品或者服务的生态资源。其价值表现为有形的自然资源直接价值和隐性的生态系统服务价值。乡村地区的生态资产即为乡村生态资产。

2. 土地空间（land space）

指自然资产及生态系统各项服务功能依托的土地基础，此处考量的指标为地价，是指土地所有者向土地需求者让渡土地所有权所获得的收入，是买卖土地的价格。

3. 自然资产（natural assets）

某一时刻所有能够为人类提供效益的自然资源的现存量。也指在一定的时间和技术条件下，能够产生经济价值，提高人类当前和未来福利的自然环境因素的总称。

4. 生态系统服务（ecosystem services）

人类从生态系统获得的效益，包括供给服务、调节服务和文化服务。

5. 生态系统服务价值（ecosystem service value）

一定时期内生态系统服务的货币化价值，包括基础服务价值、供给服务价值和文化服务价值。

6. 供给服务价值（provisioning service value）

供给服务是指生态系统为人类提供自然资源的功能，包括提供食物、水、原料和提供基因资源、药用资源等。其货币化价值即为供给服务价值。

7. 调节服务价值（regulating service value）

调节服务是生态系统支撑和维持人类赖以生存的生态环境持续发展的功能，包括气候调节、水调节、土壤保持、提供生物繁殖场所等。其货币化价值即为基础服务价值。

8. 文化服务价值（cultural service value）

文化服务是指生态系统提供文化性产品的场所和材料的功能，包括娱乐休闲、科研教育等。其货币化价值即为文化服务价值。

9. 水资源（water resources）

水资源包括经人类控制并直接可供灌溉、发电、给水、航运、养殖等用途的地表水和地下水，以及江河、湖泊、井、泉、潮汐、港湾和养殖水域等。

10. 矿藏资源（mineral resources）

指经过地质成矿作用而形成的，埋藏于地下或出露于地表，并具有开发利用价值的矿物或有用元素的集合体。其价值指矿藏的市场价值。

11. 生物多样性资源（biodiversity resources）

生物多样性资源是指在一定时间和一定地区所有生物（动物、植物、微生物）物种及其遗传变异和生态系统复杂性的总和，其价值表现为生物多样性资源。

12. 植被资源（vegetation resources）

生物圈中各种植被的总和，根据植被类型主要分为森林资源、草地资源、湿地资源等。其价值在此导则中指原有的长期存在的植被或景观的价值，不包括产品的价值。

13. 水供给（water supply）

淡水的过滤、储存和保持，如提供水的消费性使用（饮用、灌溉和工业用水）。

14. 食物供给（food supply）

为人类提供可食用的物质，如农产品、水果、蔬菜、坚果等。

15. 原料供应（raw materials）

为人类的生产加工提供原材料，如林业产品及林副产品等。

16. 药材产品（medicinal resources）

多样的生物化学物质和生物的医药用途。

17. 当地物种（local species）

特有种是指某一物种因历史、生态或生理因素等原因，造成其分布仅局限于某一特定的地区，而少数或者从未在其他地方出现。因其稀有性产生了独特的价值。

18. 气体调节（gas regulation）

生态系统在生物地球化学循环中的作用，如臭氧层、CO_2/O_2平衡。气体调节的功能体现在四个方面：CO_2的吸收；O_2的释放；SO_2的吸收及滞尘作用。因此，其价值为四个方面功能价值之和。

19. 涵养水源（water regulation）

地表覆盖具有调节降雨和河流流量的作用，如排水和自然灌溉。

20. 气候调节（climate regulation）

地表覆盖和生物过程（如生源硫化物二甲基硫的产生）对气候的影响。生态系统气候调节功能的价值主要指吸热降温产生的价值。

21. 土壤保育（soil retention）

植被根系和土壤的生物群系对土壤保持起到重要作用，如可耕地的维护和减缓侵蚀作用等。生态系统的土壤保持功能主要分为两个方面：保持土壤肥力和固定土壤。

22. 废物处理（waste treatment）

植被等具有去除和降解过多或者外来养分和化合物的作用，如污染控制和减轻噪声污染。

23. 传粉作用及生物控制（pollination and biological control）

传粉作用是指有花植物配子的运动，如野生植物物种的传粉作用和农作物的传粉等。生物控制是指生物种群的营养动力学控制，如害虫和疾病的控制。

24. 娱乐休闲（recreation）

提供休闲娱乐活动机会，如生态旅游、户外运动等。

25. 科研教育（science and education）

生态系统中的科研和教育价值，如自然的科学研究用途。

26. 美学欣赏（aesthetic value）

具有吸引力的景观特征，如风景路、住宅等。

27. 历史人文（spiritual and historic value）

生态系统中历史和宗教的价值，如自然的历史和宗教用途。

28. 艺术灵感（cultural and artistic value）

启发文化及艺术创作灵感，如提供绘画、文学作品、建筑、电影等的灵感。

13.3　生态资产评估方法

1. 土地空间

土地空间价值指土地的出让价格或者承租价格。

2. 水资源

采用能值分析法估算水资源的价值。

将降雨作为其地表水资源与地下水资源的能量来源，根据水资源能量转换过程的概念模型和分析方法计算研究区雨水化学能与太阳能值以及地表水与地下水的化学能、太阳能值转换率、单位太阳能值、单位水资源价值等。相关的计算公式为：

雨水（地表水、地下水）化学能＝水量×吉布斯自由能×密度

雨水太阳能值＝雨水化学能×雨水太阳能值转换率

地表水（地下水）太阳能值转换率＝雨水太阳能值/地表水（地下水）化学能

单位水资源太阳能值＝水资源太阳能值/水资源

单位水资源价值＝单位水资源太阳能值/能值货币比率

其中相关参数的选取为：雨水的吉布斯自由能取4.94J/g（固体物质溶解量为10ppm）；雨水的太阳能值转换率取$1.82×10^4$sej/J；地表水、地下水的平均固体物质溶解量分别取56.9和300ppm；研究区域2000年能值/货币比率取$2.82×10^{12}$sej/\$。

3. 矿藏资源

采用市场价值估算矿藏资源，根据矿物的产品和产量计算获得。

$$MR = \sum U_i × P_i$$

式中，MR为生物资源的价值，U_i为第i种矿藏资源的单价，P_i为第i种矿藏资源的产量。

4. 生物多样性资源

采用当量法对生物多样性资源进行评估。

$$D_m = \sum D_{mi} × A_i$$

其中，A_i为不同类型土地的面积，D_{mi}为该类型土地维持生物多样性的价值。

5. 植被资源

植被资源根据植被类型分为森林资源、草地资源、湿地资源等。其价值指的是原有的、长期存在的植被的价值，不包含其产品的价值。如森林资源的价值指的是林木价值，而不包括林木产品和林副产品的价值，可通过查阅各年林业统计指标获得该数值。其他类型的植被资源也可通过查阅获得。计算公式如下：

$$VR = \sum_{Si} · V_i × P_i$$

式中，VR为地块植被资源价值；S_i为第i类型植被的分布面积；V_i为第i类型植被单位面积的生物量；P_i为第i类型植被的主要植株的价值。

6. 水供给

水供给根据水的用途分为农业用水、工业用水和生活用水。查阅统计年鉴获得水供给价值。计算公式如下：

$$WS = \sum U_i × P_i$$

式中，WS指水供给价值，U_i指第i种用途水的水价，P_i指第i种用途水的使用量。

7. 食物供给

主要指农业产品，包括种植业、养殖业、渔业的产品与产量。种植业包括粮、棉、油料、糖料、烟叶、蔬菜、药材、瓜类和其他农作物，以及茶园、桑园、果园的产品与产量；畜牧业包括动物饲养和放牧的产品与产量；渔业包括水生动物的养殖和捕捞的产品与产量。计算公式如下：

$$FS = \sum U_i \times P_i$$

式中，FS指食物供给价值，U_i指i食物的单价，P_i指i食物的产量。

8. 原料供给

此项主要包括林业产品、林副产品及薪柴。林业包括林产品的采集和村及村以下的林木采伐的产品与产量；薪柴是农村重要的生活能源，故将此单独列入原料供给中，通过问卷调查获得此项数据。计算公式如下：

$$RM = \sum U_i \times P_i$$

式中，RM指原料的价值，U_i指第i种原料的单价，P_i指第i种原料的产量。

9. 药材产品

采用市场价值法估算药材产品的价值。根据药材产品的单价和产量计算此项数据。计算公式如下：

$$MR = \sum U_i \times P_i$$

式中，MR指原料的价值，U_i指第i种药材产品的单价，P_i指第i种药材产品的产量。

10. 当地物种

采用市场价值法计算当地物种价值。

$$Nf = \sum N_{fn} \times P_{fn}$$

N_{fn}为第n种特有种的年产量；P_{fn}为第n种特有种的单价。

11. 气体调节

气体调节的功能体现在四个方面：CO_2的吸收；O_2的释放；SO_2的吸收及滞尘作用。各子功能的计算方法如表13-1所示。气体调节价值等于各子功能价值之和。

气体调节功能各子功能的计算方法　　　　　　　　　　表13-1

子功能	评估方法	计算公式	公式含义
CO_2的吸收	碳税法	$ACO_2 = M \times 1.63 \times (12/44) \times PC$	ACO_2为生态系统固定CO_2的价值；M为生态系统生物量增长量；PC为碳税法单价
O_2的释放	影子工程法	$AO_2 = M \times 1.20 \times PO_2$	AO_2为生态系统固定O_2的价值；M为生态系统生物量增长量；PO_2为工业制氧单价
SO_2的吸收	治理费用法	$V_m = \sum M_i \times W$	V_m为生态系统对SO_2吸收的价值总量；M为第i种生态类型年吸收SO_2量；W为我国治理二氧化硫排放的平均费用
滞尘作用	治理费用法	$V_s = \sum M_i \times W$	V_s为生态系统对粉尘滞留的价值总量；M为第i种生态类型年滞留粉尘量；W为我国消减粉尘的平均费用

12．涵养水源

生态系统在涵养水源方面具有重要功能，生态系统中的枯枝落叶层具有很好的水分滞留储存作用，同时生态系统也能增加土壤持水量，生态系统的涵养水源的价值可用替代工程法进行估算。其计算公式为：

$$AS = \sum S_i \times W_i \times P$$

式中，AS 为生态系统涵养水源价值总量，S_i 为第 i 类生态类型面积，W_i 为第 i 类生态类型单位面积涵养水量，P 为我国今年水库工程成本单价。

生态系统单位面积水源涵养量计算方式为：

$$W_i = We_i - W_d$$

式中，We_i 为第 i 类生态类型单位面积持水量，W_d 为裸地单位面积持水量。

对于森林生态系统，由于冠层截留较为明显，因此在计算森林水源涵养量时，需加上冠层截留水量，计算公式为：

$$Wg = Q \times R$$

式中，R 为当地年降雨量，Q 为截留系数。

13．气候调节

生态系统气候调节功能的价值主要指吸热降温产生的价值。生态系统吸热降温价值量包括植物蒸腾和水面蒸发两方面。植物蒸腾价值：据测算，$1hm^2$ 绿地夏季在周围环境中可吸收 $81.1 \times 10^3 kJ$ 的热量，根据达到同样效果用电量和电价可计算相应的价值量。水面蒸发价值：根据水面面积和蒸发相同的水量所需的电量计算全省水汽蒸发产生的价值。公式如下：

$$Ec = Ev + Ew$$
$$Ev = (Fa + Ga) \times Ha \times \rho \times Pe$$
$$Ew = Wa \times Ep \times \beta \times Pe$$

式中，Ec 为气候调节总价值量（万元），Ev 为植物蒸腾价值量（万元），Ew 为水面蒸发价值量（万元）。Fa 为森林面积（km^2），Ga 为草地面积（km^2），Ha 为单位绿地面积吸收的热量（kJ/km^2），ρ 为常数，$1kWh/3600kJ$，Pe 为电价（元/kWh）。Wa 为水体面积（m^2），Ep 为年平均蒸发量（m），β 为蒸发单位体积的水消耗的能量（kJ/m^3）。

14．土壤保育

生态系统具有减少土壤侵蚀的服务功能，其减少土壤侵蚀量的计算方法为：

$$Ac = Ap - Ar$$
$$Ap = DM_1, \quad Ar = DM_0$$

式中，Ac 为减少土壤侵蚀量（t/a）；Ap 为潜在土壤侵蚀量（t/a）；Ar 为现实土壤侵蚀量（t/a）；D 为区域面积（hm^2）；M_1 为荒地侵蚀模数（$t/(hm^2 \cdot a)$）；M_0 为当前植被覆盖下的实际侵蚀模数（$t/(hm^2 \cdot a)$）。

生态系统的土壤保持功能主要分为两个方面：保持土壤肥力和固定土壤。

生态系统通过减少土壤侵蚀使土壤中的营养物质得到保留，主要为 N、P、K，运用价值补偿法，相当于提供了相当量的化肥，其价值计算公式为：

$$ES = \sum AC \times C_i \times P_i$$

式中，ES 为保护土壤肥力价值，AC 为生态系统减少土壤侵蚀量，C_i 为第 i 类营养物质在土壤中的含量，P_i 为第 i 类营养物质单价。

固定土壤价值计算如下：

$$S_f = AC \times Pe/\rho$$

式中，Pe为挖取和运输单位体积土方所需费用（元/m³）；ρ为林地土壤容重，单位是t/m^3。

15. 废物处理

废物处理功能采用治理费用法，计算公式如下：

$$V = SEP \times P \times M$$

其中，V为生态系统处理废弃物价值；SEP为人均年产生固体垃圾量；P为生态区域内人口总数；M为全国固体垃圾处理平均单价。

16. 传粉作用

采用授粉模型对传粉作用的价值进行估算，公式如下：

$$PEV = \sum P_i \times Q_i \times D_i$$

式中，PEV为昆虫授粉产生的总经济价值，P_i为第i种水果或蔬菜产品的价格，Q_i为第i种水果或蔬菜产品的产量，D_i为第i种水果或蔬菜对授粉昆虫的依赖性。

大规模单一植物物种的栽培，容易导致害虫的猖獗和危害，而物种多样性高的群落可以降低植食性昆虫的种群数量，减少病虫害导致的损失。以人工林发生病虫害高出天然林所产生的损失核算生态系统病虫害控制功能价值。

$$Eb = NFa \times (MFr - NFr) \times Pb$$

式中，Eb为病虫害控制功能价值（万元），NFa为天然林面积（km²），MFr为人工林病虫害发病率（%），NFr为天然林病虫害发病率（%），Pb为单位面积病虫害防治的费用（万元/km²）。

病虫害治理价格根据单位面积使用农药费用和人工费用确定。

17. 娱乐休闲

采用支付意愿法计算娱乐休闲的价值。计算公式如下：

$$E(WTP) = \sum P_i \times B_i$$

式中，$E(WTP)$为人均支付意愿期望值，P_i为各投标点投标人数的分布概率；B_i为各投标点的数值。

$$R = P \times E(WTP)$$

式中，R为娱乐休闲价值，P为旅游景点游客数。

18. 科研教育

科研服务的价值量采用直接成本法进行评估。计算公式如下：

$$VSR = QSR \times PR$$

式中，VSR为科研服务的价值量（万元/年）；QSR为科研服务的物质量（篇/年）；PR为每篇生态环境类科技论文的科研经费投入（万元/篇）。

19. 美学价值、历史人文、艺术灵感属于非货币化生态系统文化服务类型，评估方法不在本导则中赘述。

13.4　相关数据来源

1. 自然资产数据

从国土资源和房屋管理局官方网站关于国有土地使用权招拍挂出让成交的公示中，获得当地的土地价格。从各地统计年鉴中获得房屋销售价格指数和土地交易、房屋租赁、物业管理价格指数，计算往年的土地价格。

从各地气象局获得年降水量等数据以计算水资源价值。

从各地统计年鉴及调查走访，获得各类型植被的面积、植株价值；各类型生物资源、矿藏资源的单价及产量，以计算植被资源、生物资源和矿藏资源的价值。

2. 生态系统服务价值数据

根据各地的森林资源清查资料和生物生产力研究资料，获得生态系统中生物量的值；通过统计年鉴，获得SO_2排放量、工业粉尘排放量；SO_2治理费用和除尘价格根据《森林生态系统服务功能评估规范》LY/T1721确定。参考相关研究文献，获得碳税法单价、工业制氧单价，以计算气体调节价值。

通过各地统计年鉴及调查走访，获得森林面积及草地面积、水体面积；用电价格根据居民用电价格确定，以计算气候调节价值。

参考相关研究文献，获得生态类型单位面积持水量及裸地单位面积持水量；水库工程费用根据《森林生态系统服务功能评估规范》LY/T1721确定，以计算水调节价值。

化肥价格和水库工程费用根据《森林生态系统服务功能评估规范》LY/T1721确定。

通过统计年鉴及调查走访获得人均年产生固体垃圾量、生态区域内人口总数、固体垃圾处理平均单价，以计算废物处理价值。

通过统计年鉴及调查走访获得水果或蔬菜产品的价格及产量，每一特定水果和蔬菜的D值参考相关研究文献，以计算传粉作用价值。

通过统计年鉴及调查走访获得天然林面积、人工林病虫害发病率、天然林病虫害发病率的值，病虫害治理价格根据单位面积使用农药费用和人工费用确定，以计算病虫害防治的价值。

通过统计年鉴及调查走访获得各类食物的单价及产量。

查阅统计年鉴获得各种用途水的水价及使用量，以计算水供应价值。

通过统计年鉴及调查走访获得林业产品、林副产品及薪柴、药材产品的单价及产量，以计算原料供给价值和药材产品价值。

通过问卷调查游人对旅游区的支付意愿期望值，通过调查获得旅游景点游客数，以计算娱乐休闲价值。

通过调查走访获得科研服务的物质量及每篇生态环境类科技论文的科研经费投入，以计算科研教育价值。

附录：《土地利用现状分类标准》GB/T21010—2007

土地利用现状分类

一级类		含义
类别编码	类别名称	
01	耕地	指种植农作物的土地，包括熟地、新开发、复垦、整理地，休闲地（轮歇地、轮作地）；以种植农作物（含蔬菜）为主，间有零星果树、桑树或其他树木的土地；平均每年能保证收获一季的已垦滩地和海涂；耕地中还包括南方宽度<1.0m、北方宽度<2.0m固定的沟、渠、路和地坎（埂）；临时种植药材、草皮、花卉、苗木等的耕地，以及其他临时改变用途的耕地
02	园地	指种植以采集果、叶、根、茎、枝、汁等为主的集约经营的多年生木本和草本作物，覆盖度大于50%或每亩株数大于合理株数70%的土地。包括用于育苗的土地
03	林地	指生长乔木、竹类、灌木的土地，及沿海生长红树林的土地。包括迹地，不包括居民点内部的绿化林木用地，铁路、公路、征地范围内的林木，以及河流、沟渠的护堤林
04	草地	指生长草本植物为主的土地
05	商服用地	指主要用于商业、服务业的土地
06	工矿仓储用地	指主要用于工业生产、物资存放场所的土地
07	住宅用地	指主要用于人们生活居住的房基地及其附属设施的土地
08	公共管理与公共服务用地	指用于机关团体、新闻出版、科教文卫、风景名胜、公共设施等的土地
09	特殊用地	指用于军事设施、涉外、宗教、监教、殡葬等的土地
10	交通运输用地	指用于运输通行的地面线路、场站等的土地。包括民用机场、港口、码头、地面运输管道和各种道路用地
11	水域及水利设施用地	指陆地水域，海涂，沟渠、水工建筑物等用地；不包括滞洪区和已垦滩涂中的耕地、园地、林地、居民点、道路等用地
12	其他土地	指上述地类以外的其他类型的土地

第14章
乡村社区生态资产保护与提升技术

14.1 通过调整土地利用类型提高生态资产价值

虽然如今生态系统服务评估方法较多，但通过土地类型的不同进行赋值仍然是比较常见的方法，而且不同土地类型所能提供的生态系统服务价值有所差别。比如在提供气体调节等生态功能方面，林地所能提供的价值要远大于农田所能提供的生态系统服务价值，但在食物供给方面，农田所能提供的生态系统服务价值则要远高于林地。

通过对山东省主要村庄进行调研可以发现，山东省的村庄的总生态系统价值曲线与食物供给曲线基本吻合，也从某种程度表明，山东省内的村庄仍然保有大量的农田，而食物供给作为农田所能提供的主要生态系统服务功能，也较容易被量化以及进入市场，而包括林地在内，所能提供的气体调节、生物多样性保护等功能，则较难体现在生态系统服务的总价值中（图14-1~图14-3）。

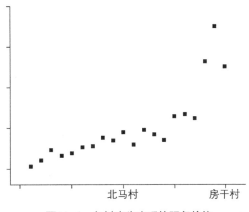

图14-1 各村庄生态系统服务价值

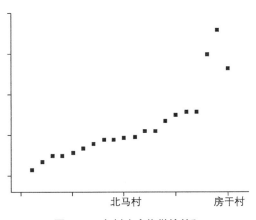

图14-2 各村庄食物供给总和

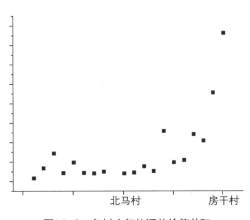

图14-3 各村庄气体调节价值总和

所以，土地利用类型的调节尤其是对以农田为主要土地利用类型的村庄的调节具有重要的意义。

14.2 通过调整产业结构提高生态资产价值

虽然生态服务系统功能受重视的程度越来越高，但相应的生态补偿标准仍未统一，在生态系统服务所能提供的价值部分没有进入市场的前提下，居民的收入仍是困扰在乡村实行生态保护政策的主要因素。所以，土地类型的调节与产业结构的调整密不可分。

本文对山东省莱芜市三个地理位置较近，历史文化等因素相似的村庄进行了分析（表14-1）。

房干富家庄、安子湾三村主要类型生态系统服务价值   表14-1

生态系统服务类型	生态系统产品或服务功能	生态系统服务价值（万元/a）			市场化
		房干	富家庄	安子湾	
01提供生物质产品	木材蓄积	178.4	17.6	20.4	是
	提供生物质产品	232	530	550	是
02气体调节	吸收CO_2	103.2	22	26.8	非
	释放O_2	119.6	25.5	31.1	非
	吸收SO_2	7.6	0.8	0.8	非
	滞留粉尘	452.2	28	35.8	非
03气候调节	调节小气候	697.2	83.4	95.4	非
04水源涵养	涵养水源	1631.9	265.1	166.4	非
05土壤形成与保护	保持土壤肥力	233.3	36.8	44.5	非
	减少泥沙淤积	261.6	41.3	49.9	非
06废弃物处理与营养循环	固体废弃物分解	2.7	4.8	4.1	非
	生活污水净化	0.3	0.5	0.5	非
07生物多样性保护	维持生物多样性	1442.1	147.3	166.2	非
08娱乐休闲	生态旅游	5000	0	0	是
09科研教育	科研价值	20	0	0	是
合计		10382.1	1203.1	1191.9	

从生态系统服务价值总量上分析，房干村生态系统服务价值量最大，为10382.1万元/a，超过1亿元。其次是富家庄村1203.1万元/a，最少的为安子湾村1191.9万元/a，略少于富家庄村。各村生态系统服务市场价值和非市场价值比例近似，大约各占50%。单位面积生态系统服务价值房干村最高，为8.8万元/（$hm^2 \cdot a$）；富家庄村次之，为5.9万元/（$hm^2 \cdot a$）;安子湾村最低，为3.7万元/（$hm^2 \cdot a$）。

　　研究结果表明，房干村生态系统服务总价值为富家庄村和安子湾村的8倍多，这一方面与房干村土地总面积较大有关，但房干村单位面积土地生态系统服务价值也高于其他两个村庄，分别为富家庄和安子湾村的1.5倍和2.4倍，这与房干村以生态旅游为主要经济发展模式，以生态保护和生态建设为主要生产活动方式有直接关系。在本研究中经济发展模式对生态系统服务价值的影响表现在两个方面，一是乡村居民通过产业结构调整提高生态系统服务价值的市场化利用效率，借助外来消费者的驱动将非市场化的环境调节服务价值转化为生态旅游商品，从而提高生态系统服务的总价值。房干村仅生态旅游一项生态系统服务价值即为5000万元/ a，而富家庄村和安子湾村虽然也有森林、水域、农田、园地提供的环境调节服务价值，却因为没有产业支撑，无法将其转化为市场价值进入产业收入，为村庄经济发展作出直接贡献。因此，乡村居民通过优化经济发展模式，提高对生态系统服务的利用效率、市场化能力和管理能力，是实现乡村经济与环境协调持续发展的重要环节。二是乡村居民通过优化经济发展模式，影响土地利用的类型和强度，以土地利用为中介影响生态系统服务价值的涵养量。房干村土地利用中，生态系统服务价值涵养量高的林地比例较大，约为85%，而富家庄村和安子湾村的林地比例分别为 33%、52%。同时，房干村土地利用强度较大的耕地和园地比例和绝对数量均低于富家庄村和安子湾村，因此，即使扣除市场化生态服务价值，房干村的单位面积非市场化生态系统服务价值仍然高于富家庄村和安子湾村。

　　可见，乡村尺度上生态系统服务价值对土地利用改变与产业结构调整的响应非常敏感，与区域尺度上生态系统服务价值对土地利用的响应具有相似的趋势。因此，通过优化经济发展模式，增加生态系统服务价值涵养量高的土地利用类型的面积，减轻土地利用的强度，也是提高乡村生态系统服务价值，促进环境经济协调发展的重要途径。

14.3　提高具体指标提升生态资产价值

　　在土地利用类型与产业结构调整已经趋于统一化与和谐化的同时，具体指标的提升对于生态资产价值的提升有着至关重要的作用以及影响。

　　根据《地下水质量标准》GB/T 14848将地下水质量分为五类，其中Ⅰ类与Ⅱ类水可以用于各种用途，而Ⅴ类则已经不宜饮用，在水资源总量一定的前提下，水质好坏的程度是影响生态系统服务尤其是水资源有关指标的重要因素，Ⅰ类水所能提供的生态资产的价值明显要高于Ⅴ类水，虽然现在有些生态系统服务评价指标仍未对水资源的标准进行赋值划分，但随着生态系统服务价值的提升，划分指标的提出已经迫在眉睫。

　　不只是水质的影响，森林质量也是影响生态系统服务价值的一个很重要的因素，不同的树种所能提供的生态系统服务价值有明显的差别。根据《森林生态系统服务功能评估规范》LY/T 1721中所示，不同的森林成分对于生态系统服务的价值可以提供不同的影响。按照森林的类型分为：幼龄林、中龄林、近熟林、成熟林、过熟林五类，并对其进行了不同的赋值，所以不只是增加林地面积，林地种类的改变对于生态系统服务的质量也有着重大的影响。

第15章

乡村社区近自然型植被修复与再造技术指南

15.1 总则

15.1.1 意义

乡村社区退化生态系统的恢复与重建具有重要的生态效益、经济效益和社会效益，对乡村生态环境的优化提升和社会经济的可持续发展均具有重要的意义。乡村社区植被恢复不但可以大大提升社区景观品质和居民生活质量，也可提升局部和区域生态安全水平。

15.1.2 指导原则

1. 近自然原则

在进行植被修复、植被重建过程中，在物种配置时应尽量选取当地品种，尽量恢复当地的植物群落，营造接近自然的景观。

2. 生态优先原则

在制订植被修复、植被重建的目标、计划，实施以及后期的维护抚育时都须以尊重生态环境为中心，遵守生态优先原则，尽量以自然修复为主，保护自然生态系统。

3. 多功能性原则

在进行物种配置时，应尽量选择多重功能的物种，如既具有经济价值又具有生态价值的植物等，设计的植物群落也应具有多功能性。

4. 特色性原则

不同的村庄，具有各自的特色。在乡村植物景观的营造上，应根据每个村庄自身的资源特质、人文历史内涵等特色要素，选择与之相应的植物，在适当的位置进行种植点缀，在植物配置层面渗透村庄文化特色。

5. 乡土性原则

乡村植物景观营造的乡土性，包括植物品种的乡土性与植物群落结构的乡土自然性。在乡村植物景观的营造中应尽量使用适应性较好和养护成本较低的乡土植物；在植物配置方面，植物配置形成的群落结构应以该地区地带性植物群落结构为基础。此外，植物配置群落应尽量尊重当地的民风民俗，与本地文化相呼应、相融合。

6. 经济性原则

养护低成本。在乡村植物景观的营造中，养护预算相对较少，所选植物品种的抗逆性强，因而低养护成本常常作为基本的考量要素。此外，在选择植物品种时，宜优先选择果树、观赏蔬菜等经济价值较高的乡土植物。

15.1.3　目标

乡村社区植被修复与重建的基本任务是保持乡村生态环境安全和健康，最终的目标是恢复原有自然生态系统或重建近自然生态系统的结构和功能，保护自然生态系统、周围环境和生态景观。植被恢复是有一定过程的，要遵循自然植物群落和生态系统构建和演替的规律。

15.1.4　适用范围

本《导则》适用于宜居社区近自然型植被修复与再造、有关技术规范与标准等。

15.2　术语

1. 宜居社区

狭义指气候条件宜人，生态景观和谐，人工环境优美，治安环境良好，适宜居住的社区。

广义指人文环境与自然环境协调，经济持续繁荣，社会和谐稳定，文化氛围浓郁，设施舒适齐备，适于人类工作、生活和居住的社区。这里宜居不仅指适宜居住，还包括适宜就业、出行及教育、医疗、文化资源充足等内容。

2. 植被

指一个地区所有植物群落的总和。

3. 近自然型植被

尽可能使植被的建立、抚育以及采伐的方式同潜在的天然植被的自然关系相接近。使植被能进行接近自然生态的自发生产，以达到群落的动态平衡，并在人工辅助下使天然物种得到复苏，最大限度地维护生物多样性。

4. 植物群落

指一定时间内占有一定空间的多种植物种群的集合体。

5. 植被修复

是指运用生态学原理，通过保护现有植被、封山育林或营造人工林、灌、草植被，修复或重建被毁坏或被破坏的森林和其他自然生态系统，恢复其生物多样性及其生态系统功能。

6. 植被再造（重建）

指依靠大规模的社会投入对退化甚至消失的植被进行整治，从而迅速提高土地生产力，并使生态系统进入良性循环。

7. 森林封育

将生态区域封闭，禁止人类活动的干扰，以恢复森林植被。

8. 森林抚育

又称林分抚育，是指从造林起到成熟龄以前的森林培育过程中，为保证幼林成活，促进林木生长，改善林木组成和品质及提高森林生产率所采取的各项措施。

9. 本地物种

本地种是在当地自然进化，或在石器时代前就达到这些地方或在没有人类干扰前就出现于这些地方的物种。

10. 外来物种

狭义的外来种定义是指由于人类有意或无意的作用被带到了其自然演化区域以外的物种。这个定义强调了物种被人为移动或引进。因此，不包括自然入侵的物种和通过基因工程得到的物种或变种。

广义的定义认为只要是进入一个生态系统的新物种就是外来种。它包括人为有意引进的物种、无意引进的物种、自然入侵的物种，以及通过基因工程得到的物种（GEOs或GMOs）或变种和人工培育的杂种。

11. 观赏植物

观赏植物指专门培植来供观赏的植物，一般都有美丽的花或形态比较奇异。

12. 经济植物

又称技术作物、工业原料作物。指具有某种特定经济用途的农作物。广义的经济作物还包括蔬菜、瓜果、花卉、果树等园艺作物。经济作物通常具有地域性强、经济价值高、技术要求高、商品率高等特点，对自然条件要求较严格，宜于集中进行专门化生产。

13. 生物多样性

生物多样性是指生物中的多样化和变异性以及物种生境的生态复杂性，它包括植物、动物和微生物的所有种及其组成的群落和生态系统。一般分为三个水平，即遗传多样性、物种多样性和生态系统多样性。

14. 多功能性

指具有经济、生态、社会和文化等多方面的功能，它最终来源于土地的多效用性，并由土地资源边际效用所决定的土地资源价值量来衡量。

15. 生态系统服务

生态系统服务指人类从生态系统获得的所有惠益，包括供给服务（如提供食物和水）、调节服务（如控制洪水和疾病）、文化服务（如精神、娱乐和文化收益）以及支持服务（如维持地球生命生存环境的养分循环）。

15.3　社区植被类型划分

1. 庭院

东南面应种小乔木或生长不高的果树，冬天不遮阳，夏日可蔽荫。西南面宜种植耐寒花木及常绿树木，夏季可乘凉。空间较大的庭园应适量种植庭荫树或果树，空间较小的则可见缝插绿或种植攀缘类植物。庭院常用植物在选择上2/3左右品种使用乡土品种，适应性强、更快形成成熟景观。常绿与落叶之比通常3∶7（图15-1）。

2. 房前屋后

近房基处可种植低矮的花灌木，以花境形式与建筑相结合。宅旁保留原有菜畦，采用密林形式种植，并围以竹篱，种植经济果树和乡土植物，营造出返璞归真的自然景象和"农家"氛围。在住宅南侧向阳面可选择较多喜阳植物种类，种植一些观赏价值高的树木；

北侧宜选择耐阴性花灌木及草坪；东西两侧可种高大落叶乔木或种植攀缘植物垂直绿化墙面，借以减少夏季日晒（图15-2）。

3. 院墙边坡

靠围墙侧或墙角的地方可以种攀缘藤本或蔬菜。藤蔓类选用蔷薇、凌霄、紫藤、牵牛、葡萄、南瓜等进行垂直绿化（图15-3）。

4. 广场

村内活动广场以广场为中心形成反射型，并具有一定的内向性。儿童活动区周边植物应选择无刺无毒、色彩鲜艳的树种。成人休息区宜种植遮阳乔木，并设置适量的座椅，供林下喝茶、聊天、下棋等；运动场四周可砌筑花池，种植一些低矮的花灌木，较大场地的外缘可种植树冠较大的落叶乔木（图15-4）。

5. 道路

在通村公路两边可栽种常绿乔木，配以草花、花灌木、草坪。这种形式既可四季常青，又有季相变化，是目前应用较多的形式。

宅间道路植物种植主要考虑其美学功能。可以在一边种植小乔木，一边种植花卉、草坪。靠近住宅的小路宜种植花灌木或地被，不能影响室内采光和通风。

图15-1　庭院（临沂费县）

图15-2　房前屋后（临沂费县）

图15-3　院墙边坡（莱芜房干）

图15-4　广场（临沂费县）

游憩小路上的植物景观灵活布置。如乔木下层曲线配置野生花卉及乡土灌木，凸显出乡村自然野趣（图15-5）。

6. 水岸

以选择地方耐水性植物或水生植物为主。生态经济型滨水驳岸应选耐水湿的经济类果木、用材树种，如湿地松、香樟、无患子、桃等；休闲观赏型滨水宜选树枝柔软、姿态优美、季相色彩丰富的观赏型植物，如柳树、云南黄馨、朴树、榆树、紫薇等；桥头绿化宜选亲水型植物，岸边可种植枫杨、香樟、水杉、垂柳等乔木。

岸边可选择大花萱草、千屈菜，浅水中可选择鸢尾；沉水植物选用金鱼藻、亚洲苦草、菹草；挺水植物则选用莲、水芹、慈姑、菖蒲等（图15-6）。

7. 街角花园

组织特色花木植物，兼顾四季景色变化，结合自然山水景色，布置亭、廊、花架等园林建筑。休息场所则片植枝叶茂密、形态优美、高度能遮挡人视线的小乔木或高大灌木丛进行围合，上层还可配置观赏性强的高大乔木（图15-7）。

8. 果园

果园，是指种植果树的园地。也叫果木园。有专业性果园、果农兼作果园和庭院式果园等类型。要根据各种果树对环境条件的特定要求，选择适当的树种。主栽品种以少而专为原则。力求多栽优质、高产、稳产、畅销的品种，同时配置开花、花粉发达的授粉树。中等规模以上的果园，果树面积占80%左右，防护林、道路、房屋、选果场等约占20%（图15-8）。

9. 用材林

以生产木材为主要目的的林种。可分为一般用材林和专用用材林两种。前者指培育大径通用材种（主要是锯材）为主的森林；后者指专门培育某一材种的用材林，包括坑木林、纤维造纸林、胶合板材林等。主要用材林有桉树林、杨树林、泓森槐林、马尾松林等。

图15-5　道路（临沂费县）

图15-6　水岸（浙江丽水）

图15-7　街角花园（临沂费县）　　　　　　图15-8　果园（莱芜房干）

在中国，组成用材林的优势树种为针叶树的落叶松、云杉、冷杉、华山松、柏木、樟子松、油松、马尾松、云南松、杉木等，阔叶树中的脱刺的泓森槐，樟木、楠木、水曲柳、胡桃楸、黄菠萝、栎类、桦木、杨树、杂木等（图15-9）。

10. 生态林

生态林是指为维护和改善生态环境，保持生态平衡，保护生物多样性等满足人类社会的生态。生态林造林主要乔木树种：榆树、梧桐、桉树、黄连木、榕树、松树、银杏、合欢、樟树、杜英、任豆、落叶松、楸树、火炬树等。生态林造林主要灌木树种：山桃、沙柳、狼黄荆、广东紫珠、锦鸡儿、小檗、沙枣等。生态林和经济林造林主要兼用树种：山杏、漆树、核桃、木豆、厚朴、黑核桃、山楂、油橄榄、任豆、山茱萸、核桃、桑树、乌桕、茶树、山核桃、板栗、花椒、油桐、香榧、枣树、枸杞、漆树（图15-10）。

11. 风水林

风水林是指为了保持良好风水而特意保留的树林。不少村落在选址时，考虑到风水上的因素，通常会在茂密的树林旁兴建，令其成为村落后方的绿带屏障。

通常在风水林栽种具有不同实用价值的树木，如果树、榕树、樟树及竹等。

图15-9　用材林（临沂费县）　　　　　　图15-10　生态林（济南龙洞）

15.4　植被退化程度评估技术

15.4.1　植被现状调查指标和方法

植被现状调查是确定植被退化程度，制订修复、重建计划的前期工作，是整个恢复重建过程中必不可少的一部分。通常植被现状调查方法有样方法，即在被调查种群的生存环境内随机选取若干个样方，在抽样时要使总体中每一个个体被抽选的机会均等。常用取样方法有点状取样法（如：五点取样法）、等距取样法。常用的调查指标有以下几个。

1. 物种名录

在调查地区及其周边环境中用样方法调查并记录当地物种，整理成物种名录。

2. 多度

多度=（某一种植物的个体总数/同一生活型全部植物个体总数）×100%

相对多度=（一个种的多度/所有种的多度和）×100%

3. 高度

高度：乔木层记录每株高度，灌木层和草本层记录每个物种所有个体的平均高度。

相对高度=（某一植物种高度/样地内所有植物高度和）×100%

4. 盖度

盖度=某一植物种盖度

相对盖度=（某一植物种盖度/样地内所有植物盖度和）×100%

5. 频度

频度=（某种植物出现的样地数/所调查的样地总数）×100%

相对频度=（一个种的频度/所有种的频度和）×100%

6. 优势度

优势度=（某个种所有个体胸高断面积之和/样地面积）×100%

相对优势度=（该种所有个体胸高断面积之和/所有种个体胸高断面积总和）×100%

7. 重要值

重要值=（相对多度+相对优势度+相对频度）/3

8. 物种多样性

香农威纳指数（Shannon-wiener index）$H = -\sum P_i \ln P_i$

式中，P_i为物种i的个体数占群落中总个体数的比例，N_i为物种i的个体数，N为所在群落的所有物种的个体数之和。

辛普森指数（Simpson's diversity index）$D = 1 - \sum P_i^2$

均匀度指数（Pielou均匀度指数）$J = H/H_{max}$

式中，H为实际观察的物种多样性指数，H_{max}为最大的物种多样性指数，$H_{max} = \ln S$（S为群落中的总物种数）。

9. 受保护物种名录

查阅相关文献，整理当地受保护物种的名录。

10. 外来物种比率

外来物种比率=（外来物种数/样地内所有物种数）×100%

注：本地与外来的区分方式是从其他生态系统以外来的植物都认为是外来植物。因为生态系统是不能用国界来划分的。中国国土面积广大，各种各样的气候造成了不同的生态系统。即使是在中国国内，只要是从不同的生态系统中引入的物种就是外来物种。

11. 单位面积物种数

单位面积物种数=样方内物种数量/样方面积

12. 植物生物量分析

采用分层刈割法对植物生物量进行分析。根据群落情况决定样方大小：草本在1m²以上，灌木在10m²以上，乔木在100m²以上。草本通常用刈割称量生物量来测量群落或生态系统生产力。采取地上和地下部分，分别称量其鲜重后，烘干至恒重，称量其干重。

乔木、灌木层用径阶等比标准木法。径阶等比标准木法按径阶等比选择标准木，对每一株标准木的各器官分别测定其鲜、干物质质量，建立其与直径或胸径和高度的回归方程。将样地中各乔木的自变量（直径、胸径和高度等）代入方程，即可求得各株的生物量。将各株的生物量求和后即得样地乔木层的总生物量。

15.4.2　植被退化程度评估

1. 退化调查方法

在研究地选择要研究的森林类型，在典型地段采用若干20m×30m的取样面积作为样方进行森林植物的调查，记录各个不同样方的生境及林相特征，测定乔木层的郁闭度；同时在样方内选取标准木进行地上生物量的测定。以同样的方法在生长正常的标准地段上测量，作为参考值。

2. 退化等级的计算

退化评价指标为：$L = \frac{1}{10}\sum_{i=1}^{n} x_i$

式中：n=1，2，…，10，表示项目数；x_i为i项目的赋分。

各项目指标的赋分见表15-1，其中乔灌草盖度为各个层次盖度占样方总盖度的比值。群落组成结构为优势植物种的重要值与生长正常的标准地段中优势植物种的重要值的比值。生物量值是退化林分标准木的地上生物量与生长正常的标准木的地上生物量的比值。林相指林冠的层次及林木品质和健康状况，即"森林的外形"。

退化测定指标及各指标赋分　　　　　表15-1

项目	分级及赋分				
	I 1	II 2	III 3	IV 4	V 5
乔木郁闭度	>80%	80%~60%	60%~40%	40%~20%	<20%
灌木郁闭度	>70%	70%~60%	60%~50%	50%~40%	<40%
草本盖度	>80%	80%~60%	60%~40%	40%~20%	<20%
群落植物组成结构	>4/5	4/5~3/5	3/5~2/5	2/5~1/5	<1/5
生物量	>4/5	4/5~3/5	3/5~2/5	2/5~1/5	<1/5
林相	林冠苍翠齐整	林冠暗绿团状	林冠灰绿缺口	林冠暗灰片状	林冠参差不齐、枯黄
草地	草地茂盛	草地暗绿	草地枯黄	草地出现侵蚀	土地大部分裸露

续表

项目	分级及赋分				
	Ⅰ 1	Ⅱ 2	Ⅲ 3	Ⅳ 4	Ⅴ 5
地被指示植物	耐阴植物>50%	耐阴植物50%~30%	耐阴植物30%~10%	耐阴植物<10%	无耐阴植物
草地沙化指示植物	<10%	10%~20%	20%~30%	30%~40%	>40%
草地盐渍化指示植物	<10%	10%~20%	20%~30%	30%~40%	>40%

注：Ⅰ、Ⅱ、Ⅲ、Ⅳ、Ⅴ分别表示退化程度由无至重度退化，赋分由1~5。

当 $L<1.5$ 时，表明植被生长正常；$1.5<L<2.5$ 时，表明植被生长基本正常；$2.5<L<3.5$ 时，表明植被已开始表现出退化；$3.5<L<4.5$ 时，表明植被严重退化；$L>4.5$ 时，表明濒死。

15.4.3　技术路线

（1）确定规划范围、时间、恢复目标和任务。

（2）由于自然地理、气候环境、立地条件和人为干扰等因素的不同，对不同地区进行植被恢复时应该针对周围群落类型而遴选物种，所以有必要对恢复对象分类、分区并做好分区实施计划，形成一个可行性规划方案，使恢复的生态向健康、稳定的方向发展，尽可能地与生态系统相融合（图15-11）。

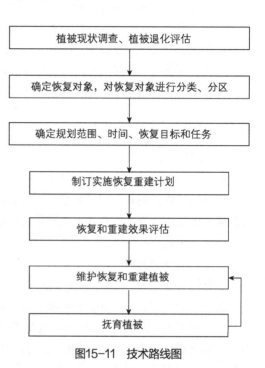

图15-11　技术路线图

15.5　植被修复技术

15.5.1　分类管理

庭院：主要侧重其美观、漂亮的功能价值，多选用本地乡土物种，修复技术为种类筛选—育苗—移栽—经济植物搭配—中等维护。

房前屋后：主要侧重其生态安全的功能价值，多选用本地乡土物种，修复技术为景观设计—种类筛选—育苗—移栽—灌草和经济植物搭配—轻度维护。

院墙边坡：主要侧重其生态安全的功能价值，多选用本地乡土物种，修复技术为景观设计—种类筛选—育苗—移栽—轻度维护。

广场：主要侧重其休闲活动的功能价值，多选用本地引种驯化的观赏植物、药用植物、经济植物等，修复技术为景观设计—种类筛选—育苗—移栽—造景—重点维护。

道路：主要侧重其生态安全的功能价值，多选用本地乡土物种，修复技术为种类景观设计—筛选—育苗—移栽—灌草植物搭配—轻度维护。

水岸：主要侧重其生态安全和雨水滞留的功能价值，多选用本地乡土物种，修复技术为种类景观设计—筛选—育苗—移栽—灌草植物搭配—轻度维护。

街角花园：主要侧重其美观、漂亮的观赏和雨水滞留的功能价值，多选用本地乡土物种，修复技术为景观设计—种类筛选—育苗—移栽—经济植物搭配—重点维护。

果园：主要侧重其生态经济的功能价值，多选用本地乡土物种，修复技术为种类筛选—育苗—移栽—经济和生态植物搭配—景观优化。

用材林：主要侧重其生态经济价值，多选用本地乡土的经济类作物，修复技术为种类筛选—育苗—移栽—经济和生态植物搭配—景观设计。

生态林：主要侧重其生态安全、美观的功能价值，多选用本地乡土物种，修复技术为封育修复／补种幼苗修复／播种修复／景观林改造等。

风水林：主要侧重其生态安全和社区文化的功能价值，多选用本地乡土物种，修复技术为封育修复／补种幼苗修复／播种修复／景观林改造等。

15.5.2　确定恢复目标和技术路线

在设计一个恢复方案时要充分考虑恢复目标的可行性，如实现目标的技术难度、经济费用等。实施恢复计划时需要通过了解当地原有的群落类型以及周围的环境条件，并确定当地残留的原生植被及相应的指示种，以确定将要恢复的植被类型。如果植被受损退化严重，则根据恢复目标来选择需要引入的现有人工或半人工植被。

如果植被退化的干扰因素处于低水平，则可以依靠自然力恢复，并适当引入关键种或建群种；如果处于高水平，则需要降低干扰的程度，通过自然力和人工进行恢复。

修复重建后的社区植被群落须再进行评估，确保达到预期的恢复目标。修复重建完成后应注意对植被群落的维护和抚育，确保生态系统的结构和功能可持续。

15.5.3　封育和自然修复技术

普通封禁措施适合于面积大、投资少的生态林修复，一般只需划定边界，设立拦网和标牌就可以；轮封轮放措施，适合于乡村牧场、薪炭林、用材林等；封禁+抚育措施适合于环境严酷生境或者森林群落恢复。

抚育措施包括种子成熟季节扰动地表和灌草层，促进种子落入土壤并实现萌芽成苗；切断根系，促进植物根蘖；砍伐部分不良个体，促进伐桩萌芽；修剪或间伐干扰树，促进目标种生长。具体的抚育措施，可根据小地形、种间关系和经济条件决定。

15.5.4　人工抚育修复技术

人工抚育修复的目的是加快群落演替速度，改善目标种的生存条件，实现快速恢复，主要方法包括改善生境条件、补植或导入种源。

人工补植的种类应该是群落演替后期的建群种，例如，刚退耕的土地需要补植多年生草本种类，而多年生草本群落应补植灌木种类。人工补植一般采取带状、团块状方式进行；整地方式要尽量减少地面干扰，保护现有物种；通过改变小地形蓄水，提高水分利用效率。例如，在山坡上部修引流水道，在山坡下部修筑土堨，以防止坡面径流。

15.5.5　群落优化修复技术

通过乔灌草搭配、群落组建、生态位优化配置、林分改造、择伐、透光抚育等技术优化成片植被的群落结构。

15.5.6　物种配置技术

庭院：观赏经济类植物。①海棠+桃——映山红+玫瑰——麦冬+萱草；②玉兰+香椿——丁香+连翘——矮丛苔草+韭菜。

房前屋后：生态绿化植物为主。①柿+榆——月季+绣线菊——二月兰；②梨+苹果——金银花+花椒——二月兰+丹参+矮丛苔草。

院墙边坡：生态绿化植物为主。①山葡萄——南瓜——扁豆；②蔷薇——凌霄——葛藤。

广场：观赏类绿化植物为主。①枫杨+栾树——胡枝子+绣线菊——丹参+桔梗；②银杏+海棠+苹果——月季+花木兰+连翘——百里香+结缕草。

道路：生态绿化植物为主。①侧柏+板栗+桃——连翘+金银花+溲疏+月季——臭草+结缕草；②毛白杨+赤松+山杏——花木蓝+玫瑰——桔梗+二月兰+藿香+益母草。

水岸：生态绿化植物为主。①垂柳+桑——芦苇+菖蒲——茭白+莲；②垂柳+枫杨——莲+香蒲+芦苇+千屈菜。

街角花园：观赏类绿化植物为主。①海棠——花木蓝——百里香；②苹果+玉兰——山桃+美人梅——蕨+矮丛苔草。

果园：经济生态类植物为主。①樱桃+苹果——玫瑰——桔梗+三叶草；②核桃+板栗+花椒——丹参+黄花菜。

用材林：经济生态类植物为主。①毛白杨+山楂+花椒——苜蓿——矮丛苔草；②毛白杨——金银木——荆条——结缕草。

生态林：生态类植物为主。①赤松+盐肤木——郁李+胡枝子——矮丛苔草；②麻栎+辽东桤木+水榆花楸——茅梅+荆条+胡枝子——桔梗+矮丛苔草。

风水林：生态类植物为主。①赤松——花木蓝——矮丛苔草；②银杏+郁李——连翘+花木蓝——萱草+桔梗。

15.5.7　种苗繁育技术

种苗繁育是一项为实现植被速生、优质、高产而培育种苗的工作。乡村社区植被修复所用的种苗以本地自然植被收集的种子幼苗或在本地苗圃繁育的本地种苗为主，繁殖方法可分为有性繁殖和无性繁殖两种。

有性繁殖即为种子繁殖，一般具有简单易行、成本低、苗木遗传多样性高、适应性强的特点。建议在恢复地50km半径内获取本地乡土植物种子或幼苗，可从林业和园艺部门指定的"母树林"、"种子园"和"采穗圃"获取，没有"母树林"、"种子园"和"采穗圃"的可以考虑每50km×50km地理单元设置3~5个"母树林"、"种子园"和"采穗圃"。

无性繁殖的特点是能够提高已获优良性状的遗传增益，无性繁殖的植株性状整齐，便于经营管理。对于一些以无性繁殖或营养繁殖为主的植物材料如竹子、莲藕、芦苇等可以适当使用无性繁殖的种苗。但是要尽量使用包含来自多个自然生境的无性系分株，提高恢复种群的遗传多样性和适应能力。

15.6　植被重建技术

15.6.1　环境评估技术

环境评估是决定采用何种恢复或重建方式，采取何种植物配置方式，以及确定先锋植物必不可少的准备工作。

环境评估主要从以下几方面进行。

1．土壤厚度

土体厚度即为从地表向下到>2mm石砾的体积>75%的"非土体"的上限。

2．土壤肥力

1）土壤有机质的测定

土壤有机质既是植物矿质营养和有机营养的源泉，又是土壤中异养型微生物的能源物质，同时也是形成土壤结构的重要因素。测定土壤有机质含量的多少，在一定程度上可说明土壤的肥沃程度。因为土壤有机质直接影响着土壤的理化性状。土壤有机质的测定可采用重铬酸钾容量法。

2）土壤中氮的测定

土壤含氮量的多少及其存在状态，常与作物的产量在某一条件下有一定的正相关，从目前我国土壤肥力状况看，80%左右的土壤都缺乏氮素。

全氮测定可以采用重铬酸钾—硫酸消化法，水解性氮的测定可采用碱解扩散法。

3）土壤中磷的测定

土壤全磷的测定可采用硫酸—高氯酸消煮法，速效磷的测定可采用碳酸氢钠法。

4）土壤中钾的测定

土壤全钾的测定可采用NaOH熔融—火焰光度计法，速效钾的测定可采用醋酸铵—火焰光度计法。

3．土壤含水量

在样地取有代表性的新鲜土样，刮去土钻中的上部浮土，将土钻中部所需深度处的土壤约20g，捏碎后迅速装入已知准确质量的大型铝盒内，盖紧，装入木箱或其他容器，带回室内，将铝盒外表擦拭干净，立即称重，准确至0.01g。揭开盒盖，放在盒底下，置于已预热至105 ± 2℃的烘烤箱中烘烤12h以上至恒重。取出，盖好，在干燥器中冷却至室温（约需30min），立即称重。新鲜土样水分的测定应做三份平行测定。

含水量=[（烘干前铝盒及土壤重量–烘干后铝盒及土壤重量）/（烘干前铝盒及土壤重量–烘干空铝盒质量）]×100%

4．其他环境因子

1）降水量

植物生长离不开水分和热量，可从当地气象部门获取当地年降水量数据。

2）光照

可用照度计测量当地的光照强度。

3）坡向

可用指南针、水平仪等测定待测地区的坡向以及坡度。

15.6.2   物种配置技术

庭院：观赏经济类植物。①桃+苹果——栀子+月季——萱草+桔梗；②玉兰+香椿——映山红+玫瑰——百里香+韭菜。

房前屋后：生态绿化植物为主。①榆+香椿——金银花+花椒——桔梗+葱；②枣+苹果——玫瑰+金银花——丹参+薄荷。

院墙边坡：生态绿化植物为主。①南蛇藤——凌霄；②蔷薇——葛藤。

广场：观赏类绿化植物为主。①枫杨——银杏——玫瑰——桔梗；②栾树+柿树——月季+胡枝子——丹参+玉竹+百合。

道路：生态绿化植物为主。①侧柏+紫叶李——月季；②毛白杨+山桃——玫瑰+连翘。

水岸：生态绿化植物为主。①垂柳+桑——茭白+芦苇+菖蒲；②垂柳+枫杨——千屈菜+莲藕+芦苇。

街角花园：观赏类绿化植物为主。①侧柏+海棠——玫瑰+月季——百里香；②紫叶李+丁香+玉兰——梅花+金银木——丹参+桔梗。

果园：经济生态类植物为主。①樱桃+苹果+山杏——桔梗+三叶草；②核桃+板栗+花椒——丹参+黄花菜+苜蓿。

用材林：经济生态类植物为主。①毛白杨+花椒——矮丛苔草；②毛白杨——金银花+酸枣——荆条+玫瑰——桔梗+丹参。

生态林：生态类植物为主。①麻栎+栾树——胡枝子+荆条——亚柄苔草；②赤松+山合欢——荆条+胡枝子——萱草+青岛百合。

风水林：生态类植物为主。①侧柏——萱草+矮丛苔草；②银杏——连翘——萱草+桔梗。

15.6.3   种苗重建

种苗重建是以种子苗作材料进行的一种再造方法。种苗的获取可来源于当地的"母树林"、"种子园"和"采穗圃"等苗圃中，尽量选取本地物种。选取的苗木应生长健壮，根系发达，地径粗大，有一定高度，无机械损伤。栽植方法依植穴形状分为穴植、缝植、沟植等。对不同地区、不同树种，栽种时间不同，尽量选取适宜的时间。

15.6.4   播种重建

播种重建是植被重建的常用技术之一。任何种子在播种前都必须进行发芽率试验，并根据试验结果，科学确定每批种子的实际播种量。播种用地宜平整、细碎疏松，并施足基肥。根据气候和土壤条件、培育树种的生物学特性及所使用的机械等，决定采用平作、做垄（高垄、低垄）或做成苗床（高床、低床）。种子要进行催芽（见林木种子催芽），并用甲醛、高锰酸钾等进行消毒处理。播种方式有条播、点播、撒播等。

15.7 植被保育

15.7.1 环境管理

合理的管理是植被恢复重建保育中不可缺少的措施，要禁止乱砍滥伐林木，将所有的风倒木、枯木都留在原地，不过量地把枯枝落叶从地面移走，让其自然腐烂以增加有机质等。

环境管理的目的在于给种子发芽、幼苗出土以及幼苗生长等创造有利条件。为此要提高播种地的温度。对覆土浅的播种地，可用稻草或落叶覆盖。有些怕高温、强光的树种，在生长初期尚需采取遮荫措施。

15.7.2 水肥管理

水肥管理的目的在于给种子发芽、幼苗出土以及幼苗生长等创造有利条件。为此要保持土壤的湿润度。水分不足则要进行灌溉，土壤板结时松土。对苗木的管理要根据播种苗各生育期的特点，结合当地的气候、土壤条件进行。包括适时间苗、追肥、灌溉、中耕除草、病虫害防治、越冬防寒等。

15.7.3 杂草管理

种苗苗圃、果园等经济价值高的地区可采用机械中耕除草的方式，生态林、风水林等地区无须特别注意杂草管理。

须注意的是杂草管理时采用的方法应注意保护环境和生物多样性，避免使用化学除草剂。

15.7.4 种子收集

种子的收集。种苗培育对种子具有严格的要求，必须具备良好的播种和遗传品质。种子的采集是种苗繁育的关键环节，应做到对种子采集的地点、时间、采集人进行跟踪记录、备案。采集过程中要注意选择性状优良的母株，每批次检测种子质量。采集种子时应注意不要过量，不可妨碍现有植被群落的更替。

种子的加工和存储。种子的加工方法分为干藏和湿藏两种方式。对水分含量高的种子要提前进行晾晒，存储时注意防潮和防虫。

15.7.5 种苗繁育和移栽

为了减少对从自然植物群落获取种子和幼苗的潜在生态影响，有条件的地方应建立种子园和苗圃，保障区域植被修复所需的种苗供应。

社区植被修复以使用生存力、适应力强的本地物种的种子、幼苗和幼树为主，播种或移栽至适宜的生境，只在初期给予适当的水肥管理即可存活。

乡村社区植被的保育中种苗的繁殖和移栽要尽力减少对种苗供应地和移栽地的环境破坏和资源消耗。

附件1　我国不同地区乡村社区近自然植被修复与再造建议物种名录

中文名	主要分布地区	拉丁文名	科名	属名	主要价值	是否为濒危物种
毛白杨	东北地区、华北地区、华东、华南、华中、西北、西南	*Populus tomentosa*	杨柳科	杨属	观赏、药用	否
梧桐	华东、华中	*Firmiana platanifolia*	梧桐科	梧桐属	观赏、药用、经济	否
无花果	华东地区	*Ficus carica*	桑科	榕属	药用、观赏、经济	否
石榴	华东地区	*Punica granatum*	石榴科	石榴属	药用、食疗、美容、观赏、营养	否
槐	华北、华东、华中、西北	*Sophora japonica*	豆科	槐属	药用、观赏、经济、化学成分	否
冬青	华东、华中	*Ilex chinensis*	冬青科	冬青属	药用、临床应用、园林观赏	否
猴樟	华东	*Cinnamomum bodinieri*	樟科	樟属	生态价值	否
木樨	华东、华南、华中、西南	*Osmanthus fragrans*	木樨科	木樨属	药用、膳食、园林	否
茶	华东、华南、西南	*Camellia sinensis*	山茶科	山茶属	经济价值	否
旱柳	华东、西南	*Salix matsudana*	杨柳科	柳属	药用、绿化、观赏、经济	否
侧柏	华北、华东、华中、西南	*Platycladus orientalis*	柏科	侧柏属	园林绿化、木材、医用价值	否
黑松	东北、华北、华东、华南、华中、西南	*Pinus thunbergii*	松科	松属	观赏、工业价值、药用、化学价值	否
圆柏	华东	*Sabina chinensis*	柏科	圆柏属	药用、园林	否
月季花	华东、西南	*Rosa chinensis*	蔷薇科	蔷薇属	园林绿化、药用、环保	否
银杏	华北、华东、华中、西南	*Ginkgo biloba*	银杏科	银杏属	食用、园林、经济、美容	是
紫檀	华东	*Pterocarpus indicus*	豆科	紫檀属	使用、药用	否
柿	华北、华东	*Diospyros kaki*	柿科	柿属	食用、保健、药用、经济价值、观赏	否
三球悬铃木	华东、华中、西南	*Platanus orientalis*	悬铃木科	悬铃木属	园林绿化、木材	否
梓	华东、华南	*Catalpa ovata*	紫葳科	梓属	药用、观赏	否
杉木	华东、华南、西南	*Cunninghamia lanceolate*	杉科	杉木属	经济、药用	否
红豆杉	华东、西南	*Taxus chinensis*	红豆杉科	红豆杉属	经济、药用、园林	是

续表

中文名	主要分布地区	拉丁文名	科名	属名	主要价值	是否为濒危物种
罗汉松	华东	*Podocarpus macrophyllus*	罗汉松科	罗汉松属	药用、经济、景观	否
毛泡桐	华东	*Paulownia tomentosa*	玄参科	泡桐属	园林绿化、药用、木材	否
垂柳	东北、华北、华东、华南、华中、西北、西南	*Salix babylonica*	杨柳科	柳属	园林用途、经济	否
紫叶李	华东	*Prunus cerasifera f. atropurpurea*	蔷薇科	李属	园林	否
樱桃	华东、西南	*Cerasus pseudocerasus*	蔷薇科	樱属	园林、药用、护肤	否
海棠花	华东	*Malus spectabilis*	蔷薇科	苹果属	经济、观赏	否
色木槭	华东	*Acer mono*	槭树科	槭属	经济、药用、园林	否
龙爪槐	华东	*Sophora japonica var. japonica f. pendula*	豆科	槐属	园林、药用	否
木槿	广泛栽培	*Hibiscus syriacus*	锦葵科	木槿属	园林、食用、药用	否
文竹	华东	*Asparagus setaceus*	百合科	天门冬属	观赏、药用	否
构树	华东、华南	*Broussonetia papyrifera*	桑科	构属	饲用、药用、园林绿化	否
玉兰	华东、华南、西南	*Magnolia denudata*	木兰科	木兰属	药用、食用、经济、观赏	否
柑橘	华东、华南、西南	*Citrus reticulata*	芸香科	柑橘属	食用、药用	否
香橙	华南	*Citrus junos*	芸香科	柑橘属	食用、药用	否
桑	华北、华东、华南、西南	*Morus alba*	桑科	桑属	药用、经济、园林观赏	否
天竺桂	华东	*Cinnamomum japonicum*	樟科	樟属	经济、园林、药用	是
瑞香	华中	*Daphne odora*	瑞香科	瑞香属	药用、观赏	否
蜡梅	华东、西南	*Chimonanthus praecox*	蜡梅科	蜡梅属	园林、药用	否
栀子	华东	*Gardenia jasminoides*	茜草科	栀子属	古代染料、药用价值	否
李	华东、西南	*Prunus salicina*	蔷薇科	李属	药用、食用	否
桃	华北、华东、西南	*Amygdalus persica*	蔷薇科	桃属	营养、食用、药用	否
花椒	华东	*Zanthoxylum bungeanum*	芸香科	花椒属	药用、食疗、经济	否
枣	华北、华东	*Ziziphus jujuba*	鼠李科	枣属	药用、园林、食用	否
苹果	华北、华东、西南	*Malus pumila*	蔷薇科	苹果属	食用	否

中文名	主要分布地区	拉丁文名	科名	属名	主要价值	是否为濒危物种
桉	华东、华南、西南	*Eucalyptus robusta*	桃金娘科	桉属	经济、食用、医学、自然	否
榕树	华东、华南、西南	*Ficus microcarpa*	桑科	榕属	药用、观赏	否
杧果	华南	*Mangifera indica*	漆树科	杧果属	经济、环境、食用、药用	否
龙眼	华南	*Dimocarpus longan*	无患子科	龙眼属	药用、营养、经济	是
荔枝	华南	*Litchi chinensis*	无患子科	荔枝属	经济、药用、食用	否
阳桃	华南	*Averrhoa carambola*	酢浆草科	阳桃属	药用、食用	否
楠木	西南	*Phoebe zhennan*	樟科	楠属	药用、实用	是
香柏	西南	*Sabina pingii var. wilsonii*	柏科	圆柏属	药用、园林观赏	否
鸡爪槭	华东	*Acer palmatum*	槭树科	槭树属	观赏	否
黄连木	华东	*Pistacia chinensis*	漆树科	黄连木属	食用、药用	否
龙柏	华东	*Sabina chinensis*	柏科	圆柏属	园林绿化、观赏	否
合欢	华东	*Albizia julibrissin*	豆科	合欢属	药用、观赏	否
栾树	华东	*Koelreuteria paniculata*	无患子科	栾树属	药用、园林、经济价值	否
雪松	华东	*Cedrus deodara*	松科	雪松属	园林、建筑、药用	否
女贞	华东、华中	*Ligustrum lucidum*	木樨科	女贞属	园林、药用	否
石楠	华东、华中	*Photinia serrulata*	蔷薇科	石楠属	园林	否
紫薇树	华东、华中	*Lagerstroemia indica*	千屈菜科	紫薇属	景观、药用	否
黄杨	华东	*Buxus sinica*	黄杨科	黄杨属	观赏、药用、经济	否
荷花玉兰	华中	*Magnolia grandiflora*	木兰科	木兰属	药用、工业、园林	否
枇杷	华东、华中	*Eriobotrya japonica*	蔷薇科	枇杷属	食用、药用	否
柚	华东、西南	*Citrus maxima*	芸香科	柑橘属	营养、保健、药用、食疗、减肥、美容	否
杨梅	华东、西南	*Myrica rubra*	杨梅科	杨梅属	食用、药用、工业、染料	否
白桦	华东、华中	*Betula platyphylla*	桦木科	桦木属	保健、药用、观赏、经济	否
栗	华东、西南	*Castanea mollissima*	壳斗科	栗属	营养、经济、食疗、药用、养生	否
楝	华南	*Melia azedarach*	楝科	楝属	药用、园林观赏	否
梅	广泛栽培	*Armeniaca mume*	蔷薇科	杏属	盆景、药用、观赏	否

续表

中文名	主要分布地区	拉丁文名	科名	属名	主要价值	是否为濒危物种
木瓜	西南	*Chaenomeles sinensis*	蔷薇科	木瓜属	经济、保健、食用、观赏	否
胡桃	华东、西南	*Juglans regia*	胡桃科	胡桃属	营养、药用、食疗、工艺	是
菊花	华东	*Dendranthema morifolium*	菊科	菊属	观赏、食用、保健、文化价值	否
野蔷薇	华东	*Rosa multiflora*	蔷薇科	蔷薇属	园林、食用、药用	否
杜鹃	华东	*Rhododendron simsii*	杜鹃花科	杜鹃属	观赏、药用、经济	否
棕榈	华东	*Trachycarpus fortunei*	棕榈科	棕榈属	景观、药用、文化价值	否
昙花	华东	*Epiphyllum oxypetalum*	仙人掌科	昙花属	药用、生态价值、文化价值	否
海枣	华东	*Phoenix dactylifera*	棕榈科	刺葵属	食用、观赏、药用、文化价值	否
沙枣	西北	*Elaeagnus angustifolia*	胡颓子科	胡颓子属	食用、使用、药用、观赏	否
皂荚	华东	*Gleditsia sinensis*	豆科	皂荚属	经济、药用、生态	否
白蜡树	华东	*Fraxinus chinensis*	木犀科	梣属	观赏、经济、药用	否
紫荆	华东	*Cercis chinensis*	豆科	紫荆属	药用、经济、文化价值	否
楸	广泛栽培	*Catalpa bungei*	紫葳科	梓属	工业价值、观赏、药用、生态价值	否
辽椴	广泛栽培	*Tilia mandshurica*	椴树科	椴树属	药用、园林、观赏	否
大叶藤黄	广泛栽培	*Garcinia xanthochymus*	藤黄科	藤黄属	果实食用	否
水竹	西南	*Phyllostachys heteroclada*	禾本科	刚竹属	观赏、使用	否
柽柳	广泛栽培	*Tamarix chinensis*	柽柳科	柽柳属	药用、经济	否
胡杨	西北	*Populus euphratica*	杨柳科	杨属	生态、医学、经济价值	是
桤木	华东	*Alnus cremastogyne*	桦木科	桤木属	生态价值、经济、药用	否
香子含笑	广泛栽培	*Michelia hedyosperma*	木兰科	含笑属	药用、香料	是
苏铁	华东	*Cycas revoluta*	苏铁科	苏铁属	食用、药用、观赏	是
芭蕉	华东	*Musa basjoo*	芭蕉科	芭蕉属	药用价值、营养价值	否
马尾松	华东	*Pinus massoniana*	松科	松属	园林绿化	否
扶芳藤	华东	*Euonymus fortune*	卫矛科	卫矛属	药用、园林观赏	否

中文名	主要分布地区	拉丁文名	科名	属名	主要价值	是否为濒危物种
刺槐	华东	*Robinia pseudoacacia*	豆科	刺槐属	园林、使用、药用	否
山楂	华东	*Crataegus pinnatifida*	蔷薇科	山楂属	药用、食用	否
杏	华北、华东	*Armeniaca vulgaris*	蔷薇科	杏属	医药、园林、食用	否
水杉	华东、华南	*Metasequoia glyptostroboides*	杉科	水杉属	经济、园林	是
紫穗槐	华东	*Amorpha fruticosa*	豆科	紫穗槐属	药用、观赏、经济、防护林	否
榆树	东北、华东、华南、西北	*Ulmus pumila*	榆科	榆属	药用、园林观赏	否
樟	华东、华南、华中、西南	*Cinnamomum camphora*	樟科	樟属	经济、绿化	否
臭椿	华东	*Ailanthus altissima*	苦木科	臭椿属	经济、绿化、环保、药用	否
香椿	华东、华南	*Toona sinensis*	楝科	香椿属	药用、食用、绿化	否
木芙蓉	华东	*Hibiscus mutabilis*	锦葵科	木槿属	观赏、药用	否
楸	华东	*Catalpa bungei*	紫葳科	梓属	经济、观赏、药用	否
塔柏	华东	*Sabina chinensis cv. pyramidalis*	柏科	圆柏属	经济、观赏、药用	否
黄杨	华东	*Buxus sinica*	黄杨科	黄杨属	观赏、绿化	否
龙爪槐	华东	*Sophora japonica var. japonica f. pendula*	豆科	槐属	观赏	否

附件2　暖温带乡村社区近自然植被修复与再造建议物种名录

中文名	生长型	拉丁文名	科名	属名	主要价值	濒危物种
毛白杨	乔木	*Populus tomentosa*	杨柳科	杨属	观赏、药用	否
槐	乔木	*Sophora japonica*	豆科	槐属	药用、观赏、经济、化学成分	否
侧柏	乔木	*Platycladus orientalis*	柏科	侧柏属	园林绿化、木材、医用价值	否
黑松	乔木	*Pinus thunbergii*	松科	松属	观赏、工业价值、药用、化学价值	否
银杏	乔木	*Ginkgo biloba*	银杏科	银杏属	食用、园林、经济、美容	是

续表

中文名	生长型	拉丁文名	科名	属名	主要价值	濒危物种
柿	乔木	*Diospyros kaki*	柿科	柿属	食用、保健、药用、经济价值、观赏	否
垂柳	乔木	*Salix babylonica*	杨柳科	柳属	园林用途、经济	否
桑	乔木	*Morus alba*	桑科	桑属	药用、经济、园林观赏	否
桃	乔木	*Amygdalus persica*	蔷薇科	桃属	营养、食用、药用	否
枣	乔木	*Ziziphus jujuba*	鼠李科	枣属	药用、园林、食用	否
苹果	乔木	*Malus pumila*	蔷薇科	苹果属	食用	否
白梨	乔木	*Pyrus bretschneideri*	蔷薇科	梨属	食用、药用	否
杏	乔木	*Armeniaca vulgaris*	蔷薇科	杏属	医药、园林、食用	否
荆条	灌木	*Vitex negundo var. heterophylla*	马鞭草科	牡荆属	药用、经济	否
刺槐	灌木	*Robinia pseudoacacia*	豆科	刺槐属	经济	否
胡枝子	灌木	*Lespedeza bicolor*	豆科	胡枝子属	经济、食用	否
麻栎	灌木	*Quercus acutissima*	壳斗科	栎属	食用、经济	否
野蔷薇	灌木	*Rosa multiflora*	蔷薇科	蔷薇属	经济、药用、园林绿化	否
酸枣	灌木	*Ziziphus jujuba var. spinosa*	鼠李科	枣属	食用、药用、经济	否
臭椿	灌木	*Ailanthus altissima*	苦木科	臭椿属	经济、药用	否
山槐	灌木	*Albizia kalkora*	豆科	合欢属	观赏	否
扁担杆子	灌木	*Grewia biloba*	椴树科	扁担杆子属	经济、药用	否
野花椒	灌木	*Zanthoxylum simulans*	芸香科	花椒属	药用	否
栓皮栎	灌木	*Quercus variabilis*	壳斗科	栎属	经济	否
君迁子	灌木	*Diospyros lotus*	柿科	柿属	食用、药用、经济	否
华北绣线菊	灌木	*Spiraea fritschiana*	蔷薇科	绣线菊属	观赏	否
山楂叶悬钩子	灌木	*Rubus crataegifolius*	蔷薇科	悬钩子属	经济、食用、药用	否
兴安胡枝子	灌木	*Lespedeza daurica*	豆科	胡枝子属	经济	否
牛叠肚	灌木	*Rubus crataegifolius*	蔷薇科	悬钩子属	经济、食用、药用	否
白檀	灌木	*Symplocos paniculata*	山矾科	山矾属	药用	否
小叶鼠李	灌木	*Rhamnus parvifolia*	鼠李科	鼠李属	药用	否
连翘	灌木	*Forsythia suspensa*	木樨科	连翘属	药用	否

续表

中文名	生长型	拉丁文名	科名	属名	主要价值	濒危物种
盐肤木	灌木	*Rhus chinensis*	漆树科	盐肤木属	药用、经济	否
南蛇藤	灌木	*Celastrus orbiculatus*	卫矛科	南蛇藤属	经济	否
花曲柳	灌木	*Fraxinus rhynchophylla*	木樨科	梣属	药用、观赏	否
花木蓝	灌木	*Indigofera kirilowii*	豆科	木蓝属	经济、观赏	否
构树	灌木	*Broussonetia papyrifera*	桑科	构属	经济、药用	否
紫穗槐	灌木	*Amorpha fruticosa*	豆科	紫穗槐属	经济	否
桑	灌木	*Morus alba*	桑科	桑属	经济、药用	否
卫矛	灌木	*Euonymus alatus*	卫矛科	卫矛属	药用	否
青花椒	灌木	*Zanthoxylum schinifolium*	芸香科	花椒属	食用、药用、经济	否
黑松	灌木	*Pinus thunbergii*	松科	松属	经济、观赏	否
赤松	灌木	*Pinus densiflora*	松科	松属	经济	否
榆树	灌木	*Ulmus pumila*	榆科	榆属	经济、食用、药用	否
槲树	灌木	*Quercus dentata*	壳斗科	栎属	经济、药用	否
侧柏	灌木	*Platycladus orientalis*	柏科	侧柏属	经济、药用、观赏	否
求米草	草本	*Oplismenus undulatifolius*	禾本科	求米草属	—	否
芦苇	草本	*Phragmites australis*	禾本科	芦苇属	经济、药用	否
狗尾草	草本	*Setaria viridis*	禾本科	狗尾草属	经济、药用	否
葎草	草本	*Humulus scandens*	桑科	葎草属	经济、药用	否
羊须草	草本	*Carex callitrichos*	莎草科	薹草属	—	否
野古草	草本	*Arundinella anomala*	禾本科	野古草属	经济	否
野青茅	草本	*Deyeuxia arundinacea*	禾本科	野青茅属	—	否
鸭跖草	草本	*Commelina communis*	鸭跖草科	鸭跖草属	药用	否
羽裂黄瓜菜	草本	*Paraixeris pinnatipartita*	菊科	黄瓜菜属	—	否
臭草	草本	*Melica scabrosa*	禾本科	臭草属	—	否
茜草	草本	*Rubia cordifolia*	茜草科	茜草属	—	否
三籽两型豆	草本	*Amphicarpaea trisperma*	豆科	两型豆属	—	否
婆婆针	草本	*Bidens bipinnata*	菊科	鬼针草属	药用	否
马唐	草本	*Digitaria sanguinalis*	禾本科	马唐属	—	否
黄背草	草本	*Themeda japonica*	禾本科	菅属	经济	否
小飞蓬	草本	*Conyza canadensis*	菊科	白酒草属	经济、药用	否
地榆	草本	*Sanguisorba officinalis*	菊科	白酒草属	经济、药用	否
霞草	草本	*Gypsophila oldhamiana*	石竹科	石头花属	经济、药用、观赏	否

续表

中文名	生长型	拉丁文名	科名	属名	主要价值	濒危物种
狗牙根	草本	*Cynodon dactylon*	禾本科	狗牙根属	经济、药用	否
卷柏	草本	*Selaginella tamariscina*	卷柏科	卷柏属	—	否
薯蓣	草本	*Dioscorea opposita*	薯蓣科	薯蓣属	—	否
长裂苦苣菜	草本	*Sonchus brachyotus*	菊科	苦苣菜属	—	否
透骨草	草本	*Phryma leptostachya subsp. asiatica*	透骨草科	透骨草属	药用	否
盐地碱蓬	草本	*Suaeda salsa*	藜科	碱蓬属	食用	否
野艾蒿	草本	*Artemisia lavandulaefolia*	菊科	蒿属	药用、经济、食用	否
西来稗	草本	*Echinochloa crusgalli var. zelayensis*	禾本科	稗属	—	否
野菊	草本	*Dendranthema indicum*	菊科	菊属	药用	否
鹅绒藤	草本	*Cynanchum chinense*	萝藦科	鹅绒藤属	药用	否
北京隐子草	草本	*Cleistogenes hancei*	禾本科	银子草属	经济	否
黄花蒿	草本	*Artemisia annua*	菊科	蒿属	—	否
酢浆草	草本	*Oxalis corniculata*	酢浆草科	酢浆草属	药用	否
野大豆	草本	*Glycine soja*	豆科	大豆属	经济、药用	否
苍耳	草本	*Xanthium sibiricum*	菊科	苍耳属	经济、药用	否
稗	草本	*Echinochloa crusgalli*	禾本科	稗属	—	否
芒	草本	*Miscanthus sinensis*	禾本科	芒属	经济	否
牛膝	草本	*Achyranthes bidentata*	苋科	牛膝属	—	否
碱蓬	草本	*Suaeda glauca*	藜科	碱蓬属	经济	否
商陆	草本	*Phytolacca acinosa*	商陆科	商陆属	药用、食用	否
双穗雀稗	草本	*Paspalum paspaloides*	禾本科	雀稗属	经济	否
白莲蒿	草本	*Artemisia sacrorum*	菊科	蒿属	药用、经济	否
白茅	草本	*Imperata cylindrica*	禾本科	白茅属	—	否
藜	草本	*Chenopodium album*	藜科	藜属	经济、药用	否
狭叶珍珠菜	草本	*Lysimachia pentapetala*	报春花科	珍珠菜属	—	否
早开堇菜	草本	*Viola prionantha*	堇菜科	堇菜属	药用、观赏	否
三脉紫菀	草本	*Aster ageratoides*	菊科	紫菀属	—	否
一年蓬	草本	*Erigeron annuus*	菊科	飞蓬属	药用	否

续表

中文名	生长型	拉丁文名	科名	属名	主要价值	濒危物种
矛叶荩草	草本	*Arthraxon lanceolatus*	禾本科	荩草属	—	否
荆条	草本	*Vitex negundo*	马鞭草科	牡荆属	经济、药用	否
鳢肠	草本	*Eclipta prostrata*	菊科	鳢肠属	药用	否
茵陈蒿	草本	*Artemisia capillaris*	菊科	蒿属	经济、药用	否
酸模叶蓼	草本	*Polygonum lapathifolium*	蓼科	蓼属	—	否
小蓟	草本	*Cirsium setosum*	菊科	蓟属	—	否
鹅观草	草本	*Roegneria kamoji*	禾本科	鹅观草属	经济	否
蒙古蒿	草本	*Artemisia mongolica*	菊科	蒿属	经济、药用	否
唐松草	草本	*Thalictrum aquilegifolium var. sibiricum*	毛茛科	唐松草属	药用	否
内折香茶菜	草本	*Rabdosia inflexa*	唇形科	香茶菜属	—	否
大油芒	草本	*Spodiopogon sibiricus*	禾本科	大油芒属	—	否
萝藦	草本	*Metaplexis japonica*	萝藦科	萝藦属	经济、药用	否

第16章

面向雨水管理和生活污水净化的生物
滞留系统设计指南

16.1 研究背景和意义

16.1.1 国内外研究进展

生物滞留系统的概念和技术形成于20世纪90年代，起源于美国，是生态滞留、吸收雨洪的重要方法。拉里·霍夫曼及其团队提出"生物滞留池"的想法，并在马里兰州的乔治王子郡进行了实践。国外研究主要侧重于生物滞留系统的水文模拟研究、土壤渗透力研究、污染物滞留能力研究、不同植物应用对水文的影响、建造及应用研究等五个方面，尝试通过对于水管结构的改造和优化，通过不同地区不同的环境和气候植物的选择和配置，并主要针对氮磷两种元素，也包括一些重金属的滞留能力进行研究，努力使其更贴近于当地的自然情况，更加绿色和环保地达到治理污水和吸收雨洪的目的。

国内相关研究起步时间相对较晚，最初是于2005年对生物滞留系统有了相关介绍和研究，于2010年后才有了较系统和深入的研究。由于起步时间较晚，国内相关的研究报告也不是很多，相关的研究也是侧重于生物滞留系统的起源与发展历程研究、国外优秀案例介绍、生物滞留系统的营造技术研究、生物滞留系统场地试验及模型构建等四个方面，相对来说还处在快速发展阶段，有待结合国内不同地区的具体情况进行更为深入、细致的研究。

16.1.2 本研究的目的和意义

面对目前氮磷肥料和一些含氮磷的生活用水的排放造成大量河流中氮磷富集，造成了严重的水体污染，以及出于生物滞留系统这一理念在国内还处于刚刚引入，不够成熟的现状，以我国东部暖温带半湿润气候区为例，通过了解无植被、商业化单种草本配置、本地单种草本配置、本地多种草本配置、灌木配置五种起始植物配置模式生物滞留系统的雨水总氮和总磷削减能力、植物多样性的动态变化，揭示植物配置对生物滞留系统环境调节和生物多样性保育的影响机理，从而提出乡村社区生物滞留系统植物配置的生态原则，努力在可以实现相关经济利益创造的同时，也可以进行污水处理，实现土地和资源的利用最大化和利益最大化，为未来绿色、科学地处理污水提供相关实验依据。

16.2　实验设计

16.2.1　研究系统

本研究以用65cm×45cm×65cm的方形PVC培养箱（图16-1）人工构建的微型生物滞留系统为研究系统，自上而下包括蓄水层、种植土层和砾石层。其中，种植土层与蓄水层间铺设太阳网起过滤作用，砾石层中埋有十字形水管，起汇集水流作用（图16-2）。

（1）蓄水层。24cm，用于容纳雨水。

（2）种植土层。25cm，组成为黄土：沙土：腐殖土=2：2：1。土壤取自当地。

（3）砾石层。6cm，上部覆盖有太阳网防止上层物质下漏，中间埋有十字形PVC管并连接水龙头。

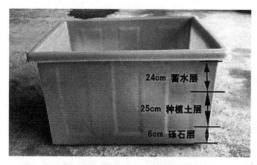

图16-1　PVC培养箱

图16-2　十字形水管

16.2.2　实验设计

1. 起始植物设计

生物滞留系统实验地点为山东省房干村山东大学生态观测站。起始植物群落组成设置无植被（control check，CK）、商业化单种草本配置（commercial single herbal，CS）、本地单种草本配置（local single herbal，LS）、本地多种草本配置（local multiple herbal，LM）、灌木（shrub，SH）5个水平，每个处理3个重复（表16-1）。注意无植被只是不种植任何植株，自然生长的杂草不加干涉。

起始植物设计　　　　　　　　　　　　　表16-1

编号	1~3	4~6	7~9	10~12	13~15
类型	无植被	商业单种	本地单种	本地多种	灌木
植物种类	—	高羊茅	狗牙根	狗牙根、桔梗、南沙参	玫瑰、狗牙根、桔梗、南沙参

2. 雨水设计

据黄淮海半湿润平原区—平地—旱地—大田—熟常规施肥区流失量（kg/亩），TN为0.221；NO_3-N为0.116；NH_4^+-N为0.037；TP为0.041，得n（TN）：n（NH_4^+-N）：n（TP）≈5：1.25：1。

　　根据山东气象局统计数据，7月是山东全年降水量最多的月份。取1971～2008年间，山东省7月平均降水量，根据地表径流系数和实验装置的比表面积，计算单次径流量为15L。

　　根据济南市水质有关文献，分别取地表水三类标准的10倍和30倍作为污染的低水平和高水平（表16-2）进行实验。其中，TN使用KNO_3和（NH_4）$_2SO_4$，TP使用KH_2PO_4。

径流模拟设计

表16-2

污染水平	低（mg/L）	高（mg/L）
总氮（TN）	10	30
总磷（TP）	2	6
铵氮（NH_4^+-N）	2.5	7.5

16.2.3　实验步骤

　　1. 预处理

　　植物长势良好后，进入启动阶段，其主要目的是冲洗土壤，培养、稳定土壤中的微生物。启动阶段进水采用地下水，每个种植箱每天进水两次，每次进水10L。4天后，种植箱出水水质稳定，启动阶段结束。

　　2. 预实验

　　按照每个种植箱对应一个污染水平进行预实验，初步得出种植箱对氮磷处理的规律，选取中浓度和高浓度进行正式实验。

　　3. 正式实验

　　实验采取每周进行一次，每次污水滞留3h并取流出水样，处理前后分别取一次土样。水样和土样的检测指标均为总氮、总磷和铵氮，并统计每个植箱中植物的高度、盖度等生物量信息。

16.2.4　检测方法

　　检测三个指标优先使用国标方法（表16-3）。

检测方法

表16-3

	土壤检测方法	水样检测方法
铵氮 （NNH_4^+-N）	《土壤理化分析》，中国科学院南京土壤研究所，上海科学技术出版社，1978年1月第1版，第二章"土壤养分分析"四、土壤铵态氮的测定（二）扩散吸收法，第84页	《水质氨氮的测定》HJ 535
总氮 （TN）	《土壤全氮测定法（半微量开氏法）》NY/T 53	《水质总氮的测定》HJ 636，碱性过硫酸钾消解紫外分光光度法
总磷 （TP）	《土壤理化分析》，中国科学院南京土壤研究所，上海科学技术出版社，1978年1月第1版，第二章"土壤养分分析"六、土壤全磷的测定、高氯酸-硫酸溶-钼锑抗比色法，第103页	《水质总磷的测定》GB/T 11893，钼酸铵分光光度法

16.2.5 数据处理

出水和土样的三个指标数值均由检测得出。

（1）生物滞留系统对三种指标的削减用进水含量与出水含量的差值占进水含量的比例表示，即：

$$\eta=(c_0-c)/c_0$$

式中，η为生物滞留系统对指标的削减比率，c为出水浓度，c_0为进水时的浓度。

（2）生物滞留系统土壤对特定指标的吸附滞留比率用进水后土壤浓度与进水前土壤浓度的差值占进水后土壤浓度的比率表示，即：

（3）生物滞留系统土壤对特定污染物的吸附滞留能力，用进水中该污染物的浓度与出水中该污染物的浓度差值与进水中该污染物的浓度的比表示，即：

$$k=(\omega_0-\omega)/\omega_0$$

式中，k为生物滞留系统土壤对特定指标的吸附滞留比率，ω_0为进水后土壤浓度，ω为进水前土壤浓度。

16.3 对雨水总磷的削减

16.3.1 生物滞留系统对总磷的削减

生物滞留系统对磷的削减方式包括植物的吸收、土壤的吸附和植物根部对磷的富集。

五种设置对水中总磷均具有明显的削减作用（图16-3、图16-4）。对低浓度水样，削减程度可达50%以上，本地多种处理后水中总磷含量符合地表水Ⅵ类标准（0.4mg/L）；对高浓度水样，削减程度可达85%以上。

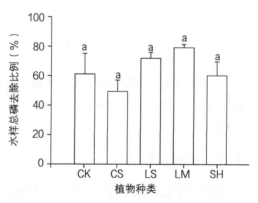

图16-3　生物滞留系统对低浓度总磷的削减

16.3.2 土壤对总磷的吸附

土壤对总磷的吸附作用如图16-5、图16-6所示。可以看到土壤对总磷的吸附作用较弱。对于低浓度的处理，都存在土壤总磷含量下降现象；对于高浓度的处理，土壤中总磷含量少量增加或下降。

16.3.3 小结

对生物滞留系统实验装置，土壤中本身含有一定的磷元素。待处理的溶液流经生物滞留系统装置后排出，磷的去向包括土壤的吸附、植物的吸收、植物根部的富集以及随

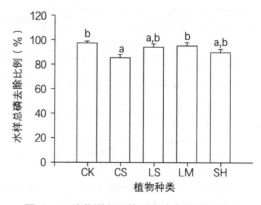

图16-4　生物滞留系统对高浓度总磷的削减

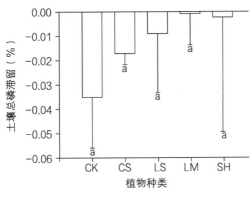

图16-5　土壤对低浓度总磷的吸附

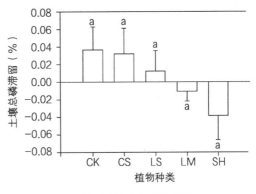

图16-6　土壤对高浓度总磷的吸附

溶液流出。从实验结果可以看到土壤对磷的吸附作用较为微弱，甚至由于冲刷作用可能出现负吸附现象。生物滞留系统对磷的调节主要通过植物的吸收和植物根部的富集作用两种方式进行。

经过生物滞留系统处理的液体，总磷含量均符合地表水Ⅵ类标准。其中，商业单种虽然植株长势良好，但是对水质的处理效果最不理想。建议结合当地植物种类，采用多种本地草本混搭的方式处理含磷水质，以达到较好的处理效果。

16.4　对雨水总氮和铵氮的削减

16.4.1　生物滞留系统对总氮和铵氮的削减

生物滞留系统对氮的削减方式包括植物的吸收、微生物的反硝化作用以及土壤的吸附。

生物滞留系统对低浓度总氮的削减作用不明显（图16-7a、b）。两个组甚至出现负削减的状况，无植被组尤为明显；对高浓度总氮削减可达70%以上，本地单种的削减效果明显优于其他组，商业单种削减效果最差。所有组别处理后的水质都没有达到地表水Ⅵ类标准（2.0mg/L）。

生物滞留系统对铵氮的削减作用显著（图16-7c、d）。低浓度水样均达到地表水Ⅵ类标准（2.0mg/L），其中本地单种处理效果最优，其余三种次之，灌木处理效果最差；高浓度水样均达到地表水Ⅲ类标准（1.0mg/L），不同的处理没有显著差异。

16.4.2　土壤对总氮和铵氮的吸附

土壤对氮的吸附能力较差（图16-8）。对于低浓度的处理，土壤中的氮含量几乎都是呈负增加。对于高浓度的处理，除本地单种外，对总氮和铵氮的吸附效果相近；在统计学上五种植物配置的处理效果之间均没有显著差异。

16.4.3　小结

生物滞留系统装置本身含有一定的氮元素，待处理溶液流经装置后排出，氮的去向包括植物的吸收、微生物的反硝化作用、土壤的吸附以及随溶液流出。对铵氮和硝氮，土壤

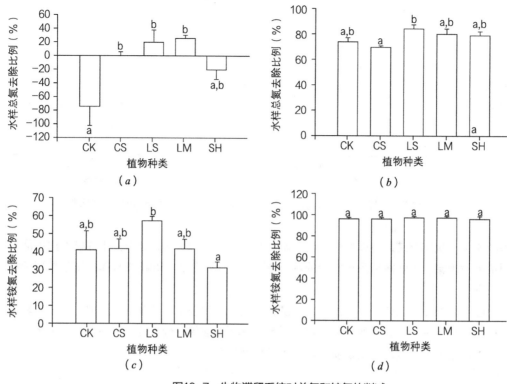

图16-7　生物滞留系统对总氮和铵氮的削减

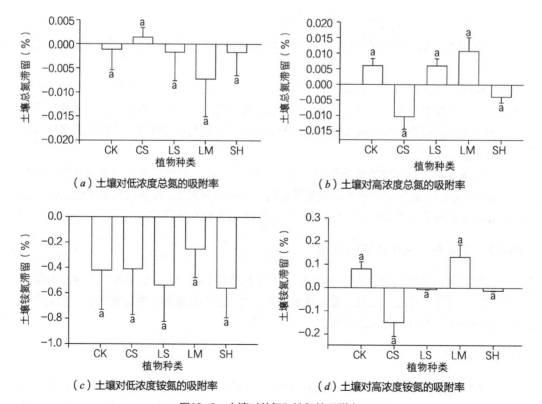

图16-8　土壤对总氮和铵氮的吸附率

的吸附效果都比较微弱，没有随溶液流出的氮主要用于植物的吸收和微生物的活动。

　　从铵氮和总氮的削减对比看，生物滞留系统对铵氮的调节能力明显强于硝氮。除了植物吸收的不同外，更大的差别可能来自于微生物的活动。进行硝化作用的为亚硝化细菌，通常发生于通气良好、pH值接近中性的环境中；而进行异化性硝酸盐还原作用的多为兼性厌氧菌，一般发生在缺氧环境中。

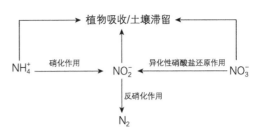

图16-9　生物滞留系统中氮素的去向

　　从氮的调节效果看，本地单种，即单独种植狗牙根对氮素的削减效果最优，其次为本地多种。也证实了在乡村社区生物滞留系统的植物配置上，宜采取因地制宜的原则，选择最适合当地情况的物种进行搭配。

第17章

乡村社区近自然型生态环境修复评估指标体系及其应用

17.1 细化指标选取

通过查阅国内外学者有关社区建设、社区评价指标体系及生态环境修复的相关文献，参考生态文明建设试点示范区指标、国家生态文明建设示范村镇指标、国家级生态乡镇申报及管理规定、国家标准《美丽乡村建设指南》、《国务院关于印发国家基本公共服务体系"十二五"规划的通知》、《生态环境状况评价技术规范》以及《美国的能源与环境设计先导评价标准》（LEED v4）等现有的国内外社区及村镇评价指标体系，结合中国近自然乡村社区生态环境的独特性，在考虑指标的科学性、系统性、层次性以及可行性的基础上，共选取一级指标5个、二级指标12个、三级指标58个。

17.2 细化指标体系内容

见表17-1。

细化指标体系内容 表17-1

		序号	指标	指标来源	测量方法	测量值	得分
自然环境空间	大气环境	1	空气质量指数	《国家级生态乡镇申报及管理规定》	问卷、实测、数据统计	1. 优 2. 良 3. 轻度污染 4. 差	4 3 2 1
		2	霾	创新指标	问卷、实测、数据统计	1. 轻微 2. 轻度 3. 中度 4. 重度	4 3 2 1
		3	沙尘	创新指标	问卷、实测、数据统计	1. 浮沉 2. 扬尘 3. 沙尘暴 4. 强沙尘暴或特强沙尘暴	4 3 2 1
	水环境	4	地面水综合水质	LEED v4、《国家生态乡镇申报及管理规定》	问卷、实测、数据统计	1. 优（可直接饮用） 2. 良（可游泳洗衣） 3. 轻度污染（可以灌溉） 4. 差	4 3 2 1

		序号	指标	指标来源	测量方法	测量值	得分
自然环境空间	水环境	5	地下水综合水质	创新指标	问卷、实测、数据统计	1. 优（可直接饮用） 2. 良（可游泳洗衣） 3. 轻度污染（可以灌溉） 4. 差	4 3 2 1
		6	湿地面积比	LEED v4	实测、数据统计	实计统计值	1～4
	土壤环境	7	土壤环境质量	创新指标	问卷、实测、数据统计	1. Ⅰ类（较好） 2. Ⅱ类（一般） 3. Ⅲ类（较差） 4. Ⅳ类（特差）	4 3 2 1
		8	山体滑坡	LEED v4	问卷、数据统计	1. 小灾害 2. 中灾害 3. 大灾害 4. 特大灾害	4 3 2 1
		9	水土流失	LEED v4	问卷、数据统计	1. 小灾害 2. 中灾害 3. 大灾害 4. 特大灾害	4 3 2 1
		10	土地沙漠化	创新指标	问卷、数据统计	1. 小灾害 2. 中灾害 3. 大灾害 4. 特大灾害	4 3 2 1
	生态环境	11	林草覆盖率（%）	《国家生态文明建设试点示范区指标》、LEED v4、《国家生态文明建设示范村镇指标》、《国家级生态乡镇申报及管理规定》、《美丽乡村建设指南》	数据统计	实计统计值	1～4
		12	边坡绿化率（%）	创新指标	数据统计	实际统计值	1～4
		13	受保护土地面积比例（%）	创新指标	数据统计	实际统计值	1～4
		14	外来物种比率（%）	创新指标	实测、数据统计	实际统计值	4～1
	社区景观	15	社区有无规划	创新指标	问卷	1. 有 2. 无	2 1
		16	社区有无绿色基础设计方案	创新指标	问卷	1. 有 2. 无	2 1

续表

		序号	指标	指标来源	测量方法	测量值	得分
居住生活空间	社区景观	17	庭院绿化率（%）	创新指标	问卷、数据统计	实际统计值	1~4
		18	社区人均居住面积（m²/人）	创新指标	数据统计	实际统计值	1~4
		19	社区人均公共绿地面积（m²/人）	《国家生态文明建设示范村镇指标》、《国家生态乡镇申报及管理规定》	数据统计	实际统计值	1~4
	社区环境	20	河塘沟渠整治率（%）	创新指标	问卷、数据统计	0~25 25~50 50~75 75~100	1 2 3 4
		21	生活垃圾无害化处理率（%）	《国家生态乡镇申报及管理规定》、《美丽乡村建设指南》	问卷、数据统计	0~25 25~50 50~75 75~100	1 2 3 4
		22	开展生活垃圾分类收集的农户比例（%）	《国家生态文明建设示范村镇指标》	问卷、数据统计	0~25 25~50 50~75 75~100	1 2 3 4
		23	社区居民生活污水处理率（%）	《国家生态文明建设示范村镇指标》、《国家生态乡镇申报及管理规定》、《美丽乡村建设指南》	问卷、数据统计	0~25 25~50 50~75 75~100	1 2 3 4
		24	集中式饮用水水源地水质达标率（%）	《国家生态文明建设示范村镇指标》、《国家生态乡镇申报及管理规定》	问卷、实测、数据统计	0~25 25~50 50~75 75~100	1 2 3 4
		25	社区居民饮用水卫生合格率（%）	《国家生态文明建设示范村镇指标》、《国家生态乡镇申报及管理规定》、《美丽乡村建设指南》	问卷、实测、数据统计	0~25 25~50 50~75 75~100	1 2 3 4
		26	使用清洁能源的居民户数比例（%）	《国家生态文明建设示范村镇指标》、《国家生态乡镇申报及管理规定》、《美丽乡村建设指南》	问卷、数据统计	0~25 25~50 50~75 75~100	1 2 3 4
		27	居民对社区环境状况满意率（%）	《国家生态文明建设试点示范区指标》、《国家生态文明建设示范村镇指标》	问卷	0~25 25~50 50~75 75~100	1 2 3 4

续表

		序号	指标	指标来源	测量方法	测量值	得分
居住生活空间	社区基础建设	28	区域集中供热率（%）	LEED v4	问卷、数据统计	0~25 25~50 50~75 75~100	1 2 3 4
		29	宽带接入率（%）	创新指标	问卷、数据统计	0~25 25~50 50~75 75~100	1 2 3 4
		30	公共交通出行比例（%）	《国家生态文明建设试点示范区指标》	问卷、数据统计	0~25 25~50 50~75 75~100	1 2 3 4
		31	农村卫生厕所普及率（%）	《国家生态文明建设示范乡镇指标》、《国家生态乡镇申报及管理规定》、《美丽乡村建设指南》	问卷、数据统计	0~25 25~50 50~75 75~100	1 2 3 4
	社区文化服务	32	生态文明知识普及率（%）	《国家生态文明建设试点示范区指标》	问卷、数据统计	0~25 25~50 50~75 75~100	1 2 3 4
		33	环境信息公开率（%）	《国家生态文明建设试点示范区指标》	问卷、数据统计	0~25 25~50 50~75 75~100	1 2 3 4
		34	九年义务教育目标人群覆盖率（%）	《美丽乡村建设指南》	问卷、数据统计	0~25 25~50 50~75 75~100	1 2 3 4
生产空间	农田环境	35	主要农产品中有机、绿色及无公害产品种植（养殖）面积的比重（%）	《国家生态文明建设示范村镇指标》、《国家生态乡镇申报及管理规定》	问卷、数据统计	0~25 25~50 50~75 75~100	1 2 3 4
		36	农药施用强度（折纯，kg/（hm²·a））	《国家生态文明建设示范村镇指标》、《国家生态乡镇申报及管理规定》	问卷、数据统计	实际统计值	4~1

		序号	指标	指标来源	测量方法	测量值	得分
居住生活空间	农田环境	37	农用化肥施用强度（折纯，公斤/kg/（hm²·a））	《国家生态文明建设示范村镇指标》、《国家生态乡镇申报及管理规定》	问卷、数据统计	实际统计值	4～1
		38	农作物秸秆综合利用率（%）	《国家生态文明建设示范村镇指标》、《国家生态乡镇申报及管理规定》、《美丽乡村建设指南》	问卷、数据统计	0～25 25～50 50～75 75～100	1 2 3 4
		39	农药化肥施用强度			>220 110～220 <110 不施用化肥	1 2 3 4
	工业环境	40	重点工业污染源达标排放率（%）	《国家生态文明建设示范村镇指标》、《国家生态乡镇申报及管理规定》、《美丽乡村建设指南》	问卷、数据统计	0～25 25～50 50～75 75～100	1 2 3 4
		41	应当实施清洁生产审核的企业通过审核比例（%）	《国家生态文明建设示范村镇指标》	问卷、数据统计	0～25 25～50 50～75 75～100	1 2 3 4
		42	规模化畜禽养殖场粪便综合利用率（%）	《国家生态文明建设示范村镇指标》、《国家生态乡镇申报及管理规定》、《美丽乡村建设指南》	问卷、数据统计	0～25 25～50 50～75 75～100	1 2 3 4
		43	病死畜禽无害化处理率（%）	《美丽乡村建设指南》	问卷、数据统计	0～25 25～50 50～75 75～100	1 2 3 4
	服务业环境	44	饮食业油烟达标排放率（%）	《国家生态乡镇申报及管理规定》	问卷、数据统计	0～25 25～50 50～75 75～100	1 2 3 4
		45	饮食业废水集中处理率（%）	创新指标	问卷、数据统计	0～25 25～50 50～75 75～100	1 2 3 4
		46	饮食业垃圾集中处理率（%）	创新指标	问卷、数据统计	0～25 25～50 50～75 75～100	1 2 3 4
		47	噪声达标率（%）	创新指标	问卷、实测、数据统计	0～25 25～50 50～75 75～100	1 2 3 4

续表

		序号	指标	指标来源	测量方法	测量值	得分
居住生活空间	基本经济情况	48	农民人均纯收入（元/a）	《国家生态文明建设示范村镇指标》	数据统计	实际统计值	1~4
		49	农村居民人均消费支出（元/a）	创新指标	数据统计	实际统计值	1~4
		50	生态环保投资占财政收入比例（%）	《国家生态文明建设试点示范区指标》	数据统计	0~25 25~50 50~75 75~100	1 2 3 4
自然资产		51	人均耕地（亩）	创新指标	数据统计	实际统计值	1~4
		52	人均水资源（m³）	创新指标	数据统计	实际统计值	1~4
		53	人均天然林草植被面积（hm²）	创新指标	数据统计	实际统计值	1~4
		54	单位面积物种数（种/hm²）	LEED v4	数据统计	实际统计值	1~4
生态系统服务		55	水供给	创新指标	问卷、数据统计	实际统计值	1~4
		56	食物供给	创新指标	问卷、数据统计	实际统计值	1~4
		57	气候调节	创新指标	问卷、数据统计	实际统计值	1~4
		58	娱乐休闲	创新指标	问卷、数据统计	实际统计值	1~4

17.3　细化指标评估方法

（1）根据所构建的近自然型乡村社区生态环境修复评估指标体系，多数指标可以直接制定四个等级的评价标准，并分别赋值1、2、3、4分或者4、3、2、1分，其中二级指标社区景观下三级指标"社区有无规划"及"社区有无绿色基础设计方案"两个指标只能得到两个等级的评价，因而可以赋值1、2分。

二级社区景观指标下三级指标"社区人均居住面积"、"社区人均公共绿地面积"，二级指标农田环境下三级指标"农药施用强度"、"化肥施用强度"，二级指标基本经济情况下三级指标"农民人均纯收入"、"农村居民人均消费支出"，以及自然资源资产指标下"人均耕地"、"人均水资源"、"人均天然林草植被面积"、"单位面积物种数"，生态系统服务指标下"水供给"、"食物供给"、"气候调节"、"娱乐休闲"14个指标在调研中可以得到或者通过计算得出准确的分值，但因缺乏合理的评分标准值，因而无法在调研前设定评分范围。因此将在得到调研结果后，通过对结果进行分析比较，得到评分区间，根据评分区间划分评分等级。最后，通过调研前及调研后评分标准的统一划分，就得到了完整的评分表。

（2）将选取的乡村社区每个评分表下的每个指标得分值与得到的组合权重相乘可以得到此社区下这一指标的实际得分值。通过将不同指标的得分值加权即可得到其二级指标、一级指标的实际得分值，进而可以判断出此乡村社区在自然环境空间方面，具体到其大气环境方面，甚至其大气环境下霾的状况。

17.4　细化指标权重确定

采用层次分析法确定乡村社区评估指标的权重，专家学者对评估指标的重要性进行权衡打分。我们共邀请了来自北京师范大学、复旦大学、山东师范大学以及山东大学生态环境方面的14位专家参与了此次指标权重的评分。通过对专家评分结果进行平均优化来获得最后的判断数值。

17.4.1　指标体系一级指标权重的确定

（1）构造比较判断矩阵：根据评价指标体系，一级指标由自然环境空间、居住生活空间、生产空间、自然资产、生态系统服务这五个指标构成。借助于软件，可以得出其综合判断矩阵及权重（表17-2）。

综合判断矩阵及权重　　　　　　　　表17-2

评估体系	自然环境空间	居住生活空间	生产空间	自然资产	生态系统服务	权重
自然环境空间	1	2.7389	3.2528	1.9425	1.7438	0.3697
居住生活空间	0.3651	1	1.7806	0.9802	1.9875	0.1917
生产空间	0.3074	0.5616	1	0.9917	1.7875	0.1452
自然资产	0.5148	1.0202	1.0084	1	1.6764	0.175
生态系统服务	0.5734	0.5031	0.5594	0.5965	1	0.1183

（2）进行一致性检验：特征值λmax：5.1753，一致性比例：0.0391<0.1，说明判断矩阵具有满意的一致性。

由此，一级指标中自然环境空间、居住生活空间、生产空间、自然资产、生态系统服务权重依次为0.3697、0.1917、0.1452、0.175、0.1183。可以看出自然环境空间权重最大，居住生活空间和自然资产次之，最后是生态系统服务。

17.4.2　指标体系下二级指标权重的确定

自然环境空间指标下二级指标判断矩阵如表17-3所示。

自然环境空间指标下二级指标判断矩阵　　　　　　　　表17-3

自然环境空间	大气环境	水环境	土壤环境	生态环境	权重
大气环境	1	2.3056	1.8042	1.3037	0.3685
水环境	0.4337	1	1.4958	1.2786	0.229
土壤环境	0.5543	0.6685	1	1.75	0.2166
生态环境	0.767	0.7821	0.5714	1	0.1858

得出特征值λmax：4.1508，一致性比例：0.0565<0.1，说明判断矩阵具有满意的一致性。大气环境、水环境、土壤环境、生态环境权重依次是0.3685、0.229、0.2166、0.1858。可以看出大气环境权重最大，其他次之。

居住生活空间指标下二级指标判断矩阵如表17-4所示。

居住生活空间指标下二级指标判断矩阵　　　　表17-4

居住生活空间	社区景观	社区环境	社区基础建设	社区文化服务	权重
社区景观	1	2.4176	3.0444	1.4778	0.4215
社区环境	0.4136	1	1.75	1.0472	0.215
社区基础建设	0.3285	0.5714	1	1.2628	0.1644
社区文化服务	0.6767	0.9549	0.7919	1	0.1991

得出特征值λmax：4.1185，一致性比例：0.0444<0.1，说明判断矩阵具有满意的一致性。社区景观、社区环境、社区基础建设、社区文化服务权重依次是0.4215、0.215、0.1644、0.1991。可以看出社区景观权重最大。

生产空间指标下二级指标判断矩阵如表17-5所示。

生产空间指标下二级指标判断矩阵　　　　表17-5

生产空间	农田环境	工业环境	服务业环境	基本经济情况	权重
农田环境	1	1.3444	2.0036	1.8819	0.3551
工业环境	0.7438	1	1.9375	1.875	0.3032
服务业环境	0.4991	0.5161	1	1.2806	0.1793
基本经济情况	0.5314	0.5333	0.7809	1	0.1624

得出特征值λmax：4.0206，一致性比例：0.0077<0.1，说明判断矩阵具有满意的一致性。农田环境、工业环境、服务业环境、基本经济情况权重依次是0.3551、0.3032、0.1793、0.1624。可以看出农田环境、工业环境权重较大，服务业环境、基本经济情况权重次之。

17.4.3　二级指标体系下三级指标权重的确定

二级指标大气环境指标下三级指标判断矩阵如表17-6所示。

二级指标大气环境指标下三级指标判断矩阵　　　　表17-6

大气环境	空气质量指数	霾	沙尘	权重
空气质量指数	1	2.3065	2.0454	0.5196
霾	0.4336	1	1.3917	0.2618
沙尘	0.4889	0.7185	1	0.2186

得出特征值 λmax：3.0226，一致性比例：0.0217<0.1，说明判断矩阵具有满意的一致性。空气质量指数、霾、沙尘权重依次是0.5196、0.2618、0.2186。可以看出空气质量指数权重最大。

二级指标水环境下三级指标判断矩阵如表17-7所示。

二级指标水环境下三级指标判断矩阵   表17-7

水环境	地面水综合水质	地下水综合水质	湿地面积比	权重
地面水综合水质	1	1.95	1.3583	0.4487
地下水综合水质	0.5128	1	1.2139	0.2769
湿地面积比	0.7362	0.8238	1	0.2745

得出特征值 λmax：3.0344，一致性比例：0.0331<0.1，说明判断矩阵具有满意的一致性。地面水综合水质、地下水综合水质、湿地面积比权重依次是0.4487、0.2769、0.2745。

二级指标土壤环境下三级指标判断矩阵如表17-8所示。

二级指标土壤环境下三级指标判断矩阵   表17-8

土壤环境	土壤环境质量	山体滑坡	水土流失	土地沙漠化	权重
土壤环境质量	1	1.9176	1.301	1.862	0.3517
山体滑坡	0.5215	1	1.475	1.5722	0.2531
水土流失	0.7686	0.678	1	2.0139	0.2427
土地沙漠化	0.5371	0.6361	0.4965	1	0.1525

得出特征值 λmax：4.0856，一致性比例：0.0321<0.1，说明判断矩阵具有满意的一致性。土壤环境质量、山体滑坡、水土流失、土地沙漠化权重依次是0.3517、0.2531、0.2427、0.1525。可以看出土壤环境质量权重最大。

二级指标生态环境下三级指标判断矩阵如表17-9所示。

二级指标生态环境下三级指标判断矩阵   表17-9

生态环境	林草覆盖率	边坡绿化率	受保护土地面积比例	外来物种比例	权重
林草覆盖率	1	1.6286	2.8639	2.3073	0.4026
边坡绿化率	0.614	1	2.8452	2.016	0.3079
受保护土地面积比例	0.3492	0.3515	1	1.8272	0.1572
外来物种比例	0.4334	0.496	0.5473	1	0.1324

得出特征值 λmax：4.1219，一致性比例：0.0457<0.1，说明判断矩阵具有满意的一致性。林草覆盖率、边坡绿化率、受保护土地面积比例、外来物种比例权重依次是0.4026、

0.3079、0.1572、0.1324。可以看出林草覆盖率、边坡绿化率权重较大。

二级指标社区景观下三级指标判断矩阵如表17-10所示。

二级指标社区景观下三级指标判断矩阵　　　　表17-10

社区景观	社区有无规划	社区有无绿色基础设计方案	庭院绿化率	社区人均居住面积	社区人均公共绿地面积	权重
社区有无规划	1	2.151	1.8321	1.5821	2.2454	0.3215
社区有无绿色基础设计方案	0.4649	1	1.7583	1.846	2.3044	0.2403
庭院绿化率	0.5458	0.5687	1	1.5194	1.9611	0.1816
社区人均居住面积	0.6321	0.5417	0.6582	1	1.6556	0.1519
社区人均公共绿地面积	0.4454	0.434	0.5099	0.604	1	0.1048

得出特征值λ_{max}：5.1221，一致性比例：0.0273<0.1，说明判断矩阵具有满意的一致性。社区有无规划、社区有无绿色基础设计方案、庭院绿化率、社区人均居住面积、社区人均公共绿地面积权重依次是0.3215、0.2403、0.1816、0.1519、0.1048。可以看出社区有无规划权重最大。

二级指标社区环境下三级指标判断矩阵如表17-11所示。

二级指标社区环境下三级指标判断矩阵　　　　表17-11

社区环境	河塘沟渠整治率	生活垃圾无害化处理率	开展生活垃圾分类收集的农户比例	社区居民生活污水处理率	集中式饮用水水源地水质达标率	社区居民饮用水卫生合格率	使用清洁能源的居民户数比例	居民对社区环境状况满意率	权重
河塘沟渠整治率	1	3.7111	2.7111	3.3452	4.3452	4.8452	2.0028	2.8889	0.303
生活垃圾无害化处理率	0.2695	1	1.5425	1.8889	3.1	3.0952	1.4083	2.45	0.1563
开展生活垃圾分类收集的农户比例	0.3689	0.6483	1	2.8611	4.0833	4.1833	1.5028	2.0833	0.1663
社区居民生活污水处理率	0.2989	0.5294	0.3495	1	2.7778	2.85	0.8708	2.1931	0.102

社区环境	河塘沟渠整治率	生活垃圾无害化处理率	开展生活垃圾分类收集的农户比例	社区居民生活污水处理率	集中式饮用水水源地水质达标率	社区居民饮用水卫生合格率	使用清洁能源的居民户数比例	居民对社区环境状况满意率	权重
集中式饮用水水源地水质达标率	0.2301	0.3226	0.2449	0.36	1	2.1111	1.037	1.3369	0.0645
社区居民饮用水卫生合格率	0.2064	0.3231	0.239	0.3509	0.4737	1	0.48	1.01	0.0443
使用清洁能源的居民户数比例	0.4993	0.7101	0.6654	1.1484	0.9643	2.0833	1	2.3361	0.1053
居民对社区环境状况满意率	0.3462	0.4082	0.48	0.456	0.748	0.9901	0.4281	1	0.0583

得出特征值λ_{max}：8.4151，一致性比例：0.0421＜0.1，说明判断矩阵具有满意的一致性。河塘沟渠整治率、生活垃圾无害化处理率、开展生活垃圾分类收集的农户比例、社区居民生活污水处理率、集中式饮用水水源地水质达标率、社区居民饮用水卫生合格率、使用清洁能源的居民户数比例、居民对社区环境状况满意率权重依次是0.303、0.1563、0.1663、0.102、0.0645、0.0443、0.1053、0.0583。

二级指标社区基础建设下三级指标判断矩阵如表17-12所示。

二级指标社区基础建设下三级指标判断矩阵　　　　　　表17-12

社区基础建设	区域集中供热率	宽带接入率	公共交通出行比例	农村卫生厕所普及率	权重
区域集中供热率	1	0.4996	0.573	2.1438	0.1918
宽带接入率	2.0016	1	2.6389	3.8036	0.4613
公共交通出行比例	1.7452	0.3789	1	2.3869	0.2449
农村卫生厕所普及率	0.4665	0.2629	0.419	1	0.102

得出特征值λ_{max}：4.0736，一致性比例：0.0276＜0.1，说明判断矩阵具有满意的一致性。区域集中供热率、宽带接入率、公共交通出行比例、农村卫生厕所普及率权重依次是0.1918、0.4613、0.2449、0.102。可以看出宽带接入率权重最大。

二级指标社区文化服务下三级指标判断矩阵如表17-13所示。

二级指标社区文化服务下三级指标判断矩阵　　　　表17-13

社区文化服务	生态文明知识普及率	环境信息公开率	九年义务教育目标人群覆盖率	权重
生态文明知识普及率	1	1.4	4.7593	0.5051
环境信息公开率	0.7143	1	4.5952	0.3989
九年义务教育目标人群覆盖率	0.2101	0.2176	1	0.096

得出特征值 λmax：3.0101，一致性比例：0.0097<0.1，说明判断矩阵具有满意的一致性。生态文明知识普及率、环境信息公开率、九年义务教育目标人群覆盖率权重依次是0.5051、0.3989、0.096。

二级指标农田环境下三级指标判断矩阵如表17-14所示。

二级指标农田环境下三级指标判断矩阵　　　　表17-14

农田环境	主要农产品中有机、绿色及无公害产品种植（养殖）面积的比重	农药施用强度	农用化肥施用强度	农作物秸秆综合利用率	农膜回收率	权重
主要农产品中有机、绿色及无公害产品种植（养殖）面积的比重	1	3.1417	2.6	1.8897	2.1093	0.3684
农药施用强度	0.3183	1	1.0139	0.8536	1.078	0.1425
农用化肥施用强度	0.3846	0.9863	1	1.3944	1.6536	0.1798
农作物秸秆综合利用率	0.5292	1.1715	0.7172	1	2.5139	0.1906
农膜回收率	0.4741	0.9276	0.6047	0.3978	1	0.1187

得出特征值 λmax：5.1407，一致性比例：0.00314<0.1，说明判断矩阵具有满意的一致性。主要农产品中有机、绿色及无公害产品种植（养殖）面积的比重、农药施用强度、农用化肥施用强度、农作物秸秆综合利用率、农膜回收率权重依次是0.3684、0.1425、0.1798、0.1906、0.1187。

二级指标工业环境下三级指标判断矩阵如表17-15所示。

二级指标工业环境下三级指标判断矩阵　　　　表17-15

工业环境	重点工业污染源达标排放率	应当实施清洁生产审核的企业通过审核比例	规模化畜禽养殖场粪便综合利用率	病死畜禽无害化处理率	权重
重点工业污染源达标排放率	1	1.408	1.1802	1.8351	0.3114
应当实施清洁生产审核的企业通过审核比例	0.7102	1	2.2972	2.4286	0.3354

续表

工业环境	重点工业污染源达标排放率	应当实施清洁生产审核的企业通过审核比例	规模化畜禽养殖场粪便综合利用率	病死畜禽无害化处理率	权重
规模化畜禽养殖场粪便综合利用率	0.8473	0.4353	1	2.1944	0.2225
病死畜禽无害化处理率	0.5449	0.4118	0.4557	1	0.1307

得出特征值λ_{max}：4.1304，一致性比例：0.0488<0.1，说明判断矩阵具有满意的一致性。重点工业污染源达标排放率、应当实施清洁生产审核的企业通过审核比例、规模化畜禽养殖场粪便综合利用率、病死畜禽无害化处理率权重依次是0.3114、0.3354、0.2225、0.1307。

二级指标服务业环境下三级指标判断矩阵如表17-16所示。

二级指标服务业环境下三级指标判断矩阵　　　　　　　表17-16

服务业环境	饮食业油烟达标排放率	饮食业废水集中处理率	饮食业垃圾集中处理率	噪声达标率	权重
饮食业油烟达标排放率	1	3.1667	3.1667	1.6	0.4571
饮食业废水集中处理率	0.3158	1	1.5972	1.3627	0.2059
饮食业垃圾集中处理率	0.3158	0.6261	1	0.8612	0.1425
噪声达标率	0.625	0.7338	1.1612	1	0.1946

得出特征值λ_{max}：4.0944，一致性比例：0.0354<0.1，说明判断矩阵具有满意的一致性。饮食业油烟达标排放率、饮食业废水集中处理率、饮食业垃圾集中处理率、噪声达标率权重依次是0.4571、0.2059、0.1425、0.1946。可以看出饮食业油烟达标排放率权重最大。

二级指标基本经济情况下三级指标判断矩阵如表17-17所示。

二级指标基本经济情况下三级指标判断矩阵　　　　　　　表17-17

基本经济情况	农民人均纯收入	农村居民人均消费支出	生态环保投资占财政收入比例	权重
农民人均纯收入	1	0.8	2.3744	0.3809
农村居民人均消费支出	1.25	1	2.4917	0.4491
生态环保投资占财政收入比例	0.4212	0.4013	1	0.17

得出特征值λmax：3.0034，一致性比例：0.0033＜0.1，说明判断矩阵具有满意的一致性。农民人均纯收入、农村居民人均消费支出、生态环保投资占财政收入比例权重依次是0.3809、0.4491、0.17。

自然资产指标下指标判断矩阵如表17-18所示。

自然资产指标下指标判断矩阵　　　　　　表17-18

自然资产	人均耕地	人均水资源	人均天然林草植被面积	单位面积物种数	权重
人均耕地	1	2.3222	1.4341	1.3321	0.349
人均水资源	0.4306	1	1.1403	0.8731	0.1934
人均天然林草植被面积	0.6973	0.877	1	0.4523	0.1753
单位面积物种数	0.7507	1.1453	2.2109	1	0.2823

得出特征值λmax：4.0849，一致性比例：0.0318＜0.1，说明判断矩阵具有满意的一致性。人均耕地、人均水资源、人均天然林草植被面积、单位面积物种数权重依次是0.349、0.1934、0.1753、0.2823。可以看出人均耕地权重最大。

生态系统服务指标下指标判断矩阵如表17-19所示。

生态系统服务指标下指标判断矩阵　　　　　　表17-19

生态系统服务	水供给	食物供给	气候调节	娱乐休闲	权重
水供给	1	2.2778	3.0833	5.5	0.489
食物供给	0.439	1	2.4194	4.2083	0.2855
气候调节	0.3243	0.4133	1	3.1486	0.1583
娱乐休闲	0.1818	0.2376	0.3176	1	0.0672

得出特征值λmax：4.0831，一致性比例：0.0217＜0.1，说明判断矩阵具有满意的一致性。其中，水供给权重最大，其次为食物供给和气候调节，娱乐休闲权重最小。

综上，近自然型乡村社区生态环境修复细化评估指标体系各指标权重分布如表17-20所示。

表17-20

指标	权重	二级指标	权重		三级指标	权重	组合权重
自然环境空间	0.3697	大气环境	0.3685	1	空气质量指数	0.5196	0.070787
				2	霾	0.2618	0.035666
				3	沙尘	0.2186	0.029781

续表

指标	权重	二级指标	权重		三级指标	权重	组合权重
自然环境空间	0.369	水环境	0.229	4	地面水综合水质	0.4487	0.037988
				5	地下水综合水质	0.2769	0.023443
				6	湿地面积比	0.2745	0.02324
		土壤环境	0.2166	7	土壤环境质量	0.3517	0.028163
				8	山体滑坡	0.2531	0.020267
				9	水土流失	0.2427	0.019435
				10	土地沙漠化	0.1525	0.012212
		生态环境	0.1858	11	林草覆盖率（%）	0.4026	0.027655
				12	边坡绿化率（%）	0.3079	0.02115
				13	受保护土地面积比例（%）	0.1572	0.010798
				14	外来物种比率（%）	0.1324	0.009095
居住生活空间	0.1917	社区景观	0.4215	15	社区有无规划	0.3215	0.025978
				16	社区有无绿色基础设计方案	0.2403	0.019417
				17	庭院绿化率（%）	0.1816	0.014674
				18	社区人均居住面积（m²/h）	0.1519	0.012274
				19	社区人均公共绿地面积（m²/人）	0.1048	0.025978
		社区环境	0.215	20	河塘沟渠整治率（%）	0.303	0.012488
				21	生活垃圾无害化处理率（%）	0.1563	0.006442
				22	开展生活垃圾分类收集的农户比例（%）	0.1663	0.006854
				23	社区居民生活污水处理率（%）	0.102	0.004204
				24	集中式饮用水水源地水质达标率（%）	0.0645	0.002658
				25	社区居民饮用水卫生合格率（%）	0.0443	0.001826
				26	使用清洁能源的居民户数比例（%）	0.1053	0.00434
				27	居民对社区环境状况满意率（%）	0.0583	0.002403
		社区基础建设	0.1644	28	区域集中供热率（%）	0.1918	0.006045
				29	宽带接入率（%）	0.4613	0.014538
				30	公共交通出行比例（%）	0.2449	0.007718
				31	农村卫生厕所普及率（%）	0.102	0.003215
		社区文化服务	0.1991	32	生态文明知识普及率（%）	0.5051	0.019278
				33	环境信息公开率（%）	0.3989	0.015225
				34	九年义务教育目标人群覆盖率（%）	0.096	0.003664

续表

指标	权重	二级指标	权重		三级指标	权重	组合权重
生产空间	0.1452	农田环境	0.3551	35	主要农产品中有机、绿色及无公害产品种植（养殖）面积的比重（%）	0.3684	0.018995
				36	农药施用强度（折纯，kg/（hm²·a））	0.1425	0.007347
				37	农用化肥施用强度（折纯，kg/（hm²·a））	0.1798	0.009271
				38	农作物秸秆综合利用率（%）	0.1906	0.009827
				39	农膜回收率（%）	0.1187	0.00612
		工业环境	0.3032	40	重点工业污染源达标排放率（%）	0.3114	0.013709
				41	应当实施清洁生产审核的企业通过审核比例（%）	0.3354	0.014766
				42	规模化畜禽养殖场粪便综合利用率（%）	0.2225	0.009795
				43	病死畜禽无害化处理率（%）	0.1307	0.005754
		服务业环境	0.1793	44	饮食业油烟达标排放率（%）	0.4571	0.0119
				45	饮食业废水集中处理率（%）	0.2059	0.00536
				46	饮食业垃圾集中处理率（%）	0.1425	0.005066
				47	噪声达标率（%）	0.1946	0.00371
		基本经济情况	0.1624	48	农民人均纯收入（元/a）	0.3809	0.008982
				49	农村居民人均消费支出（元/a）	0.4491	0.01059
				50	生态环保投资占财政收入比例（%）	0.17	0.004009
自然资产	0.175	自然资产	1	51	人均耕地	0.349	0.061075
				52	人均水资源	0.1934	0.033845
				53	人均天然林草植被面积	0.1753	0.030678
				54	单位面积物种数（种/hm²）	0.2823	0.049403
生态系统服务	0.1183	生态系统服务	1	55	水供给	0.489	0.057849
				56	食物供给	0.2855	0.033775
				57	气候调节	0.1583	0.018727
				58	娱乐休闲	0.0672	0.00795

17.5 细化指标权重分析

专家学者对乡村现阶段的发展及其环境特点都有很好的了解，他们对指标体系的权重评分也反映了现阶段中国乡村建设存在的问题。同时，他们权衡打分时也会考虑目前乡村居民重视的问题,因而权重评分结果在一定程度上也反映了乡村社区建设中容易忽略的问题。

从一级指标来看,自然环境空间的权重值最大,表示在五个指标的权衡打分中,自然环境空间得分最高,意味着专家认为自然环境空间的重要性是最强的。其次是居住生活空间,但相较于自然环境空间,权重得分差距较大。说明专家认为自然环境空间的重要性要远远重于居住生活空间。自然环境空间可以说是居住生活空间的基础,自然环境的退化必然会导致居住生活环境的恶化。居住生活空间、自然资产、生产空间的差距不大,生态系统服务得分最低(图17-1)。

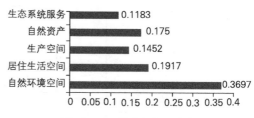

图17-1 一级指标权重分布

在二级指标中,自然环境空间中大气环境的重要性远远高于其他指标,这与人们的切身感受密切相关。大气污染问题已成为一个全国性的问题,尤其是近几年来雾霾的出现,威胁到人们生命健康的同时,也严重影响了人们的生产和出行。居住生活空间中社区景观的权重值远远高于其他四个指标的权重值,这也是对一个社区环境最基本的评价。其中,社区基础建设评分最低,在农村建设中,这也是一个非常容易忽略的问题。生产空间中农田环

图17-2 生产空间下二级指标权重分布

境的权重值最高,这与乡村现阶段的主导产业及生产方式密切相关,而工业环境与其差异性不是很大,说明乡村社区整体的产业结构较之前已经有了很大的变化,工业生产已经得到了较好的发展(图17-2)。

从三级指标权重值来看,大气环境中空气质量指数权重值最高,这也是最能反映空气质量的指标。土壤环境中土壤环境质量评分最高,其他灾害性指标较低。土壤环境质量直接影响农业、畜牧业等的发展,涉及食品安全等热点问题,引起了人们的关注。社区基础建设中宽带接入率权重值最高,可以看出网络对人们的影响。对人们来说,它已经不仅仅是一种获取信息、沟通交流、娱乐休闲的方式,而已成为许多人生活中的必需品。农田环境中,主要农产品中有机、绿色及无公害产品种植(养殖)面积的比重权重值最高,再次反映了人们对食品安全的关注。

17.6 指标体系的特点与应用

本指标一级指标包括自然环境空间、居住生活空间、生产空间、自然资产和生态系统服务五个方面,其中自然环境空间、自然资产和生态系统服务三部分均是直接对乡村社区自然环境的评估。从自然环境空间指标获取的数据可以对社区的大气环境、水环境、土壤环境及生态环境作最基本的了解,从自然资产指标数据可以进一步得到耕地、水资源、自然植被资源数据,而由生态系统服务指标则可以进一步了解社区对环境资源的利用状况。其他指标如社区景观、农田环境等则以间接的形式对社区的环境进行了评估。整体指标体

现了近自然型乡村社区自然与现代相结合、生产方式多样化等特点的同时，均以社区的环境修复为中心。

之前的指标体系，无论是国外的LEED绿色建筑分级评估体系、BREEAM建筑评估方法，还是国内现有的城市社区评估指标体系，均涉及对环境的评估，但是相对于本指标体系都较为简略，评估重点集中在建筑或者社区的经济、文化等方面。而在关于农村环境评估指标体系的文献中张铁亮、张海蓉及郝英群等虽然将评估重点放在了农村的环境上，涉及自然环境和人居环境，但是指标涵盖范围较窄，例如产业方式仅仅涉及农业，因而只能作为对农村环境的评估。

因此，近自然型乡村社区生态环境修复评估指标体系作为一个乡村社区评价工具，在应用前首先应该明确评价目标、评价主体是否是针对近自然型乡村社区的建设或者生态环境进行评估。应用过程中，应保持评估的客观性、科学性和有效性，不能掺杂个人意见。评估结束后，根据评估结果提出社区建设和生态环境修复的相关意见。前文所提出的两个评估指标体系均具有可应用性，在条件允许，可以进行详细、完备的评估时，建议采用完整的评估指标体系。在信息不全、客观条件不允许或者需要大面积推广应用的情况下，可以采用简化后的指标体系，使评估更加简便、快捷。

第四部分
乡村社区生活
垃圾处理技术

第18章

乡村社区生活垃圾分类收集与转运技术指南

18.1 总则

18.1.1 基本要求

（1）乡村社区生活垃圾处理应以保障公共环境卫生和人体健康、防止环境污染为宗旨，遵循"源头分类减量化、分离转运清洁化、综合处理资源化"原则。

（2）尽可能从源头避免和减少生活垃圾产生，对产生的生活垃圾应尽可能分类回收，实现源头减量。分类回收的垃圾应实施分类运输和分类资源化处理。通过不断提高生活垃圾处理水平，确保生活垃圾得到无害化处理和资源化利用。

（3）生活垃圾处理应统筹考虑生活垃圾分类收集、生活垃圾转运、生活垃圾处理设施建设、运行监管等重点环节，落实生活垃圾收运和处理过程中的污染控制，着力构建"城乡统筹、技术合理、能力充足、环保达标"的生活垃圾处理体系。

（4）生活垃圾分类收集与转运和处理工作应纳入国民经济和社会发展计划，采取有利于环境保护和综合利用的经济、技术政策和措施，促进生活垃圾分类收集与转运和处理的产业化发展。

18.1.2 生活垃圾分类与减量

（1）应通过加大宣传，提高广大农民的认识水平和参与积极性，扩大生活垃圾分类工作的范围和村镇数量，大力推广生活垃圾源头分类。

（2）将废纸、废金属、废玻璃、废塑料的回收利用纳入生活垃圾分类收集范畴，建立具有我国特色的生活垃圾资源再生模式，有效推进生活垃圾资源再生和源头减量。

（3）根据农村有机垃圾含量较高的特点，采取有机垃圾就地资源化，有效缓解城镇生活垃圾收集转运和处理的压力、减少二次污染、提高就地资源化的效益。

（4）鼓励商品生产厂家按国家有关清洁生产的规定设计、制造产品包装物，生产易回收利用、易处置或者在环境中可降解的包装物，限制过度包装，合理构建产品包装物回收体系，减少一次性消费产生的生活垃圾对环境的污染。

（5）通过改变乡村燃料结构，提高生物质能、太阳能等可更新能源在乡村能源中的比重，提高燃气普及率和集中供热率，减少煤灰垃圾产生量。

18.1.3 生活垃圾收集与运输

（1）加快建设与生活垃圾源头分类和后续处理相配套的分类收集和分类运输体系，推进生活垃圾收集和运输的数字化管理工作。

（2）实现密闭化生活垃圾收集和运输，防止生活垃圾暴露和散落，防止垃圾渗滤液滴漏，淘汰敞开式收集方式。

（3）逐步提高生活垃圾机械化收运水平，鼓励采用压缩方式收集和运输生活垃圾。

（4）加强县城和村镇生活垃圾收运设施建设，重点是与就地资源化利用处理设施相配套的各类转运站建设。

18.2 术语

1. 农村生活垃圾

指农村日常生活中或者为农村日常生活提供服务的活动中产生的固体废物，以及相关行政法规规定视为农村生活垃圾的固体废物。不包括村内企业和作坊产生的工业垃圾、农业生产产生的农业废弃物、建筑垃圾和医疗垃圾等。

2. 可回收垃圾

指适宜回收循环使用和资源利用的废物，包括纸类、塑料瓶、金属、玻璃、织物等。

3. 有机垃圾

指生活垃圾中可资源化利用的部分，适于利用微生物进行发酵处理并制成肥料或燃料的物质，包括作物秸秆，蔬菜残余和枯枝败叶，瓜果皮、壳和厨余等易腐垃圾。

4. 有害垃圾

指生活垃圾中对人体健康或自然环境造成直接或潜在危害的物质。包括废日用小电子产品、废旧电池、废油漆、废灯管、废日用化学品和过期药品等。

5. 不可回收（其他）垃圾

指在垃圾分类中，按要求进行分类以外的所有垃圾。

6. 垃圾收集设施

指农村生活垃圾收集点，包括村民家中的垃圾收集桶、村庄内的垃圾收集点等。

7. 垃圾收集站

指为了降低运输成本、提高垃圾清运效率，在垃圾产地或垃圾收集点至处理场（厂）之间所设的小型中转设施，垃圾在中转设施内集中后运往垃圾处理场（厂）或垃圾转运站。

8. 农村垃圾转运站

指用于垃圾转运过程中的单个大型村或多个村的垃圾集中收集转运设施，容积一般大于5m³。根据具体情况配备相应的分类垃圾箱。

9. 综合处理厂

按照国家现行生活垃圾无害化处理厂建设标准进行设计、建设，包含卫生填埋、焚烧、堆肥等两种及以上工艺的综合性生活垃圾处理厂。

10. 垃圾收集车辆

从农户家庭或垃圾收集点将垃圾收集起来送往垃圾收集站或转运站的车辆，包括人力车、电动车和小型机动车辆等。

11. 垃圾转运车辆

将垃圾从收集点或收集站转运到市/县垃圾转运站或末端垃圾处理厂（场）的车辆，

一般为密闭式机动车辆。与垃圾分类系统相结合，配备不同垃圾分离转运车辆。

18.3　农村生活垃圾分类减量

18.3.1　农村生活垃圾分类处理的原则及手段

农村生活垃圾分类收集与转运的系统原则为"源头分类减量化、分离转运清洁化、综合处理资源化"。

源头分类减量化指在居民户、餐馆、乡村社区医院、乡村学校等垃圾产生环节通过宣传指导对垃圾进行细致分类，提高材料回收利用率，大幅度减少垃圾总量。

分离转运清洁化指在垃圾收集过程中将不能在源头回收利用的有机垃圾、无机垃圾、有害垃圾、医疗废物分离收集转运至村垃圾收集点，避免有机垃圾、有害垃圾和医疗废物对环境的污染和危害。

综合处理资源化指可回收垃圾由垃圾回收企业收集利用，餐厨、农业、养殖等有机垃圾通过厌氧发酵产生沼气作为生物质能源供做饭、照明等，沼渣、沼液经过深化处理和科学配方，生产有机肥料；不可回收和有害垃圾由镇政府清运至市政垃圾处理中心。

18.3.2　农村生活垃圾的分类方法

结合乡村社区生活垃圾类别和组成特点，与现有的乡村生活垃圾收集转运体系接驳，提出源头分类收集和分散集中处理相结合的处理模式。按照农村居民生活垃圾四分类法，在居民户和社区层面将生活垃圾分为有机垃圾、可回收垃圾、有毒有害垃圾和不可回收（其他）垃圾四大类，有机垃圾就地资源化，可回收垃圾进入现有废品回收产业链，不可回收（其他）垃圾和有毒有害垃圾进入城乡一体化生活垃圾处理系统。这样可减少90%以上的乡村总垃圾转运量、80%以上的生活垃圾转运量，有效缓解城镇生活垃圾收集转运和处理的压力，减少二次污染，提高就地资源化的效益。基于分类收集和资源化综合利用的生活垃圾管理体系如图18-1所示，

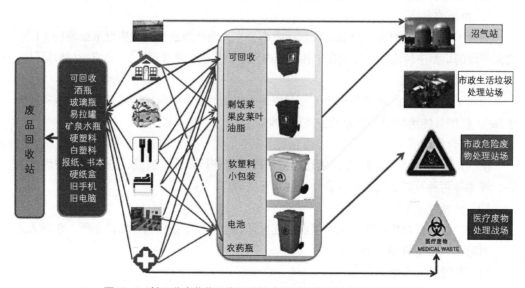

图18-1　基于分类收集和资源化综合利用的生活垃圾管理体系分布

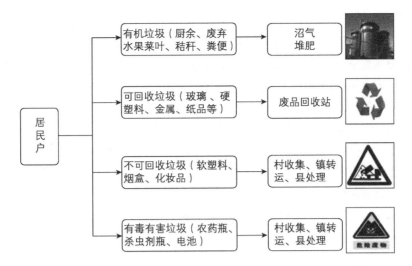

图18-2　农村居民生活垃圾四分类法、各类垃圾去处和关联技术

农村居民生活垃圾四分类法、各类垃圾去处和关联技术如图18-2所示。

18.4　农村生活垃圾收运系统

根据农村生活垃圾的特点和国家相关政策，农村生活垃圾的处理总体采用"村收集、镇转运、县处理"的方式，鼓励采取就地就近处理的方式。

18.4.1　垃圾的收集

垃圾分类收集体系的原则为"源头细分促回收，收集粗分利转运"，即在垃圾产生环节指导居民户和单位将自己产生的垃圾分为有机垃圾、可回收垃圾、有害垃圾和不可回收（其他）垃圾四大类，其中有机垃圾单独收集，可回收垃圾进入废品回收体系，不可回收和有害垃圾由环卫人员定期收集转运至社区垃圾收集点。

所有垃圾收集点的有机、部分可回收、有害和不可回收（其他）垃圾由环卫人员使用分格式转运车转运至社区垃圾分类管理站。有机垃圾进入沼气站，可回收垃圾进入废品回收体系，不可回收和有害垃圾分类存放，进入市政垃圾收集转运体系。不同类别的垃圾通过颜色和实物图片标识进行引导，便于居民记忆和习惯养成（图18-3）。

18.4.2　垃圾的转运

垃圾的转运是指将农民家庭附近垃圾箱中的垃圾运输至处理地点的过程。由于我国农村家庭大多高度分散，垃圾组分中

图18-3　乡村居民生活垃圾四分类法用户分类垃圾桶和分类标识

有机部分就地资源化处理后，可回收、有害和不可回收（其他）垃圾产量相对较少，因此，宜采用"村屯垃圾收集点、乡镇垃圾转运站"的转运模式。

（1）垃圾收集点。村屯之间的距离一般较远，宜在各个村屯或相近村屯设置垃圾收集点。收集点底部采用防渗处理，防止渗滤液下渗。村民垃圾经收集点集中后，再由垃圾车辆将垃圾运至乡镇垃圾转运站。

（2）垃圾转运站。农村人口分散，垃圾产量一般较小，垃圾转运站宜建在合理的位置，以服务周围多个乡镇。同时还需满足以下条件：符合当地的大气防护、水土资源保护、大自然保护及生态平衡的要求；交通方便，运距合理，满足供水供电等要求；人口密度、土地利用价值及征地费用均较低；位于居民集中点季风主导风向的下风向。乡镇垃圾转运站一般规模较小，宜采用小型卧式压缩式垃圾中转站，可以降低垃圾的处理成本，延长车辆的使用年限。

18.4.3　垃圾运输车辆

垃圾运输车辆的选择既要考虑到环境保护的需要，又要符合农村的经济条件。农村垃圾的运输主要包括三个部分：

（1）将各户垃圾收集箱中的垃圾收集至村里的垃圾收集点，由于距离较短、垃圾量较少，此类垃圾车辆选择人力或机动三轮垃圾车。

（2）将各村垃圾收集点中的垃圾运至垃圾转运站，运输距离一般较短，各村垃圾产量一般也较少，此类垃圾车辆可选择额定载重1.5 t左右的密封式分格自卸垃圾车。

（3）将垃圾转运站中的垃圾运至垃圾填埋场，此类车辆选择额定载重5.0 t左右的压缩式垃圾车。

18.5　标志标识

（1）乡村居民生活垃圾四分类法分类标识如图18-4所示，各地可根据本地实际情况使用或制定自己的生活垃圾分类标识。

（2）农村生活垃圾收运处理设施标志可参照《环境卫生图形符号标准》CJJ/T 125的规定（表18-1），也可根据本指南相关指示标志符号确定。

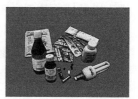

有机垃圾　剩菜剩饭、果核、果皮、烂菜叶……　　可回收垃圾　废纸张、油桶、塑料瓶、纸盒……　　不可回收垃圾　塑料袋、烟盒、食品包装、沙土……　　有毒垃圾　农药、杀虫剂、药品、电池、化妆品、灯泡……

图18-4　乡村居民生活垃圾四分类法分类标识

农村生活垃圾收运处理设施标志标识　　　　　　表18-1

名称	标志标识	名称	标志标识
废物箱		垃圾收集站	
垃圾容器		生活垃圾卫生填埋场	
垃圾收集点/房		生活垃圾堆肥处理厂	

第19章

乡村社区有机垃圾联合厌氧消化原料配比和预处理技术

19.1 餐厨垃圾作为单一原料厌氧发酵

餐厨垃圾单独进行厌氧发酵时，首先进入产酸阶段，pH值急剧下降。发酵初期pH值波动较大，当pH值小于5.5时，通过添加10%的NaOH进行调节。该阶段主要是在产酸菌作用下产气，随后发酵料液pH值始终处于5.5~6.0之间。体系pH值低于6时产甲烷菌的生长活动受到抑制，导致发酵体系酸化，厌氧发酵进程不能顺利进行，发酵体系基本停止产气。

本实验条件下（TS=8%，接种率25%，35±1℃），餐厨垃圾单独厌氧发酵会出现酸化，导致发酵不能正常进行（图19-1~图19-3）。

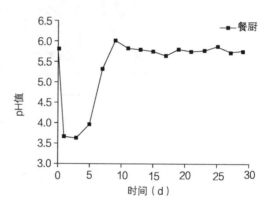

图19-1 餐厨垃圾作为单一原料厌氧发酵时pH值的变化

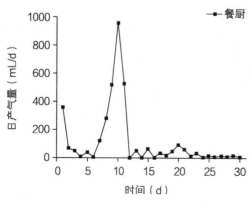

图19-2 餐厨垃圾作为单一原料厌氧发酵时日产气量的变化

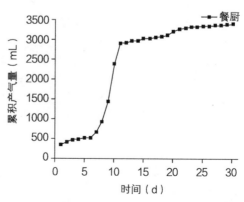

图19-3 餐厨垃圾作为单一原料厌氧发酵时累积产气量的变化

19.2　餐厨垃圾和牛粪两种原料混合厌氧发酵

餐厨垃圾和牛粪混合厌氧发酵时，通过对三种不同混合比例的总产气量、TS产气率、产气高峰出现的时间和产气峰值进行比较分析（表19-1）。可以看出：餐厨垃圾和牛粪混合厌氧发酵时30d的累积产气量比较为1∶1>1∶2>2∶1，TS产气率比较为1∶1>1∶2>2∶1。

餐厨垃圾和牛粪不同比例混合时的产气效果比较　　　　　　　　表19-1

发酵体系	累积产气量（mL）	TS产气率（mL/g）	产气高峰出现时间（d）	稳定产气天数（d）
餐厨∶牛粪=1∶2	6460	100.9	2	17
餐厨∶牛粪=1∶1	6960	108.9	21	7
餐厨∶牛粪=2∶1	3952	61.8	7	4

该实验条件下，即体系TS为8%，接种量为25%，35±1℃恒温厌氧发酵条件下，餐厨垃圾和牛粪混合比例为1∶2、1∶1、2∶1，经过短暂的pH值调节均能正常产气。其中，餐厨垃圾和牛粪混合比例为1∶2的发酵体系启动最快，很快达到产气高峰，且pH值变化平稳，很快稳定在6.8～7.6之间，并长期处于产甲烷菌的最佳酸碱度范围内，产气较稳定。餐厨垃圾和牛粪混合比例为1∶1的发酵体系在发酵前期产气波动较大，出现了几次小的产气高峰，最后一次产气高峰达到峰值且随后进入产气旺盛期。餐厨垃圾和牛粪混

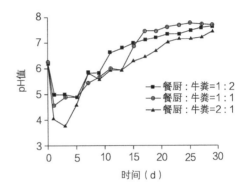

图19-4　餐厨垃圾和牛粪混合厌氧发酵时 pH值的变化

合比例为2∶1的发酵体系前期pH值变化较为剧烈，不利于产甲烷菌的生长繁殖，产气主要集中在产酸菌作用的酸化阶段，后期在产甲烷阶段的日产气量和累积产气量明显低于另外两个发酵体系（图19-4～图19-6）。

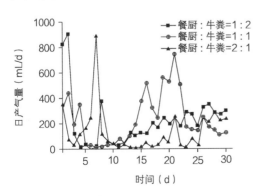

图19-5　餐厨垃圾和牛粪混合厌氧发酵时日产气量的变化

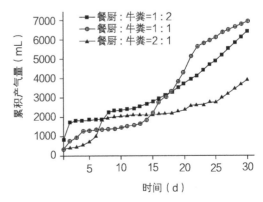

图19-6　餐厨垃圾和牛粪混合厌氧发酵时累积产气量的变化

19.3　餐厨垃圾和小麦秸秆两种原料混合厌氧发酵

餐厨垃圾和小麦秸秆混合厌氧发酵的产气效果见表19-2、图19-7。

餐厨垃圾和小麦秸秆混合发酵产气效果比较　　　表19-2

发酵体系	累积产气量（mL）	TS产气率（mL/g）	产气高峰出现时间（d）	二次产气高峰
餐厨：秸秆（沼）=1:2	9380	146.6	5	有
餐厨：秸秆（沼）=1:1	6741	105.3	4	有
餐厨：秸秆（沼）=2:1	7450	116.4	6	有
餐厨：秸秆（碱）=1:2	3007	50.0	1	无
餐厨：秸秆（碱）=1:1	9740	152.2	1	有
餐厨：秸秆（碱）=2:1	3310	51.7	7	无

1. 原料混合比例的影响

餐厨垃圾和小麦秸秆（沼液预处理）混合厌氧发酵时，三种组合都很快达到产气高峰，经过一段发酵停滞期后都出现了二次产气高峰，并维持长时间的产气旺盛期。其中，混合比例为1:2的发酵体系pH值变化较为平缓且很快稳定在6.8～7.3之间，这种条件下产甲烷菌的生长活动良好，很快进入产气旺盛期，累积产气量较高。累积产气量比较为：1:2>2:1>1:1，混合比例为1:2的发酵体系累积产气量分别约为1:1和2:1发酵体系的1.4倍和1.25倍（图19-8～19-10）。

餐厨垃圾和小麦秸秆（碱液预处理）混合厌氧发酵时，三种组合的发酵体系均迅速启动，第一天就产生了大量气体。其中，混合比例1:2和2:1的发酵体系经历了较长时期的发酵停滞期，大约从第5天持续至第25天，而混合比例1:1的发酵体系pH值变化平缓且很快稳定在6.8～7.2之间，发酵停滞期持续时间相对较短，第17天起，日产气量不断上升，进入产气旺盛期，最终累积产气量远远高于其他两组。累积产气量比较为1:1>2:1>1:2，混合比例为1:1的发酵体系累积产气量分别约为1:2和2:1组合的3.2倍和2.9倍（图19-11～图19-13）。

2. 小麦秸秆预处理方式的影响

餐厨垃圾和小麦秸秆混合厌氧发酵时，秸秆的预处理方式对发酵结果影响较大。

餐厨垃圾和小麦秸秆混合比例为1:2时，小麦秸秆经过沼液预处理和碱液预处理的发酵体系的累积产气量分别为9380mL和3007mL，沼液预处理的发酵效果相比碱液预处理具有明显优势，沼液预处理的累积产气量约为碱液预处理的3倍。

餐厨垃圾和小麦秸秆混合比例为1:1时，小麦秸秆经过沼液预处理和碱液预处

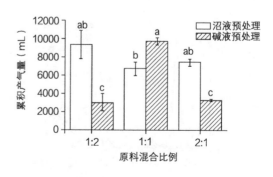

图19-7　餐厨垃圾和小麦秸秆混合发酵时的配比及秸秆预处理方式对累积产气量的影响
注：图中数据为平均值±标准误差，不同小写字母表示Duncan多重比较存在显著差异，$p<0.05$。

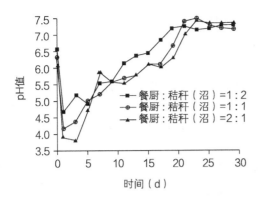

图19-8　餐厨垃圾和小麦秸秆（沼液预处理）混合厌氧发酵时pH值的变化

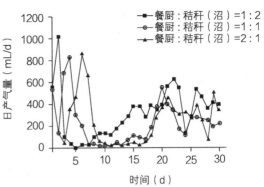

图19-9　餐厨垃圾和小麦秸秆（沼液预处理）混合厌氧发酵时日产气量的变化

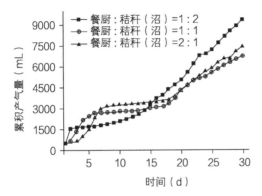

图19-10　餐厨垃圾和小麦秸秆（沼液预处理）混合厌氧发酵时累积产气量的变化

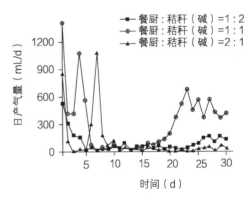

图19-11　餐厨垃圾和小麦秸秆（碱液预处理）混合厌氧发酵时pH值的变化

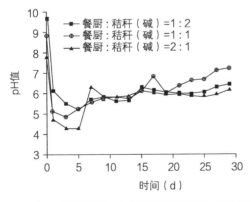

图19-12　餐厨垃圾和小麦秸秆（碱液预处理）混合厌氧发酵时日产气量的变化

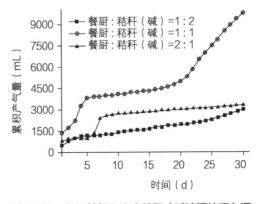

图19-13　餐厨垃圾和小麦秸秆（碱液预处理）混合厌氧发酵时累积产气量的变化

理的发酵体系的累积产气量分别为6741mL和9740mL，碱液预处理的发酵效果稍优于沼液预处理，碱液预处理的累积产气量约为沼液预处理的1.4倍。

餐厨垃圾和小麦秸秆混合比例为1∶1时，小麦秸秆经过沼液预处理和碱液预处理的发酵体系累积产气量分别为7450mL和3310mL，沼液预处理的发酵效果明显优于碱液预处理，沼液预处理的累积产气量约为碱液预处理的2.3倍。

19.4　餐厨垃圾、牛粪及小麦秸秆三种原料混合厌氧发酵

餐厨垃圾、牛粪及小麦秸秆混合进行厌氧发酵时的产气效果见表19-3、图19-14。

餐厨垃圾、牛粪及小麦秸秆混合发酵的产气效果比较　　　　表19-3

发酵体系	累积产气量 （mL）	TS产气率 （mL/g）	产气高峰出现时间 （d）
餐厨：牛粪：秸秆（沼）=0.8：0.2：1	11461	179.1	3
餐厨：牛粪：秸秆（沼）=0.5：0.5：1	10263	160.4	1
餐厨：牛粪：秸秆（沼）=0.2：0.8：1	4908	76.7	12
餐厨：牛粪：秸秆（碱）=0.8：0.2：1	4544	71.0	1
餐厨：牛粪：秸秆（碱）=0.5：0.5：1	8128	127.0	16
餐厨：牛粪：秸秆（碱）=0.2：0.8：1	7835	122.4	18

1. 原料混合比例的影响

餐厨垃圾、牛粪及小麦秸秆（沼液预处理）混合厌氧发酵时，原料混合比例为0.8：0.2：1和0.5：0.5：1的两个发酵体系启动较快，能很快进入产气旺盛期并维持很长时间。而混合比例为0.2：0.8：1的发酵体系启动相对较慢，产气旺盛期维持时间较短且产气波动幅度较大。累积产气量比较为0.8：0.2：1＞0.5：0.5：1＞0.2：0.8：1，其中混合比例为0.8：0.2：1和0.5：0.5：1的发酵体系差异不显著，两者累积产气量分别是混合比例为0.2：0.8：1的2.3倍和2.0倍。

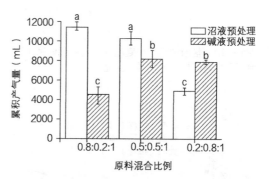

图19-14　餐厨垃圾、牛粪及小麦秸秆混合厌氧发酵时的配比及秸秆预处理方式对累积产气量的影响
注：图中数据为平均值±标准误差，不同小写字母表示Duncan多重比较存在显著差异，$p < 0.05$。

餐厨垃圾、牛粪及小麦秸秆（碱液预处理）混合厌氧发酵时，原料混合比例分别为0.5：0.5：1和0.8：0.2：1的两个发酵体系产气状况较为相似，经过一段适应期后进入产气旺盛期，至第30d时仍然处于稳定产气状态，最终，两者的累积产气量之间没有明显差异；而混合比例为0.2：0.8：1的发酵体系启动较快，随后产气状况不佳并持续了很长时间，发酵后期产气状况才开始好转，累积产气量明显低于其他两个发酵体系。累积产气量比较为0.5：0.5：1＞0.2：0.8：1＞0.8：0.2：1，其中混合比例为0.5：0.5：1和0.2：0.8：1的发酵体系差异不显著，两者累积产气量分别是混合比例为0.8：0.2：1的发酵体系的1.8倍和1.7倍。

2. 小麦秸秆预处理的影响

结合图19-15～图19-20和表19-3可以看出，餐厨垃圾、牛粪及小麦秸秆混合厌氧发酵时，秸秆的预处理方式对发酵结果影响较大：

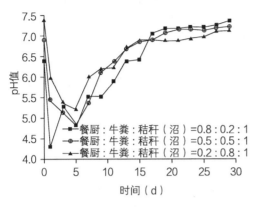

图19-15 餐厨垃圾、牛粪及小麦秸秆（沼液预处理）混合厌氧发酵时pH值的变化

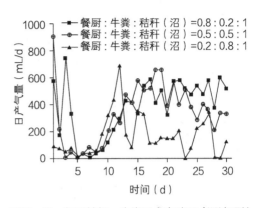

图19-16 餐厨垃圾、牛粪及小麦秸秆（沼液预处理）混合厌氧发酵时日产气量的变化

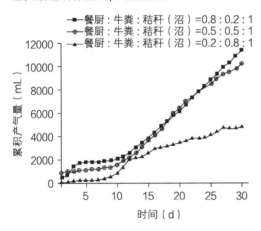

图19-17 餐厨垃圾、牛粪及小麦秸秆（沼液预处理）混合厌氧发酵时累积产气量的变化

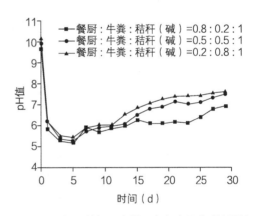

图19-18 餐厨垃圾、牛粪及小麦秸秆（碱液预处理）混合厌氧发酵时pH值的变化

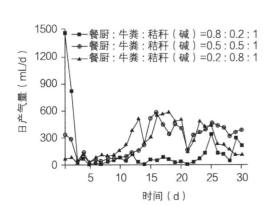

图19-19 餐厨垃圾、牛粪及小麦秸秆（碱液预处理）混合厌氧发酵时日产气量的变化

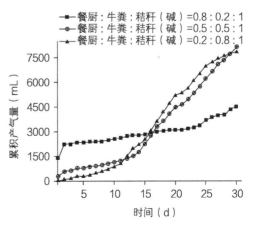

图19-20 餐厨垃圾、牛粪及小麦秸秆（碱液预处理）混合厌氧发酵时累积产气量的变化

餐厨、牛粪及小麦秸秆三者混合比例为0.8∶0.2∶1时，秸秆经过沼液预处理和碱液预处理的发酵体系的累积产气量分别为11461 mL和4544 mL，沼液预处理的发酵效果明显优于碱液预处理，沼液预处理的累积产气量约为碱液预处理的2.5倍。

餐厨、牛粪及小麦秸秆三者混合比例为0.5∶0.5∶1时，秸秆经过沼液预处理和碱液预处理的发酵体系累积产气量分别为10263mL和8128mL，沼液预处理的发酵效果稍优于碱液预处理，沼液预处理的累积产气量约为碱液预处理的1.3倍。

餐厨、牛粪及小麦秸秆三者混合比例为0.2∶0.8∶1时，秸秆经过沼液预处理和碱液预处理的发酵体系累积产气量分别为4908mL和7835mL，秸秆碱液预处理的发酵效果稍优于沼液预处理，碱液预处理的累积产气量约为沼液预处理的1.6倍。

19.5　总结

本实验条件下，即发酵料液TS为8%，接种量为25%，35±1℃恒温厌氧发酵时：

（1）餐厨垃圾作为单一原料进行厌氧发酵时30d的累积产气量仅为3428 mL，TS产气率为54 mL/g。产气主要集中在产酸阶段，后期发酵料液pH值始终处于5.5～6.0之间，不利于产甲烷菌活动，发生酸化，基本停止产气。根据饶玲华（2011）的研究，在今后的研究中可通过提高发酵温度、控制发酵料液的pH值来提高餐厨垃圾单独厌氧发酵的产气性能。

（2）餐厨垃圾和牛粪进行混合厌氧发酵时，原料TS混合比例为餐厨∶牛粪1∶2、1∶1、2∶1的三种发酵体系30d的累积产气量分别为6460、6960、3952mL，TS产气率分别为101、109、62mL/g，分别是餐厨垃圾作为单一原料进行厌氧发酵的1.9、2.0和1.2倍。说明将餐厨垃圾和牛粪混合进行厌氧发酵时，提高牛粪添加量可以提高产气效果和系统缓冲能力，但牛粪添加量并非越多越好。魏珞宇等（魏珞宇等，2015）、朱洪艳等（朱洪艳等，2015）的研究结果也得出了类似结论，另外，与朱洪艳等（朱洪艳等，2015）的研究结果餐厨垃圾与牛粪比为3∶1时获得最高累积产气量3750.5mL相比，本实验采用的发酵条件和混合比例获得的产气效果有所提高。

（3）餐厨垃圾和小麦秸秆进行混合厌氧发酵时，原料TS混合比例为餐厨∶秸秆（沼液预处理）1∶2、1∶1、2∶1的三种发酵体系的30d累积产气量分别为9380、6741、7450mL，TS产气率分别为147、105、116mL/g，分别是餐厨垃圾单独厌氧发酵的2.7、2.0和2.2倍。而原料TS混合比例为餐厨∶秸秆（碱液预处理）为1∶2、1∶1、2∶1的三种发酵体系30d的累积产气量分别为3007、9740、3310mL，TS产气量分别为47、152、52mL/g，仅混合比例为1∶1的体系是餐厨垃圾作为单一原料进行厌氧发酵的2.8倍，但另外两种混合比例产气效果不如餐厨垃圾单独发酵，由于这两者发酵停滞期较长，但发酵后期两者料液pH值均在6.0以上，且日产气量在100 mL左右，而餐厨垃圾单独发酵后期基本停止产气，若继续进行厌氧发酵，两者产气效果可能会优于餐厨垃圾单独发酵。徐鑫（徐鑫，2011）利用厨余垃圾与玉米秸秆进行混合厌氧发酵，整体产气率在70～120mL/g之间，本研究将餐厨垃圾和小麦秸秆进行混合厌氧发酵，除原料TS混合比例为餐厨∶秸秆（碱液预处理）1∶2和2∶1的两个体系外，其他混合比例整体TS产气率在100～150mL/g之间，说明选用餐厨垃圾和小麦秸秆进行混合厌氧发酵是可行的且发酵效果良好，另外，整体来看，小麦秸秆经过沼液预处理的发酵体系的稳定性更好，产气效果优于碱液预处理。

　　（4）餐厨垃圾、牛粪及小麦秸秆进行混合厌氧发酵时，原料TS混合比例餐厨：牛粪：秸秆（沼液预处理）为0.8：0.2：1、0.5：0.5：1、0.2：0.8：1的三种发酵体系30d的累积产气量分别为11461、10263、4908mL，TS产气率分别为179、160、77 mL/g，分别是餐厨垃圾作为单一原料进行厌氧发酵时的3.3、3.0和1.4倍。而原料TS混合比例为餐厨：牛粪：秸秆（碱液预处理）0.8：0.2：1、0.5：0.5：1、0.2：0.8：1的三种发酵体系30d的累积产气量分别为4544、8128、7835mL，TS产气率分别为71、127、122 mL/g，分别是餐厨垃圾作为单一原料进行厌氧发酵时的1.3、2.4和2.3倍。说明将餐厨垃圾、牛粪及小麦秸秆三种原料混合进行发酵时，产气量相对餐厨垃圾单独发酵有所提高，李晶宇（李晶宇，2013）利用餐厨垃圾、牛粪与小麦秸秆混合厌氧发酵也获得了类似结果。另外，本研究中秸秆沼液预处理和碱液预处理均能提高产气效果，且整体来看，沼液预处理效果更好。

第20章
乡村社区高效有机垃圾联合厌氧消化处理新工艺和新装置

20.1 相关术语及定义

1. 乡村有机垃圾（rural organic waste）

泛指乡村社区由有机物构成的生活垃圾，主要包括厨余垃圾、果蔬茎叶、农业秸秆和人畜禽粪便等。

2. 厌氧微生物（anaerobic microorganisms）

指在无氧条件下生长的微生物。

3. 厌氧处理（anaerobic treatment）

指在无氧状态下，利用厌氧微生物将有机物质分解并产生沼气、沼肥的处理方法。通常情况下，厌氧发酵分为三个阶段，即水解酸化阶段、产氢产乙酸阶段和产甲烷阶段。第一阶段利用水解和发酵菌，将结构复杂、大分子的有机物转化为结构简单的单糖、氨基酸、脂肪酸、甘油、二氧化碳、氢等；第二阶段利用产氢产乙酸菌和同型乙酸菌将第一阶段的产物进一步分解为CH_3COOH、H_2和CO_2；第三阶段利用两种不同的产甲烷菌，分别将乙酸分解为甲烷和二氧化碳，将H_2和CO_2转化为甲烷和水。

4. 沼气（biogas）

指厌氧发酵的气体产物，主要成分为甲烷和二氧化碳，以及氨、硫化氢、水蒸气、氮氧化物和其他气态或可汽化的微量成分。

5. 沼气工程（biogas plant）

指以有机物质为对象，以厌氧发酵为主要工艺，实现环境污染治理和农业生态良性循环的乡村能源工程技术。

6. 沼肥（digestate）

指沼气生产余留的包括有机和无机成分的液体和固体，俗称沼渣沼液。

7. 底物（substrate）

指发酵的原料。

8. 碳氮比（C:N ratio）

指物料中总碳和总氮的重量比，是生物降解的决定性因素。

9. 干物质含量（dry matter（DM）content）

指在105℃条件下干化后，剩余混合物质所占的重量百分比，减少的部分即含水量。又称总固体（TS）含量。

10. 挥发性固体含量（volatile solids（VS）content）

指去除掉水分和无机成分的剩余部分，通常是将底物在105℃下干燥之后再在550℃下焙烧。

11. 厌氧反应器（anaerobic reactor）

指厌氧微生物降解底物同时产生沼气的容器。

12. 储气柜（gas storage tank）

指临时储存沼气的气密性容器或塑料膜材袋。

13. 有机负荷（organic loading rate）

指与发酵罐体积相关的每天进料的发酵底物量（单位：kg/（m³·d））。

14. 停留时间（retention time）

指底物在发酵罐平均保留的时间，也可称为保留时间。

15. 脱硫（desulphurisation）

指减少沼气中硫化氢含量的物理—化学、生物或联合方法。

16. 脱水（dehydration）

指减少沼气中水分含量的物理或化学方法。

20.2 乡村有机垃圾处理方法和现状分析

乡村有机垃圾种类繁多、来源广、成分复杂，既包括剩饭剩菜、果皮、菜叶等厨余垃圾，也包括人、畜、禽等粪便，还包括农业秸秆和果蔬废弃物等，是乡村居民生活垃圾的主要组成部分，其处理程度的好坏是解决乡村垃圾污染的关键。同时，我国乡村分布较分散，乡村垃圾的收集和运输成本相当高，因此，与城市垃圾的集中处置利用方式不同，乡村垃圾的处理与处置必须因地制宜，就地解决。

目前，乡村有机垃圾主要处理技术包括填埋、焚烧、好氧堆肥和厌氧发酵等。

20.2.1 填埋

乡村垃圾传统的填埋方式，无防护、无防渗、随意、无序，对生态环境造成很大威胁。而卫生填埋，是目前我国垃圾处理最常用的技术，具有投资少、处理费用低、处理量大、操作简单、处理类型多等优点，但占地面积大，资源回收率低，填埋气、渗滤液难处理，对地下水具有潜在威胁。在环保标准日益提高、资源需求日渐增大的今天，其应用受到越来越大的限制。尤其是对乡村有机垃圾的处理，由于运输距离长、成本高，而且还占用大量的县填埋场库容，已经难以维系运行。

20.2.2 焚烧

焚烧处理具有处理彻底、减容量大、残渣性能稳定、回收热能等优点，但是垃圾焚烧项目投资大、运行成本高、运行技术要求高、操作不当会造成烟气二次污染等，而且对原料热值和含水率要求较高。目前，垃圾焚烧发电项目在城市生活垃圾处理中发展迅速，但在乡村生活垃圾处理中的应用发展相对缓慢，尤其乡村有机垃圾普遍含水率高、相对热值较低，需要添加辅助燃料才能燃烧，而且同样需要长距离运输、集中处理、运输成本高，并不太适合乡村垃圾的处理。

20.2.3　好氧堆肥

好氧堆肥法是在充氧条件下，利用好氧微生物对垃圾进行分解、腐熟，将垃圾中的有机物降解为稳定的腐殖质，形成可改良土壤质量、提高土壤肥力的有机肥，是有机垃圾处理最传统、最简单的处理方法。但是，传统堆肥法处理对象比较单一，主要限于畜禽粪便处理，且发酵时间长、垃圾处理腐熟不彻底、减量化程度低、堆肥场环境条件差、占地面积大，与美丽乡村建设格格不入；而新型堆肥工艺，虽然能改善传统堆肥法的缺点，但是其投资大、运行成本高，需要连续运行，不间断充氧、操作运行管理要求高，目前主要依托于规模化养殖场建设和运行，不适合于乡村管理水平低、混合垃圾成分复杂的实际情况。

20.2.4　厌氧发酵

厌氧发酵是指在无氧条件下，利用厌氧微生物降解有机物，并转化为沼气的过程。厌氧发酵技术具有应用范围广、投资少、占地小、运行成本低、可以间歇运行、管理要求低的特点，并且能产生沼气清洁能源和沼渣、沼液有机肥。目前，在发达国家乡村有机垃圾处理中得到广泛应用，而在国内，厌氧发酵技术主要应用于中大型养殖场畜禽粪便处理，以乡村社区为单位的分散式有机垃圾的处理技术相对还比较滞后，特别是在多种原料的预处理问题、混合原料的C/N、联合厌氧消化系统在低温条件下的稳定运行等方面。

现在国家推动城乡环卫一体化，对于乡村生活垃圾实行"村收集、镇转运、县处理"方针，并且建设初见成效，但是随着时间的推移，县垃圾处理场的处理压力将越来越大，收集、转运成本高，尤其是较偏远的、山区的乡村垃圾不可能及时转运，乡村社区环境改善效果不大。

乡村垃圾中有机垃圾所占比重高，而且其中可降解有机物含量高、含水率高，如果能够找到切实可行、高效的厌氧处理新工艺进行就地处理，将是解决其污染问题的新思路、新途径，不仅能够减少大量垃圾收集、转运需要的成本，减轻县垃圾处理场的压力，而且还能够对有机垃圾进行资源化综合利用，其产生的沼气可作为生活、生产燃料使用，沼液、沼渣都是良好的有机肥料，可用于农田、蔬菜大棚或果园施肥。

20.3　乡村有机垃圾联合厌氧处理新工艺与新装置

本书根据我国乡村有机垃圾的构成种类、特点，利用不同有机垃圾预处理方法，并通过一系列厌氧发酵实验，研究厌氧反应环境、供养方式、温度变化（尤其是北方冬季低温环境下）、pH值、碱度、厌氧反应器的有机负荷、接种物、添加剂与抑制剂、搅拌、进料方式等因素对产气率的影响，确定了最佳工艺条件，开发出了适合北方乡村社区的高效有机垃圾联合厌氧处理新工艺，并根据新工艺研制出与其相匹配的高效有机垃圾联合厌氧处理新装置。

20.3.1　乡村有机垃圾联合厌氧处理新工艺流程

乡村有机垃圾联合厌氧处理新工艺流程见图20-1。

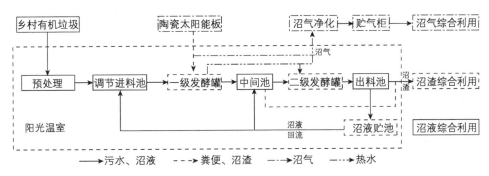

图20-1　乡村有机垃圾联合厌氧处理新工艺流程

工艺流程说明：

（1）将乡村有机垃圾进行简单分选，农业秸秆、果蔬茎叶等较大尺寸有机垃圾进行粉碎预处理，输送至调节进料池，加入回流沼液搅拌均匀并预堆沤，然后由进料泵提升至进料间；畜禽粪便、厨余垃圾等小尺寸有机垃圾直接投至进料间进行预酸化处理，然后经搅拌、推流进入一次发酵罐内，进行高浓度厌氧发酵；底物经中间池进入二次发酵罐进行低浓度发酵。

（2）系统产生的沼渣储存于中间池和出料池底，定期抽出作为有机肥料施用。

（3）沼液溢流至沼液池，部分沼液回流至调节池和厌氧池，对原料进行调浆和接种，同时还具有推流、搅拌、破壳等作用；多余沼液作为液体肥施用。

（4）沼气经贮气柜暂时储存，然后经过脱水、脱硫净化处理，可用于沼气发电机、沼气灯或生活燃料。

（5）采用陶瓷太阳能增温系统为厌氧反应器增温，设置阳光温室为整个系统进行保温，以保证中温发酵温度（30～35℃），特别是保证冬季运行效果。

20.3.2　乡村有机垃圾联合厌氧处理新工艺和新装置技术特点

（1）主体工艺采用二级厌氧发酵，充分利用有机垃圾生物降解过程特点，提高原料降解率；

（2）反应物料TS浓度高，一级反应器采用高浓度发酵，TS浓度可达20%，二级反应器采用低浓度发酵，TS浓度5%～10%；

（3）使用多种有机垃圾混合厌氧发酵，不仅可以弥补单一原料的发酵缺陷，还可以实现不同发酵原料间的优势互补，增强发酵效果，提高容积利用率和产气率，每吨原料产气量大于60m³（原料含固率20%～30%）；

（4）设置沼液多级回流、喷淋，有效补充厌氧发酵菌种，并防止物料沉积和结壳；

（5）利用陶瓷太阳能新技术和新能源，充分体现工艺先进性和创新性，而且节能环保（图20-2）；

（6）可实行连续性进料或间歇性的批式进料方式，操作灵活，管理方便，对操作人员要求低，特别适合乡村地区实际情况（图20-3、图20-4）。

20.3.3 乡村有机垃圾联合厌氧处理新工艺和新装置应用前景与意义

（1）乡村有机垃圾联合厌氧处理新工艺的开发与装置的研制，对乡村生活垃圾的减量化、资源化和无害化的实现具有重要意义；

（2）为乡村有机生活垃圾的就地处理、处置提供了新的途径，可有效缓解城乡环卫一体化给生活垃圾填埋场带来的压力；

（3）厌氧系统产生的沼气可为农户提供燃气、照明、供暖等，也可进行沼气发电，提高了农民的生活质量，符合新农村建设对清洁能源的需要；

（4）厌氧发酵产生的沼渣、沼液作为优良的有机肥，能够提升土壤肥力，促进土壤生态修复，助推向农业4.0时代转型升级；

（5）乡村有机垃圾联合厌氧处理新工艺和新装置易于模块化、标准化，非常适合乡村社区分散式有机生活垃圾处理，具有鲜明的示范、教育作用和广阔的应用前景；

（6）乡村有机垃圾联合厌氧处理新工艺和新装置创新性地将新技术、新能源、新模式有机组合，是产学研结合的典范。

图20-2 乡村有机垃圾二级发酵联合厌氧处理新装置

图20-3 乡村有机垃圾联合厌氧处理示范工程外景图

图20-4 乡村有机垃圾联合厌氧处理示范工程内景图

第21章

沼气收集、输送及综合利用网络技术

21.1 相关术语及定义

1. 沼气供应系统（system of biogas supply）

指沼气的净化、储存、输送和综合利用等系统工程。

2. 沼气（biogas）

指厌氧发酵的气体产物，主要成分为甲烷和二氧化碳，以及氨、硫化氢、水蒸气、氮氧化物和其他气态或可汽化的微量成分。

3. 储气柜（gas storage tank）

指临时储存沼气的气密性容器或塑料膜材袋。

4. 脱硫（desulphurisation）

指利用物理、化学或生物方法去除沼气中硫化氢气体的过程。

5. 脱水（dehydration）

指利用物理或化学方法分离沼气中水蒸气的过程。

21.2 沼气收集、储存与净化

厌氧发酵产生的沼气，需要经过收集、储存、净化等处理后，方可输送至用户端进行利用。

21.2.1 沼气收集

厌氧反应器产生的沼气，从发酵底物表面散逸出来，聚集在反应器的上部集气室内，然后由管道引出。常用集气室类型主要根据厌氧反应器类型选取。

1. 三相分离集气室

三相分离器是UASB、IC、EGSB等厌氧反应器的重要组成结构，主要用于分离颗粒污泥、消化液和沼气等，颗粒污泥从沉降区自由滑落回反应器污泥床，消化液由出水渠溢流排出，沼气则由分离器下的集气室收集，然后由集气管导出。

三相分离器主要应用于高浓度有机废水处理。

2. 二相分离集气室

二相分离集气室主要用于USR、CSTR、干式发酵等立式厌氧反应器，反应器内部仅进行气、液二相分离，沼气直接从反应器混合物料表面逸出，进入上部集气室。

其主要用于处理畜禽粪便、秸秆、餐厨垃圾等有机垃圾的大中型沼气工程。

3. 水压式集气室

水压式集气室是地埋式厌氧反应器的常用集气方式，其在厌氧反应器顶部设置一部分空间进行集气，在厌氧反应器两端或一端设置水压间，通过水压间内液面的高低控制集气室内气体的压力和储气量，并通过顶部集气管导出输送至用户端。一般情况下，集气室内沼气压力设计为10～15kPa，也可根据用气需求和厌氧反应器结构形式进行调整，但应保证安全。

其主要用于规模较小的沼气工程，如以乡村社区为单位的有机垃圾处理、小型养殖场畜禽粪便等。

21.2.2　沼气净化

厌氧发酵产生的沼气主要可利用成分为甲烷，但因其含有各种不同的成分，如硫化氢、水分等，因此不可以被直接利用，需要经过各种净化过程去除杂质后方可利用。

沼气净化主要包括脱硫和脱水处理，根据沼气用途（如代替天然气作为燃料）可进行沼气提纯深加工，包括去除二氧化碳及其他微量气体等。本章主要根据乡村有机垃圾产沼气，规模较小，因此，在此仅讨论沼气的脱硫和脱水。

1. 脱硫

沼气脱硫的方法有很多，主要分为干法脱硫、湿法脱硫和生物脱硫。

1）干法脱硫

干法脱硫主要利用化学方法进行脱硫，是应用最早、最简便的脱硫方法。脱硫剂填料主要成分为氧化铁，将硫化氢转化为硫或硫氧化物留在填料中，从而使沼气得到净化。干法脱硫一般在单独的脱硫罐内操作，脱硫罐可采用碳钢防腐、不锈钢或塑料材质，脱硫罐可根据需要设计为单层床、双层床或多层床；脱硫剂一般采用颗粒状，沼气通过脱硫剂的线速度宜控制在20～25mm/s。

优点：安装方便，操作简单，无废水产生，脱硫效率高；适用于中小规模、硫化氢浓度较低的沼气的净化。

缺点：脱硫剂需定期更换或定期进行再生处理；对于大型沼气工程或硫化氢浓度较高的沼气的去除，脱硫剂使用量大，换料、再生频繁，增加运行成本。

2）湿法脱硫

湿法脱硫是利用特定的溶剂与沼气逆流接触使硫化氢进入液相，溶剂在通过再生后可重新吸收。根据反应原理不同，湿法脱硫可分为物理吸附、化学吸收和氧化法三种。

物理吸附法主要是高压水洗，利用硫化氢溶于水的特性进行分离，脱硫效率较低，应用较少。

化学吸收法主要是利用碱液（Na_2CO_3、氨水）进行吸收、中和硫化氢，从而达到脱硫的目的。主要优点是设备简单、投资少、处理效果较好；缺点是二氧化碳的存在影响碱液吸收效果，造成碱液浪费；吸收液再生较难，容易造成二次污染。

氧化法是利用溶有氧化剂的溶液与沼气接触，吸收硫化氢并将其氧化成单质硫，去除硫化氢回收硫，吸收液可进行再生，重新利用。常用方法包括三氯化铁氧化法、萘醌氧化法、HPAS氧化法、PDS氧化法等。氧化法具有工艺简单、反应速度快、处理效果好、可回收硫磺、吸收液可再生回用等优点；但寻找合适的硫容量大、副反应小、再生性能好、无毒和来源比较方便的氧化剂作为吸收剂是氧化法脱硫的主要问题所在。

3）生物脱硫

生物脱硫技术是人们由于传统物理法和化学法脱硫其自身难以克服的缺点而发展起来的一种新技术，因其投资小、运行费用低、脱硫效率高、可回收单质硫、对环境不产生二次污染等优点，得到了快速的发展和广泛的应用。

生物脱硫的主要原理是利用脱硫细菌（硫杆菌属）的代谢作用将沼气中的硫化氢转化为单质硫，可继续转化为硫酸，从而达到去除硫化氢的目的。生物脱硫的重点是脱硫细菌的选择、培养，因此，对影响生物脱硫效率的pH值、DO、硫负荷等因素的工程调试要求较高。

生物脱硫主要包括生物过滤法、生物洗涤法和生物滴滤法等，生物过滤法主要用于处理气量大、硫化氢浓度低的沼气，而对于气量小、硫化氢浓度高的废气宜采用生物滴滤法，生物洗涤法适用范围广。

2. 脱水

沼气中含有少量的水蒸气，其在输送过程中冷凝，将加速管道、下游设备的腐蚀和磨损，因此必须去除。

主要脱水方法包括重力法、冷凝法、固体吸附法、溶剂吸收法等。

中小型沼气工程脱水主要采用重力法。沼气进口管应设置在气水分离器筒体切线方向，下部设积液包和排污管，进行定期排水。气水分离器内可装不锈钢丝网、紫铜丝网、聚乙烯丝网、聚四氟丝网或陶瓷拉西环等填料。空塔设计流速宜为0.21~0.23m/s，入口管内气体流速宜为15m/s，出口管内流速宜为10m/s。

对于日产量大于10000m³的大型沼气工程可采用冷凝法、固体吸附法、溶剂吸收法等。

冷凝法是通过将沼气温度冷却至露点温度以下进行冷凝分离；固体吸附法是利用沸石、硅胶、氧化铝等吸附剂对沼气进行吸附干燥；溶剂吸收法是通过把乙醇或三乙烯乙醇与沼气逆向接触，去除水蒸气。

21.2.3 沼气储存

沼气的产生量时常会产生波动，有时会达到产气高峰，有时产气量较低，而正常使用时需要恒定沼气量，因此需要建设合适的储气柜对沼气进行暂时储存，以缓冲产气波动。

储气柜的选取必须密闭、耐压，尽量不受介质、紫外线、温度和气候因素影响，并且设置正负压保护装置，以避免压力变化造成危险。

储气柜的设计容积一般不少于日产气量的1/4，当沼气主要作为居民集中供气时，储气柜的容积应按日产气量的50%~60%设计。

储气柜可分为低压、中压和高压三种，低压气柜运行压力为50~3000Pa，中高压气罐运行压力为0.5~25MPa。沼气工程普遍使用低压储气柜，包括一体化储气柜、独立膜式气柜和湿式气柜等。

1. 一体化储气柜

一体化储气柜装在厌氧发酵罐、池顶部用于储存沼气，一般采用塑料薄膜材质，包括丁基橡胶、聚乙烯丙纶混合物、三元乙丙橡胶、红泥软体复合膜等（图21-1）。

优点：无须建设额外的构筑物，节省空间，降低造价；清池检修方便。

缺点：保温效果较差；内部若使用金属材质支撑，腐蚀严重。

2. 独立膜式气柜

独立膜式气柜包括单层膜和双层膜两种，一般常用双层膜式气柜，材质包括丁基橡胶、聚乙烯丙纶混合物、三元乙丙橡胶、红泥软体复合膜等（图21-2）。

双膜气柜主要由外膜、内膜和底膜三部分组成，内膜与底膜间为沼气储气间，内膜与外膜间充空气作为保护壳，并且可根据沼气使用情况调节沼气压力平衡。

优点：气柜为单独建设，便于安装，利于维护管理；采用双膜气柜可保证沼气压力恒定输出，便于使用。

缺点：需要建设单独的基础，增加投资和占地面积。

3. 湿式气柜

湿式气柜主要由水封槽、钟罩以及导向装置等组成，水封槽可采用钢筋混凝土或碳钢结构，钟罩一般采用的是碳钢结构。钟罩用于储存沼气，可随沼气量的大小在水封槽中上下移动。

湿式气柜由于结构较复杂、建设成本高、空间利用率低、湿度大、腐蚀严重等缺点，尤其是北方寒冷地区，水封槽内的水需要考虑防冻问题，现在已很少应用（图21-3）。

图21-1　一体化储气柜工程实例图

图21-2　独立膜式气柜工程实例图

图21-3　湿式气柜工程实例图

21.3　沼气输送与综合利用

沼气综合利用把沼气与农民生活、农业生产活动直接联系起来，成为发展乡村经济、生态农业，增加农户收入的重要手段，也开拓了沼气应用的新领域。通过沼气综合利用，可促进农村产业结构调整，改善生态环境，提高农产品的产品质量，增加农民收入，实现可持续发展。

21.3.1　沼气输送

沼气输送环节是链接沼气生产和后端综合利用的重要纽带，包括输气管道系统和附属设施设备等。

沼气输送系统应优先考虑沼气供应的安全性和可靠性，并保证不间断地向用户端供气，一般采用低压供气方式（<0.01MPa）。

输气管网的设计应按照区域总体规划，经过经济技术比较后确定优化方案。

1. 室外管网

室外输气管道一般采用地埋敷设，并设计不小于3‰的坡度，并在管道最低点设凝水井，定期排水，防止冷凝水堵塞管道。

沼气输送管道一般采用聚乙烯管，阀门应具有良好的密封性和耐腐蚀性。

沼气管道不能与其他管道和电缆同沟敷设；并且须远离高压线、隧道、堆放易燃易爆和腐蚀性材料的地方；尽量避开交通干道，避免与铁路、河道交叉。

2. 室内管网

室内沼气管道应明设，材质宜采用镀锌钢管，阀门必须具有良好的气密性和耐腐蚀性。

沼气管道引入室内应直接从室外引入厨房或其他用气设备房间，不得敷设在易燃易爆品仓库和有腐蚀性介质的房间、配电室、变电站、电缆沟、烟道及进风道等地方。

沼气管道严禁引入卧室。当沼气管进入密闭房间时，室内必须设置换气口，其通风换气此时每小时不少于3次。

21.3.2 沼气综合利用

沼气是多种气体组成的混合气体，其中甲烷为主要成分，含量一般在50%～70%，其热值约为20～25MJ/m³，1m³沼气相当于0.714kg标准煤，具有非常高的利用价值。

目前，沼气的主要利用途径包括：生活燃料、大棚采暖、促进光合作用、照明、锅炉燃料、发电、提纯天然气等。

1. 生活燃料

沼气具有较高的热值，其最早的利用途径就是作为炊事燃料使用，代替秸秆、木材等（图21-4）。如今，随着沼气产业的大力发展，以村庄、社区为单位的集中供气将成为解决农村能源利用的有效途径。

炊事用气与液化气相同，主要通过沼气灶、调压器实现应用，因此，在使用时应严格遵循操作规程，确保安全用气。

2. 大棚使用

沼气可通过沼气灯进行照明、取暖，鉴于目前几乎全部的乡村都已通电，因此已很少有农户利用沼气进行照明和取暖（图21-5）。

但随着设施农业的大力发展和管理需求，采用沼气灯为温室大棚进行照明和增温，具有显著的优势。同时，沼气本身含有的二氧化碳和燃烧产生的二氧化碳，可增强大棚内植物的光合作用，有利于作物增加产量、提高质量。

3. 锅炉燃料

沼气锅炉是随着大型沼气工程建设和沼气综合利用的不断发展而出现的一项沼气利用

图21-4 沼气作为炊事燃料工程实例图

图21-5 沼气取暖、照明工程实例图

技术。通过沼气燃烧产生热能，可以通过增温管道为农户、养殖场办公室、畜禽舍进行供暖，还可以为厌氧反应器进行增温，以满足冬季稳定运行要求（图21-6）。

4. 沼气发电

沼气可通过发电进行热电联产，同时产生电和热，可以视需求情况选择以电能为主或者以热能为主。

沼气热电联产不仅能满足沼气工程自身用电、用热需求，而且还可以发电并网，产生经济效益。因此，沼气发电具有创效、节能、安全和环保等特点，是一种分布广泛且价廉的分布式能源（图21-7）。

5. 提纯天然气

沼气和天然气的主要成分都是甲烷，但是沼气中二氧化碳含量可达30%～40%，因此可将沼气在脱硫脱水的基础上，进一步提纯去除二氧化碳，制取天然气，可代替天然气满足不同行业的需求。

但沼气提纯天然气投资高、工艺复杂、投资回收期长，适用于特大型资源化综合利用沼气工程项目（图21-8）。

图21-6 沼气锅炉利用工程实例图

图21-7 沼气发电工程实例图

图21-8 沼气提纯天然气工程实例图

第五部分
乡村社区环境
建设技术平台
与数据库

第22章

乡村社区环境建设GIS信息应用平台

22.1 平台建设目的及意义

对全国的乡村社区土地、空间形态、收入情况、产业、灾害情况及公共服务设施等现状进行详细调研,摸清现状,整合资源和各类相关规划指标数据,将结果利用GIS空间形态进行管理,建立乡村社区环境信息最完备的地理信息动态数据库。通过建立乡村社区环境建设信息动态数据库,从而实时掌控乡村社区实施现状,精细化监测管理乡村社区资源结构、生态状况、基础设施、社会人文等各项指标,为乡村社区环境建设统筹安排土地、产业、空间、人口、生态环境等各项资源提供有效数据和技术支撑。

22.2 技术路线

见图22-1。

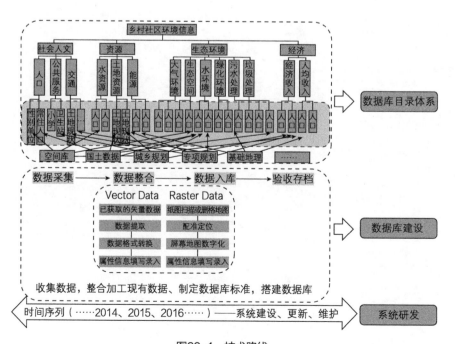

图22-1 技术路线

22.3　平台研发流程

见图22-2。

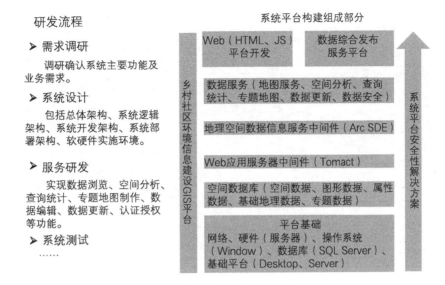

图22-2　平台研发流程

22.4　乡村社区环境GIS数据库及平台展示

22.4.1　GIS数据平台框架

见图22-3。

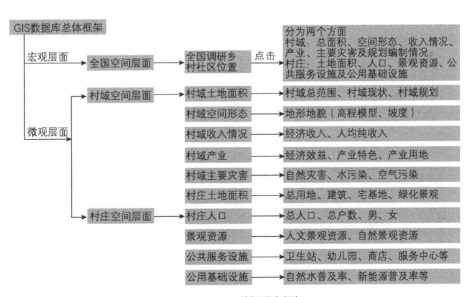

图22-3　GIS数据平台框架

22.4.2   数据库目录框架

见图22-4。

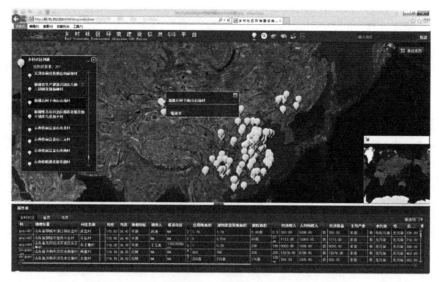

图22-4   数据库目录框架：宏观层面——全国空间层面

22.4.3   乡村社区环境GIS数据库

见图22-5～图22-22。

图22-5   乡村社区环境GIS数据库：宏观层面——村域空间层面

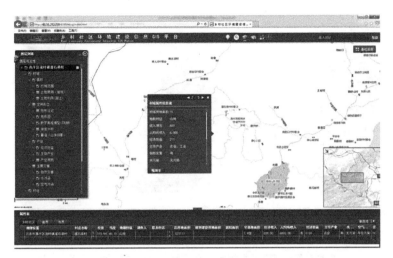

图22-6　乡村社区环境GIS数据库：微观层面——村域空间层面

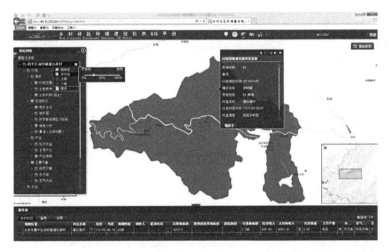

图22-7　乡村社区环境GIS数据库：宏观层面——村域空间层面：村域土地使用现状（城规）

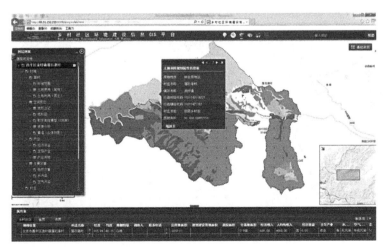

图22-8　乡村社区环境GIS数据库：微观层面——村域空间层面：村域土地使用现状（土规）

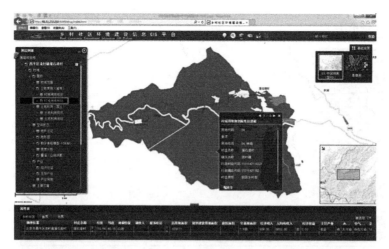

图22-9　乡村社区环境GIS数据库：微观层面——村域空间层面：村域使用规划（城规）

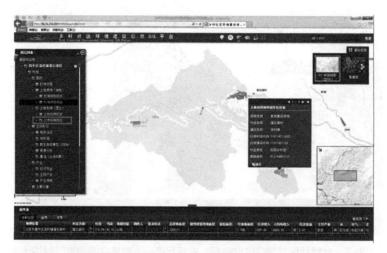

图22-10　乡村社区环境GIS数据库：微观层面——村域空间层面：村域使用规划（城规）

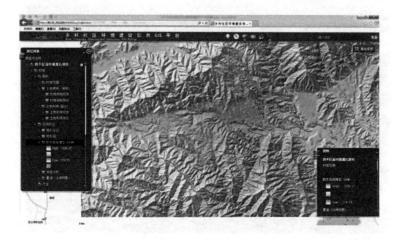

图22-11　乡村社区环境GIS数据库：微观层面——村域空间层面：高程模型（DEM）

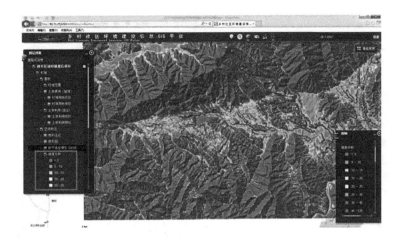

图22-12 乡村社区环境GIS数据库：微观层面——村域空间层面：坡度
（Slope）

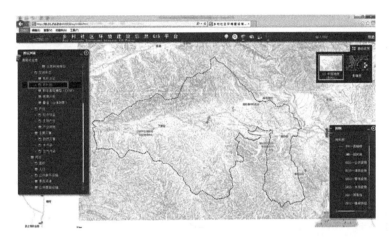

图22-13 乡村社区环境GIS数据库：微观层面——村域空间层面：1:1万
测绘地形图

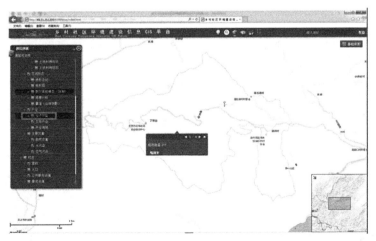

图22-14 乡村社区环境GIS数据库：微观层面——村域空间层面：产业
经济情况

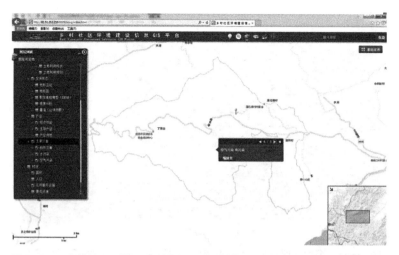

图22-15   乡村社区环境GIS数据库：微观层面——村域空间层面：灾害情况

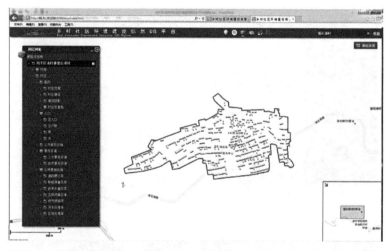

图22-16   乡村社区环境GIS数据库：微观层面——村庄空间层面：总体情况

图22-17   乡村社区环境GIS数据库：微观层面——村庄空间层面：人口情况

图22-18　乡村社区环境GIS数据库：微观层面——村庄空间层面：建筑情况

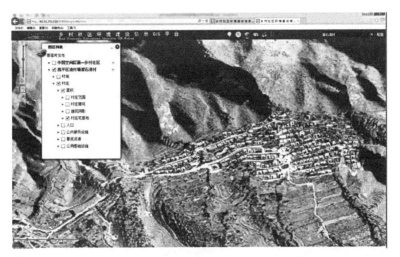

图22-19　乡村社区环境GIS数据库：微观层面——村庄空间层面：宅基地情况

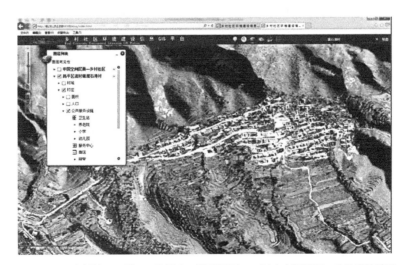

图22-20　乡村社区环境GIS数据库：微观层面——村庄空间层面：公共设施情况

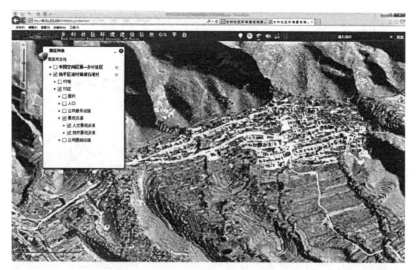

图22-21　乡村社区环境GIS数据库：微观层面——村庄空间层面：景观资源

图22-22　乡村社区环境GIS数据库：微观层面——村庄空间层面：公共基础设施

第23章
乡村社区生态资产动态管理信息系统

23.1 软件描述

23.1.1 目标

乡村社区生态资产动态管理信息系统（村庄版）的开发旨在建立一个为管理者与决策者在乡村规划、土地价值评估及生态资产保护等方面提供理论和数据支持的便捷管理平台。

23.1.2 适用对象

本软件适用于系统学、植物学、生态学、林学、农学等相关专业的课堂辅助教学和数据分析教学，用于小尺度的生态评估以及村庄的管理，也可为生态学、管理学、农学等相关专业的科研人员提供参考。

23.1.3 功能

该软件系统主要包括村庄管理、数据录入、资产核算、资产查询、资产预测等主要功能模块。主界面为中文设置。

23.2 运行环境

23.2.1 硬件环境

最低硬件要求：

处理器：800MHz主频

内存：512MB

硬盘：20GB

显示适配器：512M或以上显存（安装适配器驱动）

推荐硬件要求：

处理器：双核2.00GHz或以上主频

内存：4GB或以上

硬盘：80GB或以上

显示适配器：512M或以上显存（安装适配器驱动）

23.2.2 软件环境

操作系统要求：

Microsoft® Windows ® XP（SP2或更高版本）

Microsoft® Windows ® Server2003（SP1或更高版本）

Microsoft® Windows ® Vista系列

Microsoft® Windows ® 7系列

Microsoft® Windows ® Server2008系列

23.3 使用说明

使用该软件无须安装，打开软件所在文件夹后，双击EcoAssetsOK.exe文件，即可运行软件。

该软件系统主要包括村庄管理、数据录入、资产核算、资产查询、资产预测等主要功能模块。

下面将按照菜单顺序对本程序的使用进行讲解。

23.3.1 村庄管理

单击"1村庄管理"菜单，即可进行新建村庄以及设置当前村庄和账期这两项功能。

"新建村庄"是将村庄的地理人文概况、村庄管理者的联系方式等基本信息进行录入和管理。可以设置的内容主要有：村庄代码、村庄名称、省、市、县、乡镇、行政村、经度、纬度、地形、人口、户数、村支书、村支书电话、村主任、村主任电话、村会计、村会计电话、邮编、区号等（图23-1）。

"设置当前村庄和账期"则可以根据编号对现有村庄进行选择查看，也可以以月为单位新建或者查看所需账期（图23-2）。

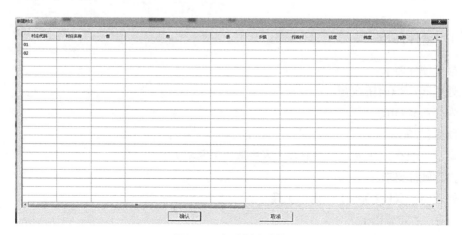

图23-1 新建村庄功能

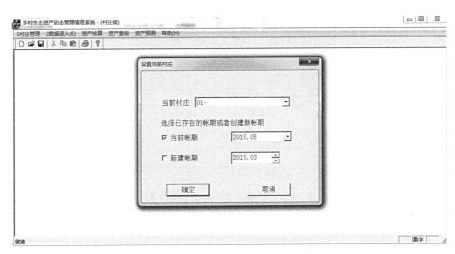

图23-2　设置当前村庄和账期功能

23.3.2　数据录入

单击"2数据录入"菜单，可以进行对后台参数的录入和修改并且可以将土地利用类型和面积、林地面积、农副产品、林副产品、种植药材、地面水资源、矿藏、居民生活、旅游资源以及科研投入等模型计算所需的基本数据进行录入，以供后面的相应模块进行计算（图23-3）。

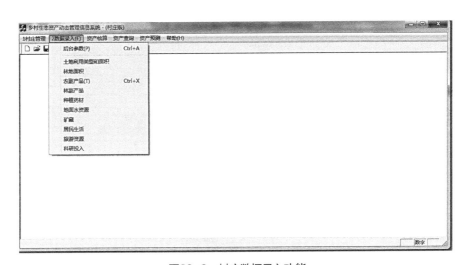

图23-3　村庄数据录入功能

23.3.3　资产核算

单击"资产核算"菜单，即可生成全账户生态资产清单以及生态资产构成。

"全账户生态资产清单"使用各土地利用类型的生态资产指标的价值量列表进行表示（图23-4）。

"生态资产构成"则是生成饼状图进行表示。

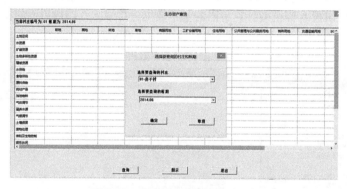

图23-4　全账户生态资产清单功能

23.3.4　资产查询

单击"资产核算"菜单，则可以生成不同账期、不同村庄各生态资产指标及总生态资产的查询及其历史变化状况的展示。

资产查询则通过图表形式提供了不同账期、不同村庄各生态资产指标及总生态资产的查询及其历史变化状况的展示（图23-5、图23-6）。

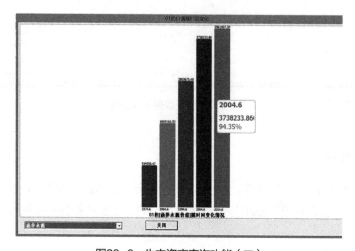

图23-5　生态资产查询功能（一）

图23-6　生态资产查询功能（二）

23.3.5 资产预测

单击"资产预测"菜单，可以实现新建发展方案及预测、全账户清单比较、多方案价值变化三项功能。

"新建发展方案及预测"能够建立新的发展方案，在新的发展方案里通过改变基础数据来表现发展方案的差异，并预测差异对生态资产的影响（图23-7、图23-8）。

"全账户清单比较"则能够对不同账期乡村的生态资产进行比较。

"多方案价值变化"通过柱状图展示了新建发展方案对各生态资产指标的影响。

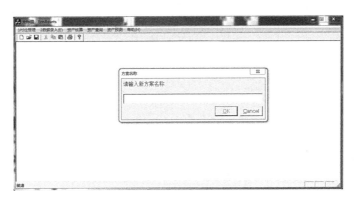

图23-7 新建方案功能

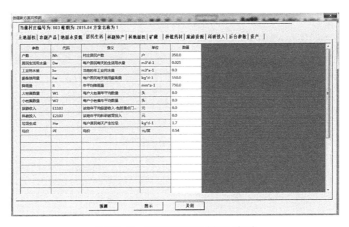

图23-8 设置新方案数据和参数

23.4 常见问题及解答

（1）在开启本软件时Windows自带防火墙可能会进行拦截，并提示为未知软件，怎么回事？

答：本软件开发使用C++编程，并无携带病毒以及木马。可以点击更多操作，选择仍继续运行，或者进入防火墙添加对于该软件的信任。

（2）为什么直接打开"设置当前村庄和账期"等模块，程序会停止运行？

答：本软件使用前需要导入村庄数据以及新建村庄数据才可以使用下面的模块。

（3）软件使用过程中碰到问题怎么办？

答：如有软件使用上的问题，请反馈至sduspzhang@gmail.com，我们将进行功能完善和及时解答。

第24章

乡村社区生态环境现状数据库信息系统

24.1 数据库概述

目标：乡村生态环境调研数据库的开发旨在为生态学及其相关专业人士提供一个集收集、存储、管理、查询问卷调查信息等功能的便捷工具。

适用对象：本软件适用于生态学及其相关专业的问卷数据存储、管理、查询，也可为相关专业的科研工作者提供参考。

功能：该软件系统主要包括问卷数据的导入及检查、问卷数据组合查询、关闭，主界面为简体中文设置。

24.2 数据库运行环境

24.2.1 硬件环境

CPU最低Pentium100及以上，建议1GHz Pentium4及以上

内存最低64M，建议512M以上

硬盘500M及以上自由空间

显示器SUPER VGA

24.2.2 软件环境

操作系统：WinXp/Vista/Win7/2000/2003

24.3 数据库使用说明

使用该软件无须安装，打开软件所在文件夹后，双击图标即可运行软件。该软件系统主要包括问卷的导入及检查、问卷组合查询、关闭等功能，主界面为简体中文设置。

24.3.1 文件夹内内容介绍

双击桌面 图标，进入软件文件夹界面。

图24-1　软件文件夹界面

如图24-1所示，文件夹内包含5项内容，每项内容的介绍如图25-2所示。

内容1：   Data ，该文件夹为调研数据所保存的文件夹，里面的内容可根据需要随时进入相应的文件进行相关的修改。为了便于记忆，取名数据文件夹。

内容2：   Format，该文件夹为调研数据库的格式文件夹，里面的文件已经预先按照需要将数据库显示的格式进行设置，一般情况下不建议进入该文件夹内进行相关操作，防止误删造成数据库无法正常显示内容。为了与数据文件夹区别，取名格式文件夹。

图24-2　Data文件夹内显示内容

图24-3　Format文件夹内显示内容

内容3：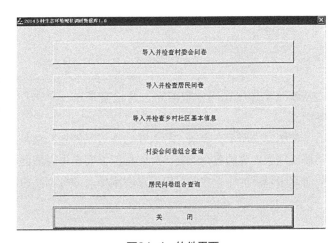invest 数据库文件，该文件为数据库的配置文件，为数据库系统运行必不可少的文件，不建议对该文件进行操作。

内容4：INVEST VillageINVEST Mi...，该文件为数据库运行的快捷方式，双击即可运行数据库系统。

内容5：readme 文本文档 1 KB，该文件为数据库的帮助文件，里面介绍了一些操作要求及注意事项，方便使用者进行查阅。

24.3.2　数据库运行

双击文件夹内的INVEST Village图标，打开软件，进入软件界面（图24-4）。

图24-4　软件界面

软件界面子菜单及内容介绍如下：

子菜单1：

導入并检查村委会问卷

该菜单为村委会问卷数据导入及检查菜单，单击即可进入村委会问卷数据导入及检查界面。

如图24-5所示，点击"导入并检查村委会问卷"菜单后进入该菜单主界面，该界面包含了村委会问卷内容的各个部分，可以按照需要点击对应的子菜单，将数据导入到数据库中，同时点击对应的检查按钮可以检查刚刚导入的数据是否能正常显示。

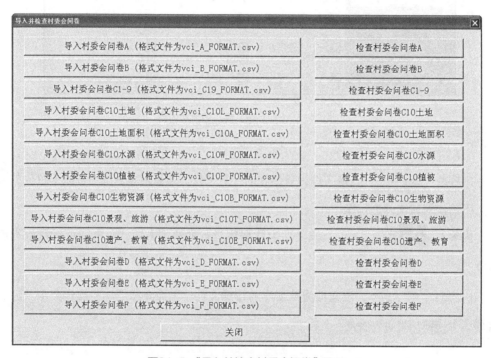

图24-5 "导入并检查村委会问卷"界面

子菜单2：

導入并检查居民问卷

该菜单为居民问卷数据导入及检查菜单，单击即可进入居民问卷数据导入及检查界面。

如图24-6所示，点击"导入并检查居民问卷"菜单后进入该菜单主界面，该界面包含了居民问卷内容的各个部分，可以按照需要点击对应的子菜单，将数据导入到数据库中，同时点击对应的检查按钮可以检查刚刚导入的数据是否能正常显示。

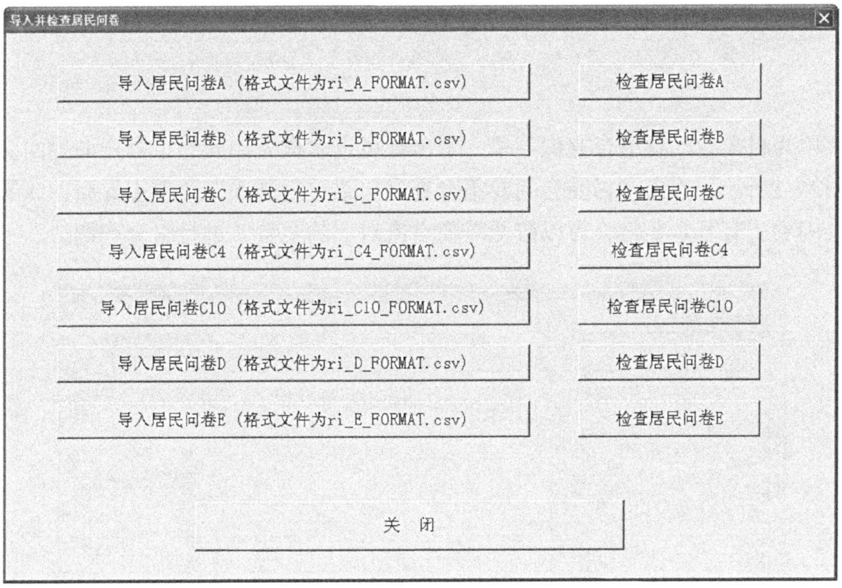

图24-6　"导入并检查居民问卷"界面

子菜单3：

> 导入并检查乡村社区基本信息

该菜单为乡村社区基本信息导入及检查菜单，单击即可进入乡村社区基本信息导入及检查界面。

如图24-7所示，点击"导入并检查乡村社区基本信息"菜单后进入该菜单主界面，该界面包含了乡村社区基本信息内容，可以按照需要点击对应的子菜单，将数据导入到数据库中，同时点击对应的检查按钮可以检查刚刚导入的数据是否能正常显示。

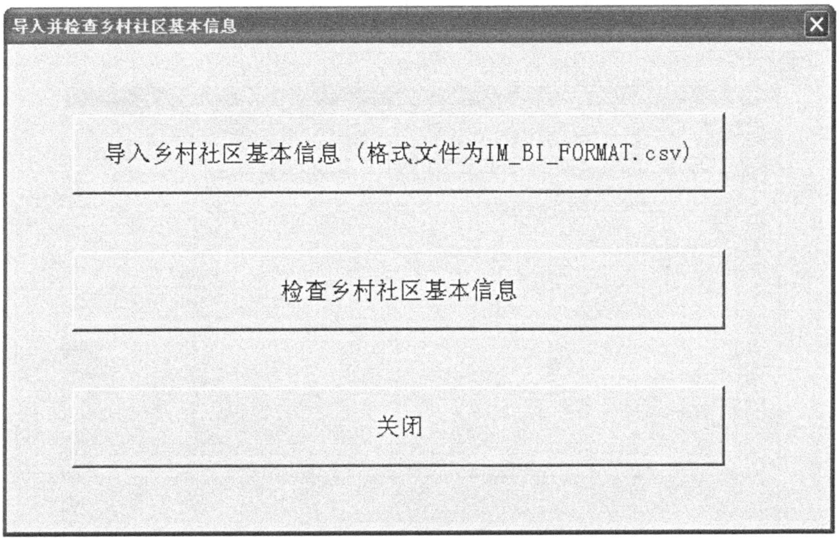

图24-7　"导入并检查乡村社区基本信息"界面

子菜单4：

村委会问卷组合查询

该菜单为村委会问卷组合查询菜单，单击即可进入村委会问卷组合查询界面。

如图24-8所示，点击"村委会问卷组合查询"菜单后进入该菜单主界面，该界面包含了村委会问卷所有基本要素，可以按照需要点击对应的要素，进行组合查询。

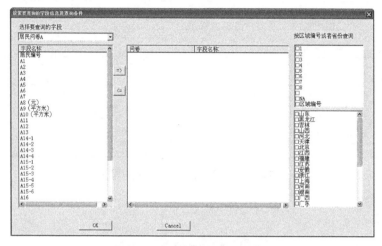

图24-8 "村委会问卷组合查询"

子菜单5：

居民问卷组合查询

该菜单为居民问卷组合查询菜单，单击即可进入居民问卷组合查询界面。

如图24-9所示，点击"居民问卷组合查询"菜单后进入该菜单主界面，该界面包含了居民问卷所有基本要素，可以按照需要点击对应的要素，进行组合查询。

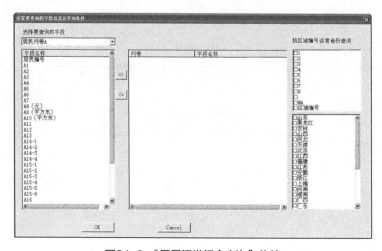

图24-9 "居民问卷组合查询"菜单

子菜单6：

关　　闭

该菜单为界面关闭菜单，单击后即可关闭当前界面。注意：该界面下窗口右上角的
⊠按钮点击后不会关闭当前的显示界面。

24.3.3　问卷的导入及检查

问卷的导入及检查包含"导入并检查村委会问卷"、"导入并检查居民问卷"、"导入并
检查乡村社区基本信息"三部分。本说明以村委会问卷的导入及检查为例，单击"导入并
检查村委会问卷"菜单按钮，即可根据每部分问卷的内容分别将各部分问卷内容导入（图
24-10、图24-11），点击右侧的"检查村委会问卷"菜单按钮可以对所导入的问卷内容进行
检查，同时包括"打印"、"保存"、"统计"、"排序"、"退出"等功能（图24-12）。

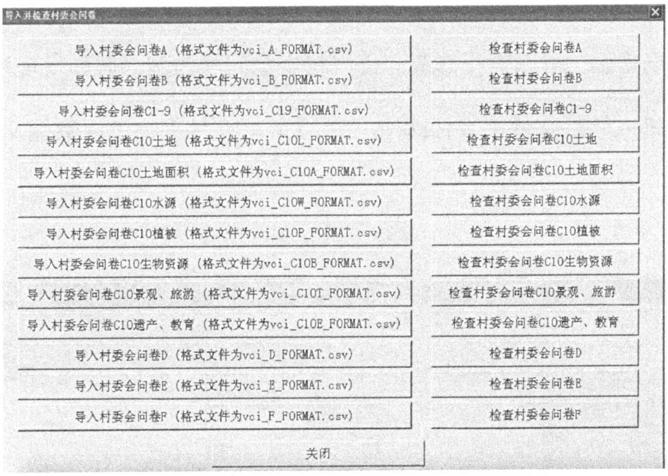

图24-10　"导入并检查村委会问卷"子菜单

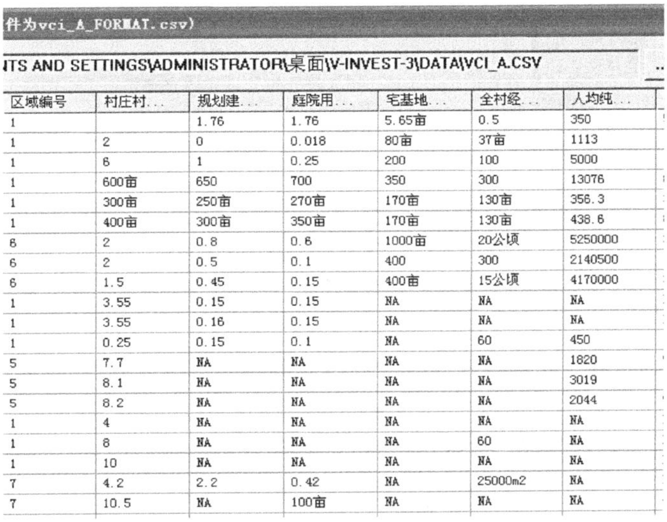

图24-11　"导入村委会问卷A"界面

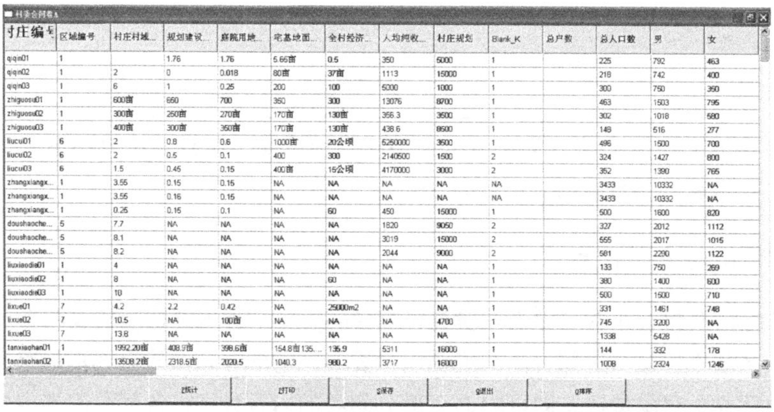

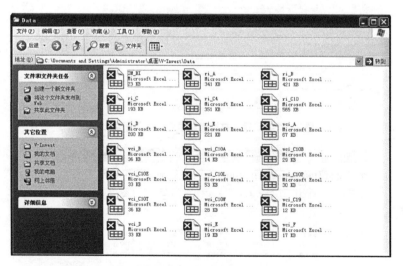

图24-12　"检查村委会问卷A"界面

24.3.4　数据的修改

如果发现数据错误，可以进行修改。仍以村委会问卷为例，假如发现村委会问卷A的数据存在问题，进入软件文件夹界面,双击 ▢ Data 文件夹，进入数据文件夹界面（图24-13）。

图24-13　数据文件夹界面

在数据文件夹界面，双击名为"vci_A"的数据文件 █ vci_A Microsoft Excel … 67 KB 进入数据界面（图24-14）。

根据实际情况可以对数据进行修改，修改完毕，点击"保存"按钮即可。

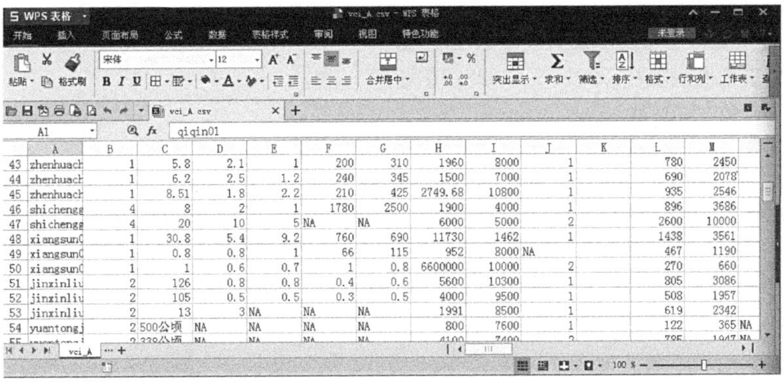

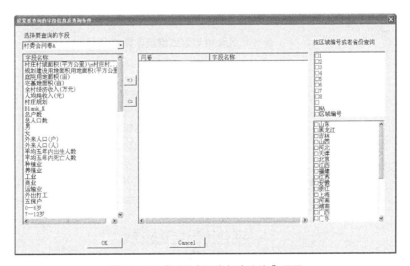

图24-14 数据界面（打开演示软件为WPS）

24.3.5 问卷组合查询

单击主界面上方的"村委会问卷组合查询"按钮，即可根据自己的需求组合数据并查询（图24-15）。

仍以"村委会问卷A"为例，左侧为"村委会问卷A"所包含的各种数据内容，如要添加，选中要添加的项目点击 ⇒ 可以添加所需的数据内容，如要删除项目，需要在已添加的项目内选中待删除的项目，点击 ⇐ 即可删去不需要的项目。右侧的内容可以根据需要在框内打勾，然后点击下方的"OK"按钮，即可完成组合查询。

24.3.6 软件关闭

点击主界面的"关闭"按钮可以进行软件的退出，在子菜单下可以点击右上角的关闭按钮返回上一级界面。

图24-15 "村委会问卷组合查询"界面

图书在版编目（CIP）数据

乡村社区环境规划建设技术集成／王宝刚主编. —
北京：中国建筑工业出版社，2018.3（2022.8重印）
ISBN 978-7-112-21706-9

Ⅰ. ① 乡… Ⅱ. ① 王… Ⅲ. ① 农村–社区–环境规
划–研究–中国 Ⅳ. ① X321.2

中国版本图书馆CIP数据核字（2017）第330552号

责任编辑：黄　翊　刘文昕
书籍设计：锋尚制版
责任校对：姜小莲

乡村社区环境规划建设技术集成
王宝刚　主编
*
中国建筑工业出版社出版、发行（北京海淀三里河路9号）
各地新华书店、建筑书店经销
北京锋尚制版有限公司制版
北京凌奇印刷有限责任公司印刷
*
开本：787×1092毫米　1/16　印张：17¾　字数：440千字
2018年4月第一版　　2022年8月第二次印刷
定价：65.00元
ISBN 978-7-112-21706-9
（31570）